王旭涛 著

Python

网络运维自动化

U0262338

人民邮电出版社
北京

图书在版编目（CIP）数据

Python 网络运维自动化 / 王旭涛著. -- 北京：人民邮电出版社，2025. -- ISBN 978-7-115-65260-7

Ⅰ. TP312.8

中国国家版本馆 CIP 数据核字第 2024MB4559 号

内 容 提 要

本书从网络工程师的视角出发，详细讲解了 Python 在网络运维自动化中的应用，其中涉及 Python 网络运维自动化的相关技术、工具以及实践。

本书共 10 章，先对 Python 网络运维自动化进行了全面的概述，然后讲解了网络工程师所需的 Python 基础、数据格式与数据建模语言的相关知识。接着，本书介绍了网络配置的结构化数据提取、网络配置的模块化管理、Netmiko 详解与实践、模型驱动的新网络管理方式及实践、网络管理工具集、网络自动化框架 Nornir 和开源网管工具 NetBox。本书依托于作者 10 余年的网络运维经验，内容循序渐进，从脚本编写、框架应用到系统平台整合，逐步提升，结合丰富的代码实例，全面介绍了 Python 网络运维自动化的工具体系以及其在不同场景下的应用实现。

本书适合网络工程师阅读，也适合对网络运维自动化感兴趣的开发工程师学习，还适合作为高等院校网络工程等相关专业的教材。

◆ 著　　　　王旭涛

　　责任编辑　单瑞婷

　　责任印制　王　郁　胡　南

◆ 人民邮电出版社出版发行　　北京市丰台区成寿寺路 11 号

　　邮编　100164　　电子邮件　315@ptpress.com.cn

　　网址　https://www.ptpress.com.cn

　　北京天宇星印刷厂印刷

◆ 开本：800×1000　1/16

　　印张：16.5　　　　　　　　　　2025 年 1 月第 1 版

　　字数：357 千字　　　　　　　　2025 年 1 月北京第 1 次印刷

定价：79.80 元

读者服务热线：**(010)81055410**　印装质量热线：**(010)81055316**

反盗版热线：**(010)81055315**

广告经营许可证：**京东市监广登字 20170147 号**

推荐语

多年来，我一直关注着网络运维自动化领域的发展。虽然本领域的理论知识不断更新，从业界主流的网络管理标准体系 FCAPS，到这些年伴随 DevOps 而兴起的 NetDevOps，但一直没发现有关网络运维自动化实战的图书，直到我看到了本书。我将本书推荐给云计算或网络运维自动化领域的从业者，其缘由有 3 点：第一，完整化。本书涵盖从入门到精通的全部知识内容，即使没有任何开发经验的网络工程师，也可以学到 Python 基础、数据格式和数据建模语言等完整的专业知识。第二，实战化。本书内容贴合实际的运维场景，即学即用。第三，体系化。本书知识体系包括网络设备的连接和交互、网络自动化框架、模板化的配置管理和模型驱动的网络管理实践，可以帮助读者有效构建网络自动化运维平台。

贺勇 嘉为科技产品总监

在数字化转型的背景下，互联网的发展方向也逐渐从个人消费领域转向产业融合。同时，网络规模持续扩大，网络设备产生的海量运营数据使传统的网络运维工作面临巨大的挑战。本书所倡导的 NetDevOps 理念可以将自动化运维融入网络领域，并把研发思想植入传统网络运维过程中。本书详细介绍了 NetDevOps 的知识体系、管理工具以及编程实战等内容，是一本非常难得的网络运维自动化专业书。

方辉 SDNLAB 联合创始人

尽管目前市面上已经涌现出不少面向网络工程师的 Python 图书，然而旭涛的《Python 网络运维自动化》这本书卓尔不群。本书不仅涵盖了适合初学者的 Python 基础知识，更难得的是，对于已经具备一定 Python 经验的网络工程师，本书也提供了更深入、更高级、更规范的应用工具。强烈推荐对网络运维感兴趣的读者阅读本书。

姜汁啤酒 前亚马逊 AWS（澳大利亚）资深网络工程师

在网络运维自动化领域，国内的先驱们一直在尝试制定统一的学习路径，以造福众多从业人员，王旭涛老师无疑是其中的领军人物。本书凝聚了作者的诸多心血，涵盖了从 Python 语言基础知识到网络管理专项工具，再到网络运维实战场景的全部内容，兼具知识的广度和深度，是一本不可多得的专业书。

戴维 ServiceNow 资深网络工程师

NetDevOps 是近几年在网络运维领域非常流行的概念，本书能给众多网络工程师提供很好的实践指引。本书框架清晰，内容层层递进，让读者能够学习从 Python 入门到搭建自己的运维工具，再到运维实战等全方位的知识。对于想要接触 Python 并用其来提升网络运维效率的朋友，这本书会是一个非常好的选择。

岳飞宇 字节跳动网络平台高级研发工程师

余为网工二十载，初涉网络自动化运维领域之时，虽广购 Python 图书，然因理论与实践之隔阂，每感困惑，屡欲中止。幸得遇九净先生，以博客分享真实之案例，辅以深入浅出之阐释，乃为余开辟知识之新境界。承先生悉心指导，余渐能贯通理论知识与实务操作，今已写出实用之工具若干，涵盖巡检、配置、采集、监控、分析等，工作效率因而大进。故而强烈推荐此书。

唐志强 51CTO 网络讲师

洗尽铅华 回归初心

承蒙旭涛抬爱，能为本书作序，我深感荣幸并略感惶恐。反思过往，尽管我已在企业网络领域摸爬滚打二十余载，见证了 IT 基础设施从小型机时代、去 IOE 浪潮、虚拟化技术兴起，直至云计算普及的沧桑巨变。我的工作也横跨了企业园区网络、传统数据中心运维、电力信息调度、生产（管理）信息系统、数据采集监控、铁路调度系统、卫星应急通信等众多网络领域。然而，就本书的主题——网络运维自动化而言，我自知还是一个"小学生"（旭涛也常在技术分享中以"小学生"自谦）。

众所周知，商业银行在业务连续性方面有着极高的要求，与此同时，为了吸引和获取客户，又需要新业务能够快速上线与迭代，这恰好凸显了开发运维一体化（DevOps）的核心价值。旭涛，作为国有大型银行的一员，深谙 DevOps 在网络运维领域的分支——NetDevOps 之道。凭借他超过十年的 Python 网络运维自动化开发经验，使其能够从容应对各种复杂的网络运维挑战。难能可贵的是，旭涛在提炼了丰富的实践智慧与宝贵经验之后，通过多样化的渠道，将这些宝贵的资源分享给广大读者，为行业贡献了自己的力量。

分享作为互联网精神的核心要素之一，始终推动着开源社区、Linux 系统及 Python 语言等众多领域的繁荣发展。旭涛编写本书的初衷也多源于此，他摒弃了繁复的辞藻、深奥的公式推导、简单示例代码的堆砌，转而采用言简意赅、条理清晰的语言，从网络工程的专业视角出发，紧跟行业发展的最新趋势，系统地阐述了编程语言基础、开发环境搭建、网络设备交互、数据采集与建模语言、开源工具与框架的应用等 NetDevOps 实践中的关键知识。另外，本书还巧妙地融入了丰富的实战案例与深刻的思考分析，实现了理论与实践的完美结合。更令人振奋的是，我们欣喜地发现已有越来越多的网络从业人员紧随旭涛的脚步，主动分享自己在 NetDevOps 技术栈学习、工作及项目实施过程中积累的宝贵经验，为整个网络行业注入了新的活力与动力。

"大海航行靠舵手，众人拾柴火焰高"，旭涛及众多网络从业人员无疑是怀揣着对行业的深切热爱与对技术的无限热忱，踏上了 NetDevOps 这条充满挑战与机遇的网络创新之路。开卷有益，希望本书能帮助读者更加清晰地认识自身在网络领域的职业发展方向，掌握更多前沿的专业技能与工具，进而全面提升个人和团队的综合竞争力。同时，我们也期望本书能够激发读者的探索精神与创新意识。此外，我们倡导技术分享与思想碰撞的理念，鼓励读者在学习的过程中积极交流心得，共享成功的喜悦。我们相信，大家不仅能够收获宝贵的技术知识，还能结识志同道合的朋友，共同享受网络创新带来的乐趣与成就感。

蓝鹏

某能源央企数据中心高级技术主管、原华为培训与认证部讲师、

HCIE-Routing&Switching 认证面试官

于北京

2024 年 7 月 23 日

前言

2014年，我毕业后有幸入职了某国有大型银行的数据中心，从事网络运维工作。当时我主要负责SAN网络的运维，经常要做的一件事情就是登录若干网络设备进行相关信息的收集和整理，以便在后续运维中有据可依，在应急响应中能上下联动、快速定位问题。

一开始我采取的方式是"人肉"整理相关信息，登录一台台设备执行命令，并"抠"出相关信息写入表格。这种方式机械重复，效率很低。其中的痛苦，搞过网络运维的人都很清楚，因为我学习的是计算机科学与技术专业，所以团队安排我编写脚本来自动化完成这份工作。上学时，我主要用Java做开发，在编写脚本时机缘巧合地使用了Python，不禁感叹：Python简直是为运维自动化而生！它既简单又简洁，而且非常容易上手，同样的功能用几行Python代码就可以完成。于是，当我的第一个Python自动化脚本开发完成并实际运用后，以前两三个人近一周的工作量，通过这个脚本半小时就可以完成。经过主动学习，我把脚本封装成Web应用，让很多信息都实现了自动化采集入库，并可以通过Web界面进行关联查询。无论是日常运维，还是应急处置，这个Web应用都发挥了很大的作用，受到了大家的一致好评。

这种成就感让我彻底"爱"上了编程。虽然我上学时并不"感冒"编程，但工作后对编程入了"魔"，我也被领导"盯"上，开始有计划地为团队开发一些网络运维自动化的工具。自此我便一发不可收，从脚本到单体的Web应用，最终开发了一个集CMDB、监控应急、运维自动化、日常办公等众多功能于一身的网络运维管理平台，覆盖了网络运维的众多场景。我的工作重心也过渡到网络运维自动化工具开发。虽然我的网络运维技能"稀松"，但是在网络运维自动化方面却稳扎稳打，掌握了网络运维自动化工具的规划、设计和开发等技能，并利用开源技术，解决了一个又一个的运维难题。

随着学习和实践的深入，我也接触到了NetDevOps，发现自己从职业生涯开始就是一名NetDevOps工程师，利用Python来提高运维效率。彼时，NetDevOps在国内并不流行，而我心中一直有一团火，希望NetDevOps在国内发展，让更多的网络工程师投身到网络运维自动化的建设中。2020年，我注册了微信公众号"NetDevOps加油站"，并创建了知乎同名专栏，分享Python网络运维自动化技术经验。在创作、交流、答疑的过程中，我的知识和认知不断迭代，也发现很多网络工程师在学习过程中不得其法。我意识到网络工程师需要一本"how to do"的书来指导其学习，让他们能够零基础入门NetDevOps，并通过最佳的学习路线指引，掌握最广泛使用、最稳定的技术和工具以及贴合网络运维实际场景的案例。于是我从网络工程师的角度，结合10余年的网络运维自动化开发经验，撰写了这本书。

随着网络运维技术的不断发展，国外的行业先驱者不断赋予NetDevOps更多的意义、更多的实践和更深刻的内核。但我一直认为，NetDevOps 是一种思想、一种文化，也是一种实践方式。它鼓励网络工程师利用开发技术并借助开源工具，不断地沉淀运维数据、优化运维流程、固化运维经验，最终提高网络运维效率、提升网络运维质量。在国内，对于初学者，将它与 Python 网络运维自动化画上等号会更贴切，更加有助于网络工程师理解、运用 NetDevOps，所以我将本书命名为"Python 网络运维自动化"。希望各位读者通过阅读本书，能够掌握 Python 的开发技术，解决网络运维难题，进一步提高运维效率、提升自身价值。

本书组织架构

本书内容的安排循序渐进，前面 3 章从网络工程师的视角讲解了 Python 的基础知识、数据格式和数据建模语言。即使是有相关经验的网络工程师，也会在这几章中找到新的感悟。从第 4 章开始，本书以 Python 网络运维自动化工具体系角度展开，读者可以依次阅读，也可以直接翻阅感兴趣的章节。

当然，对于绝大多数读者，我建议循序渐进地阅读本书，从而夯实基础、构建体系。本书共 10 章，各章主要内容如下。

第 1 章，Python 网络运维自动化概述，主要介绍 Python 网络运维自动化技术的兴起背景、工具体系和学习建议。

第 2 章，网络工程师的 Python 基础，从网络工程师的视角，结合 Python 网络运维自动化需求，从零开始讲解 Python 基础知识。

第 3 章，数据格式与数据建模语言，主要介绍 Python 网络运维自动化领域所需的常见数据格式与数据建模语言，旨在为读者构建数据意识，为学习后续章节中的内容打下基础。

第 4 章，网络配置的结构化数据提取，主要介绍了从网络配置中提取结构化数据的两种方式——正则表达式和 TextFSM。TextFSM 是本书的第一个重点，可以帮助读者非常便捷地从网络配置中提取出结构化数据，用于网络运维自动化。

第 5 章，网络配置的模板化管理，主要介绍了 Jinja2 模板引擎，以及如何使用它结合结构化数据快速生成标准化配置。

第 6 章，Netmiko 详解与实战，主要介绍了 Python 网络运维自动化使用最广泛的工具 Netmiko。这部分内容是本书的第二个重点，以便实现各类网络设备的 CLI 交互，并充分利用之前章节的知识点，覆盖很多网络运维场景。

第 7 章，模型驱动的新网络管理方式及实践，主要介绍了 NETCONF 协议与 RESTCONF 协议，并结合 ncclient 和 Postman 演示了使用两种协议与网络设备进行交互的示例。

第 8 章，网络管理工具集，介绍了网络管理中的 3 款工具：netaddr、Requests 和 NAPALM。netaddr 用于处理 IP 地址，与运维息息相关；Requests 用于发起 HTTP 请求，可以与运维中已有的第三方系统平台进行对接；NAPALM 提供了一种网络运维自动化的框架和相关工具，可以简化网络运维自动化的开发。

第 9 章，网络自动化框架 Nornir，借助此框架可以提升读者的开发速度、提高脚本的执行效率、简化开发的难度，这是本书的第三个重点。

第 10 章，开源网管工具 NetBox，主要介绍了一款开箱即用的网管工具 NetBox，可以帮助读者更轻松地管理网络基础设施，借助其自定义字段、开放的 RESTful API 体系，结合自动化脚本开发，实现更多的功能扩展。

读者对象

本书适合网络工程师、对网络运维自动化感兴趣的开发工程师阅读。此外，本书亦可作为高等院校网络工程等相关专业的教材。

致谢

首先要感谢 NetDevOps 的先驱们，是他们开发出了好用的工具并进行了最早的 NetDevOps 技术分享。

感谢本书的编辑单瑞婷老师，帮助我从零开始写一本书；感谢蓝鹏老师，在我编写此书的过程中给我的帮助和鼓励，是他和我一起讨论书的架构、帮我审核稿件、提出修改建议，他广博的知识储备、严谨的治学态度，无不令我深感敬佩。同时，他温润如玉的品性中又不失幽默，为我树立了学习、生活和工作中的典范。

感谢本书编写过程中鼓励我、帮助我的唐志强、戴维、张明、李黎、岳飞宇、袁泽海、武江鹏、姜阳等师友，在你们的帮助下，这本书得以逐步完善。

最后感谢关注我的微信公众号、知乎专栏的朋友们，是你们的支持，让我有了分享知识的动力，这本书才能从无到有。希望大家能通过这本书掌握相关技能，共同推进网络运维自动化的发展。

王旭涛
2024 年 4 月

资源与支持

资源获取

本书提供如下资源：
- 本书源代码；
- 本书配套 PPT；
- 本书配套视频；
- 本书思维导图；
- 异步社区 7 天会员。

要获得以上资源，您可以扫描右侧二维码，根据指引领取。

提交勘误

作者和编辑尽最大努力来确保书中内容的准确性，但难免会存在疏漏。欢迎您将发现的问题反馈给我们，帮助我们提升图书的质量。

当您发现错误时，请登录异步社区（https://www.epubit.com），按书名搜索，进入本书页面，点击"发表勘误"，输入勘误信息，单击"提交勘误"按钮即可（见下图）。本书的作者和编辑会对您提交的勘误进行审核，确认并接受后，您将获赠异步社区的 100 积分。积分可用于在异步社区兑换优惠券、样书或奖品。

图书勘误		发表勘误
页码： 1	页内位置（行数）： 1	勘误印次： 1

图书类型： ● 纸书 ○ 电子书

添加勘误图片（最多可上传4张图片）

+

提交勘误

与我们联系

我们的联系邮箱是 shanruiting@ptpress.com.cn。

如果您对本书有任何疑问或建议，请您发邮件给我们，并请在邮件标题中注明本书书名，以便我们更高效地做出反馈。

如果您有兴趣出版图书、录制教学视频，或者参与图书翻译、技术审校等工作，可以发邮件给我们。

如果您所在的学校、培训机构或企业想批量购买本书或异步社区出版的其他图书，也可以发邮件给我们。

如果您在网上发现有针对异步社区出品图书的各种形式的盗版行为，包括对图书全部或部分内容的非授权传播，请您将怀疑有侵权行为的链接发邮件给我们。您的这一举动是对作者权益的保护，也是我们持续为您提供有价值的内容的动力之源。

关于异步社区和异步图书

"**异步社区**"（www.epubit.com）是由人民邮电出版社创办的 IT 专业图书社区，于 2015 年 8 月上线运营，致力于优质内容的出版和分享，为读者提供高品质的学习内容，为作译者提供专业的出版服务，实现作者与读者在线交流互动，以及传统出版与数字出版的融合发展。

"**异步图书**"是异步社区策划出版的精品 IT 图书的品牌，依托于人民邮电出版社在计算机图书领域多年的发展与积淀。异步图书面向 IT 行业，以及各行业使用 IT 技术的用户。

目录

第 **1** 章

Python 网络运维自动化概述

近几年，社会上对于 Python 学习的热度持续高涨，在网络工程师的圈子里也逐渐兴起了学习 Python 的热潮。网络工程师学习的目的是通过 Python 来实现网络运维自动化，以此优化工作方式、提高工作效率。不同于普通的 Python 办公自动化，基于 Python 的网络运维自动化有着明显的领域特色。本章将介绍云计算时代下 Python 网络运维自动化的兴起、Python 网络运维自动化的工具体系，以及 Python 网络运维自动化落地实践的一些方法。

1.1 Python 网络运维自动化应对新挑战

云计算时代的兴起与发展，不仅让网络行业悄然发生了一些变化，也给网络运维带来了诸多挑战。为了应对这些挑战，Python 网络运维自动化逐渐兴起。因此，Python 网络运维自动化并不是凭空出现的一个细分领域，它本质上是云计算技术快速发展的产物。

1.1.1 云计算时代网络行业的变迁

随着互联网的蓬勃发展，过去十多年间，云计算技术应运而生并不断发展。云计算是一种通过互联网为用户提供按需计算资源和服务的模式，可让用户在任何地点、任何时间、任何设备上访问和使用网络中的数据和应用。云计算的优势包括成本低、灵活性高、可扩展性强、安全性高和可靠性高等，因此在各行业和领域中得到广泛应用。

随着云计算时代的来临，网络运维也发生了很多变化，例如硬件性能的不断提升、网络带宽的不断提高、组网方式的灵活多变和网络协议的可扩展性逐步提高，这些改变都是为了适应云计算技术灵活、可扩展的相关特性。

网络设备的管理模式也发生了很大的变化，除了命令行接口（command line interface，CLI）、简单网络管理协议（simple network management protocol，SNMP）等传统管理方式，还出现了 NETCONF、RESTCONF 等新的网络管理协议。网络设备的管理方式也从单一手工管理逐步向集中统一自动化管理过渡。早期的 SDN（software defined network）概念主要是想通过 OpenFlow 协议将数据层面的控制进行集中和统一。但是经过一段时间的实践与演进，人们逐渐认识到在更广范围的应用场景下集中和统一控制器的必要性。随之产生的是一些比较有代表性的 SDN 项目，例如 OpenStack Neutron 组件、OpenDaylight 项目等。

随着云计算的不断深入发展，网络行业中的 SD-WAN、IBN、NFV、网络安全等诸多概念被陆续提出。网络与云计算紧密结合，云网融合的理念应运而生，网络连接向更加智能、更加灵活的目标前进，网络也向着简洁、敏捷、开放、集约的新型网络转变。

1.1.2　云计算时代网络运维的挑战

云计算时代的网络运维面临以下 4 个新挑战。

挑战一，网络环境中的敏捷交付要求越来越高。从 Day0 业务开通、新业务上线到日常稳态监控、突发事件应急等，这些操作都对网络运维提出了高标准、严要求。同时随着 DevOps、敏捷开发、CI/CD 等新理念的提出，云网络下的敏捷交付已是大势所趋。

挑战二，网络运维规模越来越大，重复劳动越来越多。在大规模建设云数据中心的同时，网络规模也在不断扩大，网络运维对象越来越多，从而出现了大量的手工重复劳动，也使网络设备的配置、变更呈现指数级增加的趋势。

挑战三，网络内外部的关联性越来越强，沟通协作要求越来越多，沟通成本越来越高。网络系统与大量 IT 基础设施、系统存在关联性，网络运维团队与其他 IT 团队、组织需要高水平的沟通和协作。其中包括与应用开发团队的紧密合作，确保网络更有效地支持新业务。网络运维团队还必须与安全团队合作，确保网络安全措施有效落地。此外，网络运维团队还需要在性能优化、故障处理、突发情况应急等领域与众多 IT 团队进行协作。

挑战四，网络运维管理的精细化程度要求也越来越高。由于网络规模不断扩张、新协议和新技术层出不穷，网络运维管理的精细程度要求也越来越高。例如，网络运维人员要清楚所管理设备的数量、软件版本、各类型端口使用情况、基线配置是否合规等众多网络运维信息。

上述种种挑战的叠加给网络运维带来了极大难度。虽然已有的运维管理平台可以解决部分问题，但大部分平台主要聚焦计算资源（系统）的相关交付，对于网络资源交付的支持能力有限，所以很难覆盖网络运维工作的方方面面。

1.1.3　Python 网络运维自动化的兴起

如何有效应对网络运维面临的挑战呢？是否有所谓的"银弹"呢？

为应对这些挑战，在不断的实践中，网络运维工程师给出了较为一致的答案——基于 Python 技术栈的网络运维自动化。应对网络运维挑战的关键在于依靠网络运维自动化来提升网络运维效率、提高网络管理精细化水平。但为什么是基于 Python 技术栈的网络运维自动化呢？

在网络运维早期，少数网络工程师将 Bash Shell、VBA 等脚本语言作为主要编程语言，实现与网络设备的交互、数据的收集与处理。这些编程语言并不是专门为网络运维而设计的，网络工程师需要从零开始实现很多功能，所以整体开发效率不高，且没有形成良好的生态圈。

随着开源潮流的兴起，Python、Perl、Ruby、Go 等编程语言开始流行，吸引了很多网络工程师加入开源大潮。其中 Python 凭借其强大的功能和简单的语法脱颖而出，成为网络工程师的首选编程语言。

一些网络工程师率先结合网络自动化开发的需求，研发了许多基于 Python 语言的工具包。这些工具包大大提高了网络工程师自动化开发的效率，并形成了良性循环，催生了更多基于 Python 的优秀的网络运维自动化工具包，例如 Paramiko、Netmiko、Jinja2、TextFSM、NAPALM 等。业内出现了许多 Python 网络运维自动化"布道者"，他们从网络工程师视角分享基于 Python 的网络运维自动化开发技术，掀起了一股网络工程师学习 Python 网络运维自动化的浪潮，有些网络工程师甚至实现了跨界，主导设计网络运维自动化系统。借助于众多优秀的 DevOps 领域开源项目，一些开源的网络自动化运维平台也相继诞生并进入大家的视野，例如国外的 NetBox、Nautobot、eNMS，国内的 NetAxe。这些平台完全基于网络运维视角进行设计开发，实现了网络资源管理及相关自动化等众多功能，涵盖了网络运维的众多应用场景。

与此同时，部分网络设备制造商发布了网络运维自动化相关的认证项目。虽然这些认证项目有着不同的名称，例如思科的 Cisco Certified DevNet Associate、华为的 HCIP-Datacom-Network Automation Developer，但它们的核心思想高度一致：希望网络工程师能系统地学习以 Python 为核心的网络运维自动化技术，编写符合自身所处运维环境的脚本并开发相关工具甚至平台，以此提升运维效率。

1.2　Python 网络运维自动化的工具体系

Python 网络运维自动化的技术以 Python 为基础（本书第 2 章将讲解网络运维自动化开发所需的 Python 基础知识），包含了众多网络运维自动化工具包，这些工具包覆盖网络运维工作的方方面面。Python 网络运维自动化工具可以分为 3 大类——数据工具集、网络管理工具集、开源框架与系统，分别对应读者学习网络运维自动化的 3 个阶段。

1.2.1　数据工具集

早期的网络运维自动化开发工作，通常在文本层面进行处理，例如将配置保存成文本、通过文本将配置下发到网络设备。随着计算机技术的不断发展，尤其是大数据、基础设施即代码（infrastructure as code，IaC）等概念及技术的提出，网络运维人员意识到应当用结构化的数据来描述网络运维的基础数据和各种场景。为此，网络工程师必须掌握基础的数据格式，包括 JSON、YAML、XML，以及表格数据，并能够通过结构化数据描述网络运维；网络工程师还需要具备数据意识，为更深层次的 Python 网络运维自动化学习打上数据思维的烙印。这些知识对应本书第 3 章的内容，是网络工程师必须掌握的技能，以便他们更好地进行后续的学习和开发实践。

在初步具备数据意识之后，网络工程师要掌握两种技能：借助 Python 正则表达式和 TextFSM 文本解析引擎，从网络配置中提取出结构化数据；借助 Jinja2 模板引擎，通过结构化数据并结合配置模板生成标准的网络配置。它们分别对应本书第 4 章和第 5 章的内容，也是网络工程师必须掌握的技能。这些技能可以提高网络工程师的工作效率和准确率，同时帮助他们养成用数据描述网络的思维方式和工作习惯。

1.2.2　网络管理工具集

为了更好地管理网络，网络工程师需要掌握网络运维自动化技术中的相关网络管理工具集。其中最重要的是 Python 工具包 Netmiko，它能与网络进行 CLI 交互，用于获取网络配置并推送网络配置。借助 Netmiko，工程师可以从网络中获取准确而可靠的数据，也可以通过数据驱动网络变更的执行，确保网络达到预期的稳定状态。本书的第 6 章讲解 Netmiko 的基础概念和使用方法，这是网络工程师要重点掌握的内容。

网络工程师也需要了解新兴的网络设备管理协议——NETCONF 和 RESTCONF，理解它们设计的初衷，掌握基本的使用方法，从而加深对网络运维自动化开发的认知。这两个协议对应着 Python 工具包 ncclient 和开源工具 Postman，可以实现与网络设备的交互。这些知识在本书的第 7 章进行讲解，网络工程师了解即可。

另外，本书还介绍一些实用的网络管理工具包，例如进行网络地址管理的 netaddr、HTTP 请求工具包 Requests、适配众多网络厂商设备的网络抽象层工具 NAPALM 等。网络工程师可以结合自身情况，按需学习其中的工具。

通过学习网络管理工具，网络工程师可以提升自动化管理网络的能力，编写简单的自动化脚本，与网络设备进行交互，并结合数据工具集获取结构化数据，从而踏上网络管理的数字化之路。

1.2.3　开源框架与系统

随着 Python 网络运维自动化学习与实践的深入，网络工程师需要将脚本进行工程化组织，提高开发效率，甚至希望有一个比较完整并具备一定自动化能力的网络运维管理系统。本书推荐使用开源框架 Nornir 和开源工具 NetBox，它们分别对应本书第 9 章和第 10 章的内容。

Nornir 是一款基于 Python 的网络运维自动化框架，它可以非常高效地实现网络设备的自动化开发与执行。用户只需要聚焦于单台网络设备的自动化需求并进行代码开发，且这些开发的代码之间可以相互组合,满足更复杂场景的需求。在执行层面,Nornir 也帮助用户实现了一种无感知的多线程并发方式,可以非常快速地完成自动化任务。

NetBox 是一款基于 Python 开发的开源网管工具,提供丰富的网络运维管理模型,可用于描述运维的网络环境。该工具通过多种方式支持功能扩展,以满足个性化需求,并可结合之前章节的工具实现自动化功能。

1.3 Python 网络运维自动化实践之路

在了解 Python 网络运维自动化的工具体系之后,网络工程师便可以展开 Python 网络运维自动化的学习,并将之付诸实践。在实践过程中,网络工程师也要遵循一定的方法,以达到事半功倍的效果。

1.3.1 循序渐进地学习与实践

在 Python 网络运维自动化的学习与实践过程中,一定要遵循循序渐进的原则,切记不可急功近利。

在学习阶段,读者要从头到尾仔细阅读书中的内容。本书的内容是作者 10 年实战经验的总结,并凝结了作者解答各行各业网络工程师所提问题的宝贵经验。

在实践阶段,一定要将脚本充分测试后再应用到实际的网络运维生产活动中。尤其是对于网络设备的配置修改,一定要在测试环境或者模拟器环境中充分测试后再投入生产。很多网络运维自动化的知识与相关分享都将大量笔墨花费在配置下发的相关环节,实际上这是风险很高的一个环节。网络运维自动化的初学者对于相关技术工具的细节不够熟悉,对于网络运维自动化的风险意识不够,这都会加大网络运维自动化的风险。在这个阶段,笔者建议网络工程师优先进行配置和信息的收集活动,因为它的性价比更高、风险更低。在这个过程中可以首先做配置文本的收集,执行相关命令并将回显写入以一定格式命名的文本文件中;然后借助正则表达式和 TextFSM 进行结构化数据的提取和保存,逐步培养数据意识。通过这种数据收集的方式,网络工程师的 Python 网络运维自动化水平也会逐渐提高。

随着 Python 网络运维自动化水平的提高,网络工程师可以尝试通过 YAML 格式或表格数据,结合 Jinja2 模板生成标准化的配置。这些配置起初可以选择人工推送,随着 Jinja2 在网络配置变更环节的逐渐成熟和稳定,以及自身开发水平的不断提升,网络工程师可以尝试将部分高频率、低风险的配置通过 Netmiko 进行自动化下发。

在后续实践中,网络工程师还可以借助 Nornir 或 NetBox,进一步整合自动化脚本,构建自己的网络运维管理工具体系,从而提升网络运维的自动化水平。

1.3.2 有意识地培养数据意识

在网络自动化运维的世界中，不同的平台、不同的程序、不同的脚本之间进行通信要用规定的数据格式，也就是要将结构化数据以指定的数据格式在网络或者本地文件之中传输。结构化的数据需要用户对网络运维场景中涉及的对象进行抽象化。抽象化的过程就是建模，即为运维对象或者运维场景创建一个模型，用结构化的数据描述运维对象或者是运维场景。用户首先要通过各种手段从网络设备获取的相关配置文本中提取出结构化数据，并将其映射到这个模型上，然后进行相关的数据处理。对初学者来说，这个模型可以是无明确定义的、约定俗成的模型，例如可尝试用 Python 的各类基础数据去描述网络设备、网络配置项、网络运维场景。随着 Python 网络运维自动化学习与实践的深入，网络工程师需要将这个模型规范化地描述出来，例如使用 Python 的类来定义网络模型，使用网络的建模语言 YANG 定义模型，或直接使用 NetBox 现有的网络模型。

在当今数字化转型的时代，结构化的数据是一笔非常宝贵的财富，在网络运维中发挥着重要作用。网络的数据模型不仅可以描述网络，也可以用于驱动网络的配置变化。网络工程师还可以使用结构化的数据描述网络配置，让运维人员聚焦于网络配置的参数调整，远离原始的配置文本，从而提高网络的确定性，减少因人工操作失误导致的网络连续性的中断。

在网络运维活动的众多环节，网络工程师都要尝试去刻意培养数据意识，以数据的视角去看待网络运维。

1.3.3 以场景为导向的实践落地

网络运维的痛点都是基于运维场景的，所以归根到底，要将网络运维自动化落地到日常运维场景中，并以解决日常运维场景的困境为导向。在日常工作中，网络工程师首先要梳理手头的工作，明白有哪些场景符合机械重复的特点，然后将这些场景的工作进行自动化处理。网络工程师还要主动锻炼自己的"自动化意识"，在工作中问问自己"这个场景可以被自动化吗""这个场景如何被自动化实施"。这种主动的自我提问可以有效锻炼网络工程师对场景自动化的整体辨知能力和把控能力，将有限的资源尽量多地投入运维场景，解决实际问题，而不是去实现一些华而不实的功能需求。身为网络运维人员，投入在网络运维自动化上的时间是有限的，我们要最大化地利用好这些时间，从而产生最大的价值。

在开发的过程中，网络工程师也要将精力聚焦在场景的实现上，而不要在技术细节上花费过多的时间。这仍然是一个关于时间成本的问题，我们应该花费更多的时间去优化一个场景的某个技术细节，还是在时间成本和功能效果相对平衡的前提下实现更多有用的场景？毫无疑问，后者是我们追求的一种方向。在 Python 网络运维自动化的起步阶段，网络工程师的开发水平不是特别高，暂时没办法实现比较好的批量自动化操作。这个时候可以使用比较简单的循环逻辑和轮询设备完成自动化操作,先实现功能需求,再解决某场景之下的运维难题。随着技术水平的精进,网络工程师可以使用一些并发技术或者网络运维自动化框架等,进一步优化程序代码。如果一开始我们就将时间和精力过多地花费在并发技术的学习和使用上,势必会阻碍场景需求的落地。如果长时间关注技术细节,就无法及时输出有效工具,导致场景难题得不到解决,也会影响我们开展 Python 网络运维自动化的信心。

在网络运维自动化的学习与实践中,我们的程序代码一定要以场景为导向,从而顺利地进行网络运维自动化的学习与实践。

1.4 小结

本章主要介绍了 Python 网络运维自动化的兴起与发展,简单介绍了 Python 网络运维自动化的工具体系,同时分享了笔者在 Python 网络运维自动化实践道路上的一些经验。Python 网络运维自动化是一门重视实践的技术,在网络工程师掌握了基础的技术之后,还需要在后续的网络运维工作中进行实践,从而提升运维效率。

第 *2* 章

网络工程师的 Python 基础

Python 是一门功能强大、能够快速上手的高级编程语言。在本章中,笔者将以网络工程师的视角,结合对 Python 网络运维自动化的需求来讲解 Python 基础知识。为达到让网络工程师快速上手的目的,本章不仅对 Python 的知识进行了精简,聚焦于网络运维自动化实践必备的 Python 知识,所选的示例代码也以网络运维中的实例和场景为主。

2.1 开发环境搭建

"工欲善其事,必先利其器",本节首先带领读者快速搭建开发环境。针对开发环境,本书选择的是 Windows 10 的 64 位版本,因为 Python 有强大的跨平台能力,所以书中涉及的大部分工具和组件均可在不加修改的情况下移植到其他系统中。因此在开发阶段,读者可选择自己习惯的 64 位操作系统。

2.1.1 Python 版本选择与安装

对于 Python 3.7~3.11 版本,本书推荐的网络运维自动化工具包都是兼容的。本书选择当前比较稳定的 Python 3.10 版本。读者在开发学习过程中可以使用最新版本,但在生产环境中建议使用比较稳定的版本。

在登录 Python 官网后,Python 的下载路径如图 2-1 所示,单击 "Downloads" 标签下的 "All releases" 选项,即可跳转到 Python 所有版本的列表页。

Python 所有版本的列表页如图 2-2 所示,标有 "security" 的版本是稳定、安全的 Python 版本,在其下方单击对应版本的下载链接即可跳转到它的下载页。

Python 指定版本的文件下载页如图 2-3 所示,读者可以根据自己的操作系统下载对应的 Python 安装文件。本书选择的是 "Windows installer (64-bit)" 的安装包。Python 官网会根据用户的操作系统给出推荐的安装文件，在"Description"一栏中显示为"Recommended"，Python 3.10.11 版本是 3.10 分支中有安装包的最新一个版本。

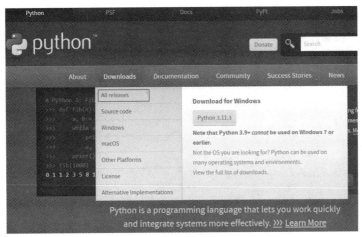

图 2-1　Python 的下载路径

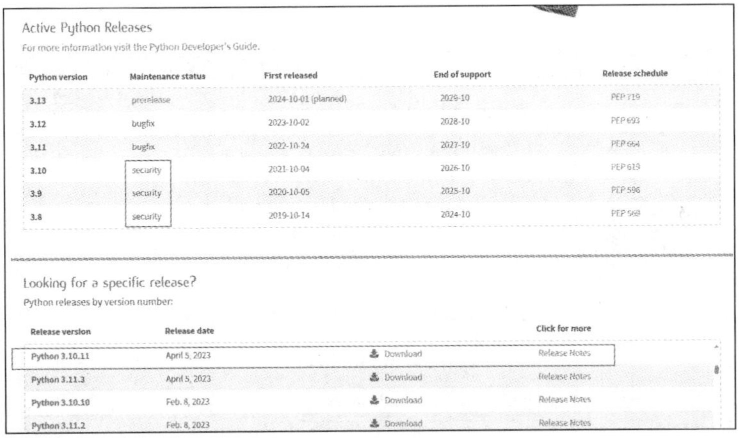

图 2-2　Python 所有版本的列表页

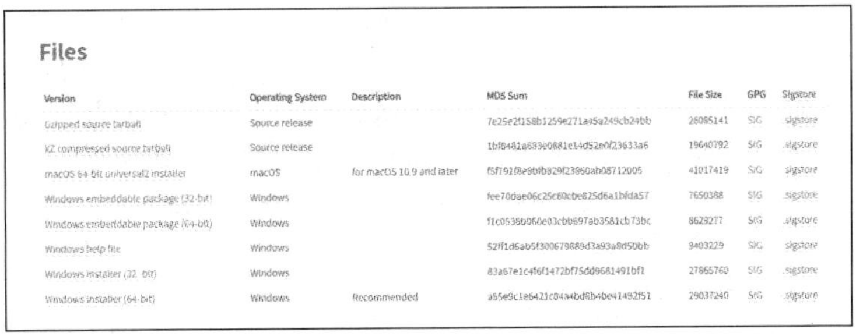

图 2-3　Python 指定版本的文件下载页

下载并双击打开安装文件，在弹出的安装界面（见图 2-4）中，务必勾选"Add python.exe to PATH"

选项，这样就可以将 Python 添加到环境变量中，在用户打开 CMD 或者 Terminal 窗口后，就可以调用 Python 命令。用户可以选择"Customize installation"，将 Python 安装到指定位置（见图 2-5），单击"Install"按钮即可进行安装。

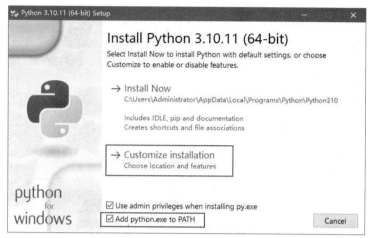

图 2-4 Python 的安装界面

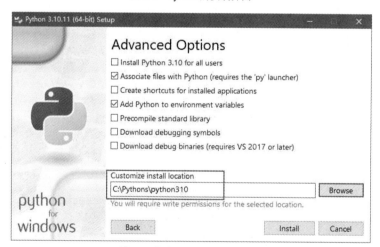

图 2-5 指定 Python 的安装位置

安装完成后，读者可以打开 CMD 窗口，输入"python"进入 Python 的交互式编程窗口。Python 的 Shell 交互窗口如图 2-6 所示，当出现此交互窗口时，这就代表 Python 安装成功。

```
Windows PowerShell
版权所有 (C) Microsoft Corporation. 保留所有权利。

尝试新的跨平台 PowerShell https://aka.ms/pscore6

PS C:\Users\Administrator> python
Python 3.10.11 (tags/v3.10.11:7d4cc5a, Apr  5 2023, 00:38:17) [MSC v.1929 64 bit (AMD64)] on win32
Type "help", "copyright", "credits" or "license" for more information.
>>>
```

图 2-6 Python 的 Shell 交互窗口

2.1.2 PyCharm 的安装与设置

安装好 Python 后,还需要安装 Python 的集成开发环境(Integrated Development Environment,IDE)。IDE 在代码基本编辑功能的基础上,还集成了语法高亮、智能代码补全、自定义快捷键、自动格式化代码等高级功能。使用优秀的 IDE,可以极大地提升代码开发的效率。

Python 的主流 IDE 有 JetBrains 公司的 PyCharm 和微软公司的 VSCode,本书推荐使用 PyCharm。PyCharm 是由 JetBrains 公司打造的一款 Python 专属的 IDE,配置相对简单,且功能十分强大,分为社区版和专业版。其中付费的专业版增加了 Web 开发和科学计算开发等增强功能;对普通用户而言,免费的社区版功能足以满足日常使用。

在 PyCharm 官网首页单击"Download"按钮,就可以进入下载页,PyCharm 社区版下载页如图 2-7 所示,单击"PyCharm Community Edition"的"Download"按钮,即可下载最新社区版。

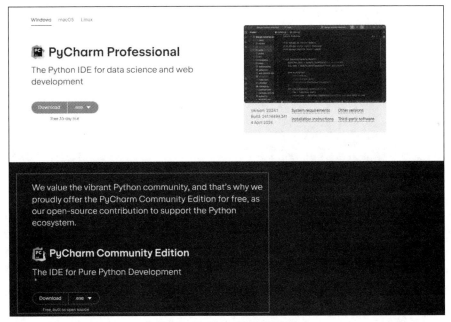

图 2-7 PyCharm 社区版下载页

下载完毕后双击安装软件,PyCharm 社区版安装界面如图 2-8 所示,然后按需调整安装位置及其他的选项。PyCharm 社区版安装完成界面如图 2-9 所示。安装结束后直接运行软件,并打开 PyCharm 的向导页。

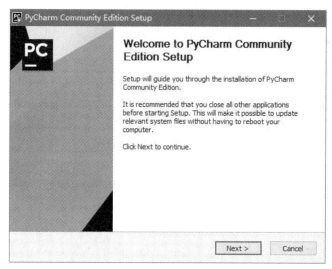

图 2-8　PyCharm 社区版安装界面

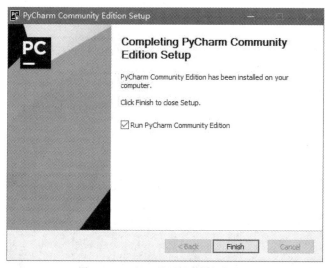

图 2-9　PyCharm 社区版安装完成界面

　　第一次进入 PyCharm 的向导页，需要选择创建新项目（New Project），在这里需要修改项目的一些配置，包括 Python 解释器（Interpreter）和项目的路径及名称。创建项目并选择 Python 解释器，如图 2-10 所示。

　　初学者选择解释器时，建议使用先前安装的系统级的解释器，而不使用虚拟环境。虚拟环境是从已有 Python 环境拷贝的基础副本（只包含 Python 内置模块，不包含第三方 Python 包），多用于多项目的开发，进行环境隔离，并防止 Python 包之间产生冲突。在初学阶段尽量保证使用一套 Python 环境，以免多套环境导致第三方包安装混乱，无法进一步学习和实践。

　　从图 2-10 中可以看出，选择 Python 解释器时先单击 "Previously configured interpreter"，然

后再单击右侧的"Add interpreter"。在弹出的窗口（见图 2-11）中选择"System Interpreter"，添加系统级的 Python 解释器，在右侧区域选择之前安装的 Python 完整路径。

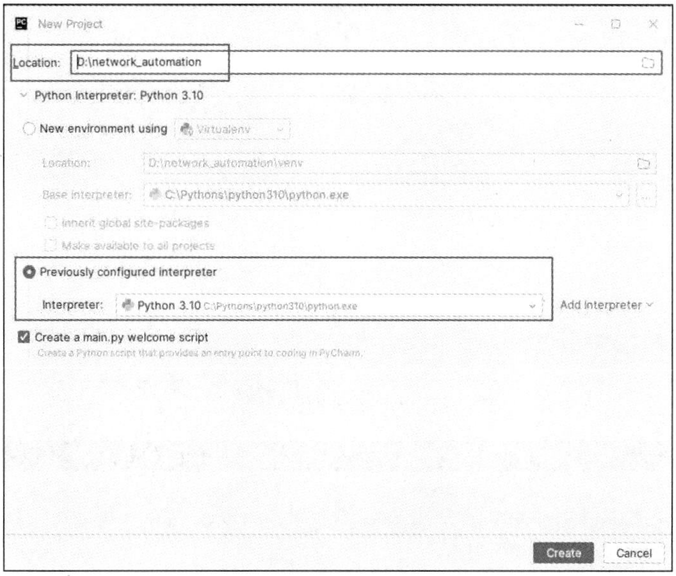

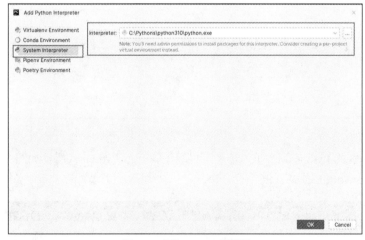

图 2-10　创建项目并选择 Python 解释器

图 2-11　添加 Python 解释器

　　配置好所有选项后，单击"Create"按钮，即可完成新工程的创建。PyCharm 默认提供一个示例脚本，读者可以选择保留或者删除。PyCharm 的代码编辑界面如图 2-12 所示。

　　PyCharm 工作区的左侧是工程的目录结构，右侧是代码的编辑区。在左侧目录结构中选中根目录，单击鼠标右键就会弹出对话框，依次选择"New""Python File"，在弹出的对话框中输入文件名，即可创建 Python 脚本，如图 2-13 所示。

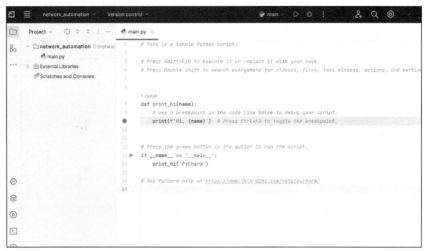

图 2-12　PyCharm 的代码编辑界面

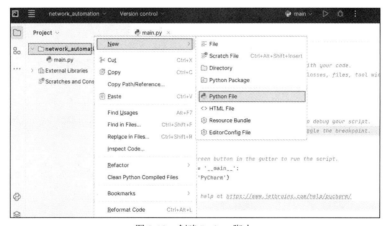

图 2-13　创建 Python 脚本

在代码编辑区的 Python 脚本里，读者可以写下第一行 Python 代码，如图 2-14 所示，其功能是打印"Hello World!"。

图 2-14　第一行 Python 代码

PyCharm 有多个运行 Python 代码的入口。本书建议初学者在代码编辑区单击鼠标右键，在弹出的窗口中选择"Run <指定脚本名称>"，这样可以保证运行的是指定脚本。运行 Python 脚本，如图 2-15 所示。

图 2-15　运行 Python 脚本

代码的运行结果会显示在 PyCharm 界面下方的窗口中。如果正常执行程序且没有报错，就会显示"Process finished with exit code 0"；如果错误执行程序，窗口中就会显示错误的堆栈信息，且"0"也会变为"−1"。代码运行的结果如图 2-16 所示。

图 2-16　代码运行的结果

至此，整个开发环境搭建完毕，读者可以正式开始 Python 的学习之旅了。

2.2 变量、缩进与注释

Python 的语法简洁，可以从变量的定义与赋值、缩进控制以及注释方法中体现出来。

2.2.1 变量的定义与赋值

Python 变量可用来存储数据的标识符。Python 变量在定义的时候就必须进行赋值。赋值的方法是使用"＝"，其左侧是变量名称，右侧是对应的值。Python 是一种动态类型的语言，其数据的类型无须在定义变量时指定。

变量的名称一定要言之有物，避免使用一些纯字母或者拼音等无实际意义的名称。变量命名的规则：包含字母、数字、下画线，且必须以一个非数字字符开始。结合网络运维的场景示例，当定义一个变量用来表示接入交换机的管理地址时，变量名可命名为 asw01_mgmt_ip，并赋值为 192.168.1.1，变量的定义与赋值如代码清单 2-1 所示。

代码清单 2-1 变量的定义与赋值

```
asw01_mgmt_ip = '192.168.1.1'
```

在变量赋值时，等号左右一般会各保留一个字符的空格，这样可提高代码的可读性，便于区分变量名和变量值。Python 的变量名是对大小写敏感的，asw01_mgmt_ip 和 ASW01_MGMT_IP 代表的是两个不同的变量。Python 的官方编码风格指南 PEP 8（Python Enhancement Proposal 8）推荐变量名使用小写字母，多个单词之间用下画线分隔，因为其形如一条小蛇，因此该命名法被称为蛇形命名法（snake_case）。变量的蛇形命名法示例如代码清单 2-2 所示。

代码清单 2-2 变量的蛇形命名法示例

```
device_name = 'AS01'

device_ip = '192.168.1.1'

device_start_u = 10
```

每种语言都会有一些特殊的保留字（keyword），保留字是不允许被用作变量名的，例如 if 用于做判断，因此，不能用 if 来作变量名。不同 Python 版本的保留字略有差别，输出当前 Python 版本的保留字，如代码清单 2-3 所示。

代码清单 2-3 输出当前 Python 版本的保留字

```
import keyword
```

```
print(keyword.kwlist)
```

代码清单 2-3 的输出内容如下，从中可以观察到 Python 3.10 共有 35 个保留字。

```
['False', 'None', 'True', 'and', 'as', 'assert', 'async', 'await', 'break', 'class',
'continue', 'def', 'del', 'elif', 'else', 'except', 'finally', 'for', 'from', 'global',
'if', 'import', 'in', 'is', 'lambda', 'nonlocal', 'not', 'or', 'pass', 'raise', 'return',
'try', 'while', 'with', 'yield']
```

2.2.2　Python 的缩进控制

在 Python 代码中，判断、循环、函数定义都包含一段代码逻辑块。不同于 Java、C 等编程语言，Python 不是通过花括号来控制代码逻辑，而是通过缩进控制同级别代码逻辑。PEP 8 中推荐使用 4 个空格作为缩进。循环生成并打印 48 个端口名称，如代码清单 2-4 所示，其中演示了代码的缩进。

代码清单 2-4　循环生成并打印 48 个端口名称

```
print("生成 48 个端口名称")
for i in range(1,49):
    interface_name = "Eth1/"+ str(i)
    print(interface_name)
print("程序运行结束")
```

在 for 循环的逻辑块中，要生成 48 个端口名称并打印结果，循环体内的每行代码相对 for 循环的语句都缩进了 4 个空格。for 循环代码和头尾的两行 print 是对齐的，因为它们是同一个层级的，且都是最高层级，所以这 3 行代码的开始没有空格。

这种通过缩进来区分代码逻辑的方式，使代码的书写更加便利、上下文的阅读更加流畅，是 Python 语言的特点之一。当层级过深的时候，4 个空格可以缩减到 2 个空格。在 PyCharm 等 IDE 里，读者可以通过按 Tab 键来完成一次缩进，IDE 会自动输入 4 个空格。但是在普通文本编辑器里，严禁直接使用 Tab 键，因为它代表的是 1 个制表符（1 个缩进），容易引起代码的缩进异常。每行代码中间适当添加空白行，也可以提高代码的可读性。

2.2.3　Python 的两种注释方法

注释用于对代码进行备注，让自己或者他人在后续阅读代码时可以更好地了解代码逻辑。良好的注释有助于提高代码的可读性、可维护性。Python 的代码注释有两种风格：单行注释和多行注释。

单行注释以"#"开头，空一格后编写注释内容；也可以在代码的末尾空一格后按照单行的注释编写一个行末的注释。单行注释不允许跨行，适用于写一些简短说明。单行的代码注释示例如代码清单 2-5 所示。

代码清单 2-5   单行的代码注释示例

```
print("生成 48 个端口名称")

# 使用内置的 range 函数，生成数字 1~48
for i in range(1,49):
    interface_name = "Eth1/"+ str(i) # 拼凑出端口名
print(interface_name)
print("程序运行结束")
```

多行注释以 3 个引号（3 个单引号或者 3 个双引号）开始和结束，中间是注释内容，注释内容可以跨行，多用于写一些复杂的注释内容和函数的文档字符串（docstring）。多行代码注释示例如代码清单 2-6 所示。

代码清单 2-6   多行代码注释示例

```
"""
生成 48 个端口名称并打印
使用 range 函数生成数字，并通过字符串相加拼凑出端口名
"""
print("生成 48 个端口名称")
for i in range(1,49):
    interface_name = "Eth1/"+ str(i)
    print(interface_name)
print("程序运行结束")
```

2.3   基础数据类型

编程语言都有内置的基础数据类型，例如整数、字符串、数组等。所有的复杂对象都是由这些基础数据类型衍生而来的。Python 的基础数据类型包含数字、字符串、列表、字典、布尔、元组和集合 7 种。另外还有一个特殊值，即空值（None），None 类似于数据库中的 NULL，代表空值但不代表没有值。None 不是一个基础数据类型，而是一个需要掌握的数据类型。

2.3.1   数字

Python 中的数字分为整数（int）、浮点数（float）、复数（complex）。其中复数在日常开发中基本不会涉及。

1. 整数

Python 中的整数与日常书写、使用习惯一致，有正整数、负整数和零 3 种。在 64 位操作系统中，整数无最大值和最小值限制。整数可以表示端口索引号、VLAN ID、设备所在楼层等。

整数示例如代码清单 2-7 所示。

代码清单 2-7　整数示例

```
intf_index = 47
vlan = 200
floor = -1
```

2. 浮点数

浮点数即日常所说的小数。浮点数在 Python 中与日常书写习惯一致，同样支持正负表示。浮点数可以表示端口的使用率、带宽使用率等信息。浮点数示例如代码清单 2-8 所示。

代码清单 2-8　浮点数示例

```
intf_usage = 0.5
bandwith_usage = 0.75
```

3. 数字的计算

Python 中的数字支持进行加（+）、减（-）、乘（*）、除（/）、整除（//）、取余（%）操作。数字的计算示例如代码清单 2-9 所示。

代码清单 2-9　数字的计算示例

```
a = 6
b = 8

print(a + b)    # 输出结果 14
print(a - b)    # 输出结果-2
print(a * b)    # 输出结果 48
print(a / b)    # 输出结果 0.75
print(a // b)   # 输出结果 0
print(a % b)    # 输出结果 6
```

2.3.2　字符串

字符串（str）是非常重要的数据类型，是用英文引号括起来的一段文本。引号可以是单引号、双引号、三引号（三个单引号或者三个双引号），必须成对出现，引号中间的文本内容是字符串承载的数据。如果只写一对引号，无任何内容（包括空格），该字符串就被称为空字符串。

在 Python 中没有 char（字符）这种数据类型。字符串中的字符数量可以是任意个，包括 0 个、1 个或者多个。单引号和双引号多用于定义一行文本，三引号多用于定义一段文本（有跨行的内容出现）。字符串可用来表示 IP 地址、设备名称、配置文本、配置命令等信息。字符串的定义如代码清单 2-10 所示。

代码清单 2-10 字符串的定义

```
dev_ip = '192.168.137.201'
dev_name = 'as01'
dev_manufacture = 'HUAWEI'
dev_room = '0401'
intf_config = '''interface Vlan20
ip address 192.168.137.201 255.255.255.0
'''
cmd = "show version"
```

单引号和双引号本质上没有区别。作者习惯用单引号来表示单行的字符串，这样的代码在视觉上更清晰、易读。

1. 字符串的转义及处理方法

计算机编码中除了可显示字符外，还有一些有特殊含义的不可见字符。这类字符是经过转义的字符，例如使用\n 代表换行符，反斜杠（\）与后面的字母 n 组合在一起，字母 n 不再代表原来的字母，而是形成了新的字符，这就是转义。反斜杠被称为转义符号，\n 被称为转义字符。常用的转义字符如表 2-1 所示。

表 2-1 常用的转义字符

转义字符	说明
\n	换行，将光标位置移到下一行开头
\r	将光标位置移到本行开头
\'	单引号，在单引号定义的字符串中使用单引号，需要使用转义字符的单引号
\"	双引号，在双引号定义的字符串中使用双引号，需要使用转义字符的双引号
\\	斜杠符号，\本身是转义符号，如果想用\表示字符串本身的含义而非转义，就需要使用双反斜杠

在后续的开发中会使用文件路径作为变量，而 Windows 系统的路径是反斜杠，正好与转义符号冲突。处理方式一般有两种：一种方式是使用双反斜杠，本质是用了转义符；另一种方式是在字符串定义的最左侧添加一个字母 r，代表使用原始字符串，它可以取消路径中的转义。路径中转义符号的处理如代码清单 2-11 所示。

代码清单 2-11 路径中转义符号的处理

```
filepath = 'D:\\config.txt'
filepath = r'D:\config.txt'
```

Python 的字符串提供了很多方法，可以便捷地处理文本，例如格式化、查找、分割、大小写转换等，下文将简单介绍一些网络运维自动化开发中常用的方法。

2. format 方法

字符串格式化是指按照预定义模式，对传入的字符串进行填充，并输出格式化后的字符串的过程。Python 的字符串格式化方法很多，这里主要介绍易上手且不易出错的 format 方法。首先定义一个字符串模板，并将需要填充值的位置用花括号（{}）括起来。然后对字符串模板调用 format 方法，依次传入要填充的变量，填充变量的数量和顺序要与花括号对应。基于位置的 format 方法的使用如代码清单 2-12 所示。

代码清单 2-12　基于位置的 format 方法的使用

```
server = 'host01'
ip_addr = '192.168.1.100'

intf_desc_tpl = 'connect to {}, ip:{}'
intf_desc = intf_desc_tpl.format(server,ip_addr)

print(intf_desc)  # 结果是"connect to host01, ip:192.168.1.100"
```

format 方法还有另一个书写方式：首先在定义字符串模板时，在花括号内输入需要填充参数的参数名；然后在调用 format 方法时，使用<参数名>=<值或变量名>的方式进行赋值。此方法可读性更好、更灵活（无须考虑参数顺序）。基于参数名的 format 方法的使用如代码清单 2-13 所示。

代码清单 2-13　基于参数名的 format 方法的使用

```
server = 'host01'
ip_addr = '192.168.1.100'

intf_desc_tpl = 'connect to {SERVER}, ip:{SERVER_IP}'
intf_desc = intf_desc_tpl.format(SERVER=server, SERVER_IP=ip_addr)

print(intf_desc)  # 结果是"connect to host01, ip:192.168.1.100"
```

3. find 方法

find 方法用于查找字符串中包含指定的子字符串（简称子串）的开始位置，如果发现子串，就返回子串首字母出现的位置索引值（Python 中的索引值从 0 开始）；如果未发现子串，就返回 −1。在 Python 网络运维自动化实践中，find 方法多用于判断指定字符串是否包含某关键字，小于 0 代表未发现子串，大于等于 0 代表发现了子串。find 方法的使用如代码清单 2-14 所示，字符串查找子串索引的逻辑如图 2-17 所示。

代码清单 2-14　find 方法的使用

```
intf_show = 'Eth1/1 is up'
up_index = intf_show.find('up')
print(up_index) # 输出结果为 10
```

索引	0	1	2	3	4	5	6	7	8	9	10	11
字符串	E	t	h	1	/	1		i	s		u	p

图 2-17   字符串查找子串索引的逻辑

4．startswith 方法

startswith 方法用于判断字符串是否以指定的字符串开始，输出结果是真（True）或假（False），startswith 方法的使用如代码清单 2-15 所示。

代码清单 2-15　startswith 方法的使用

```
intf_show = 'Ethernet1/1 is up'
is_interface_line = intf_show.startswith('Ethernet')
print(is_interface_line)   # 输出结果是 True
```

5．endswith 方法

endswith 方法用于判断字符串是否以指定的字符串结束，输出结果是真（True）或假（False），endswith 方法的使用如代码清单 2-16 所示。

代码清单 2-16　endswith 方法的使用

```
intf_show = 'Ethernet1/1 is up'
interface_up = intf_show.endswith('up')
print(interface_up) # 输出结果是 True
```

6．split 方法

split 方法用于分割字符串，返回的结果是分割后的字符串的列表。split 方法默认用空白符进行切割。空白符泛指没有显示却又占位置的符号，例如空格、制表符、换行符。split 方法的基本使用如代码清单 2-17 所示。

代码清单 2-17　split 方法的基本使用

```
intf_show = 'Ethernet1/1 is up'
result = intf_show.split()
print(result)   # 输出结果是['Ethernet1/1', 'is', 'up']
```

通过 split 方法，读者可以执行 display interface brief 命令，从而获取简单的表状配置文本，并从中提取相关信息。其用法是针对每行文本使用 split 方法进行分割，然后通过列表的索引就可以访问对应字段的值。split 方法也可以用指定的字符串去分割，例如使用 "is" 去分割。带参数的 split 方法使用如代码清单 2-18 所示。

代码清单 2-18　带参数的 split 方法使用

```
intf_show = 'Ethernet1/1 is up'
result = intf_show.split('is')
print(result)   # 输出结果是['Ethernet1/1 ', ' up']
```

这种方法可以直接获取端口名称和状态。对于代码执行结果中的端口名称和状态中的多余的空格，可以通过 strip 方法去除。

7．strip 方法

strip 方法用于去除字符串左右的指定字符串，并将去除指定字符串后的内容以字符串形式返回。strip 方法默认去除字符串左右的所有空白符，也可以去除方法内直接传入的字符串。strip 还有两个变种方法：lstrip 和 rstrip，分别去除左侧和右侧的指定字符串，读者了解即可。这里仅演示 strip 方法的基本使用，如代码清单 2-19 所示。

代码清单 2-19　strip 方法的基本使用

```
intf_show = '    Ethernet1/1 is up    '
result = intf_show.strip()
print(result)  # 输出结果是"Ethernet1/1 is up"
```

8．splitlines 方法

splitlines 方法用于按行分割字符串，并返回一个字符串的列表，默认情况下，行结束符号由 Python 自动判断。splitlines 多用于将网络配置文本按行分割，以便后续针对每行文本进行配置和解析。splitlines 方法的使用如代码清单 2-20 所示。

代码清单 2-20　splitlines 方法的使用

```
intf_config = '''interface Vlan20
 ip address 192.168.137.201 255.255.255.0
'''
configs = intf_config.splitlines()

print(configs)
# 输出结果是['interface Vlan20', ' ip address 192.168.137.201 255.255.255.0']
```

9．replace 方法

replace 方法用于将字符串中的特定子串替换为指定的字符串，并返回替换后的结果。它有两个参数：一个是 old 参数，是要被替换的字符串；另一个是 new 参数，是替换之后的字符串。replace 方法的使用如代码清单 2-21 所示。

代码清单 2-21　replace 方法的使用

```
intf_name = 'Eth1/1'
full_intf_name = intf_name.replace('Eth', 'Ethernet')
print(full_intf_name)  # 输出结果是"Ethernet1/1"
```

2.3.3 列表

列表（list）是一组有序的数据集合，其中每个成员都有一个索引值，索引值从 0 开始依次递增。Python 的列表与其他编程语言中数组的概念类似，又有其自身特点。列表中的有序数据的类型可以是 Python 的基础数据类型，也可以是复杂对象。Python 列表成员的数据类型也可以是不同类型。列表的创建方式比较简单，可以用方括号创建，列表中的成员用逗号隔开，列表变量的定义如代码清单 2-22 所示。

代码清单 2-22 列表变量的定义

```
intfs = ['Eth1/1', 'Eth1/2', 'Eth1/3', 'Eth1/4' ]
dev_info = ['192.168.1.1', 'as01', 'huawei', 'ce6800', 48,
            ['beijing', 'dc01'] ]
```

在代码清单 2-22 中，第一个变量 intfs 用于定义一组端口，都是字符串的成员。同类型成员的列表多用于表示同一类事物。第二个变量 dev_info 的定义调整了风格，其成员既有字符串，又有数字，还有列表，即使用多种类型的成员从多维度描述一个事物对象。dev_info 变量中的成员描述了该变量的 IP 地址、设备名称、厂商、系列、端口号及所属数据中心等信息。

1. 访问成员

列表的成员是有序的，它的所在位置的顺序被称为索引。索引从 0 开始计数。用户可以通过索引访问列表的成员，访问方式是在列表变量后面添加方括号，在方括号中填入索引值即可。通过索引访问列表成员的方法如代码清单 2-23 所示。

代码清单 2-23 通过索引访问列表成员的方法

```
intfs = ['Eth1/1', 'Eth1/2', 'Eth1/3', 'Eth1/4']

intf = intfs[0]  # 此处千万不要用 int 去命名端口变量，会与 int（整数）对象冲突
print(intf)  # 此处输出'Eth1/1'

intf = intfs[2]
print(intf)  # 此处输出'Eth1/3'
```

Python 的列表还可以通过负索引访问。用户可以将索引改为负数 N，访问倒数第 N 个成员。负索引从最后一个成员开始排序，其索引值是 −1。通过负索引访问列表成员的方法如代码清单 2-24 所示，列表成员的正负索引如图 2-18 所示。

代码清单 2-24 通过负索引访问列表成员的方法

```
intfs = ['Eth1/1', 'Eth1/2', 'Eth1/3', 'Eth1/4']
intf = intfs[-1]
print(intf)  # 此处输出'Eth1/4'
```

正索引	0	1	2	3
列表成员	Eth1/1	Eth1/2	Eth1/3	Eth1/4
负索引	−4	−3	−2	−1

图 2-18　列表成员的正负索引

无论是正索引还是负索引，访问都不能越界，对于代码清单 2-24 中的列表变量 intfs，不能访问索引为 4 或者−5 的成员，因为超过索引的范围会产生越界，执行代码时将会报错。

2．获取列表长度

如果用户想获取列表长度，那么可以直接调用 Python 的内置函数 len，将列表变量作为参数传入，即可返回列表的长度。通过内置函数 len 计算列表长度，如代码清单 2-25 所示。

代码清单 2-25　通过内置函数 len 计算列表长度

```
intfs = ['Eth1/1', 'Eth1/2', 'Eth1/3', 'Eth1/4']
intf_sum = len(intfs)
print(intf_sum)  # 此处输出 4
```

3．追加成员

在创建列表之后，可使用列表的 append 方法继续在列表内追加成员，将待追加的成员直接传入 append 方法即可。调用列表对象的 append 方法追加成员，如代码清单 2-26 所示。

代码清单 2-26　调用列表对象的 append 方法追加成员

```
intfs = ['Eth1/1', 'Eth1/2', 'Eth1/3', 'Eth1/4']
intfs.append('Eth1/4')
print(intfs)
# 结果是['Eth1/1', 'Eth1/2', 'Eth1/3', 'Eth1/4', 'Eth1/4']
```

4．合并列表

合并列表有两种方式：一是使用加法运算符，将两个列表拼接，生成一个新的列表；二是使用列表对象的 extend 方法，将另一个列表成员全部追加到列表对象中，不产生新的列表。通过加法运算符拼接两个列表，如代码清单 2-27 所示。通过 extend 方法拼接两个列表，如代码清单 2-28 所示。

代码清单 2-27　通过加法运算符拼接两个列表

```
intfs_part1 = ['Eth1/1', 'Eth1/2', 'Eth1/3', 'Eth1/4']
intfs_part2 = ['Eth1/5', 'Eth1/6', 'Eth1/7', 'Eth1/8']

intfs = intfs_part1 + intfs_part2

print(intfs_part1)  # 结果是['Eth1/1', 'Eth1/2', 'Eth1/3', 'Eth1/4']

print(intfs_part2)  # 结果是['Eth1/5', 'Eth1/6', 'Eth1/7', 'Eth1/8']
```

```
print(intfs)  # 结果是['Eth1/1', 'Eth1/2', 'Eth1/3', 'Eth1/4', 'Eth1/5', \
'Eth1/6', 'Eth1/7', 'Eth1/8']
```

代码清单 2-28　通过 extend 方法拼接两个列表

```
intfs_part1 = ['Eth1/1', 'Eth1/2', 'Eth1/3', 'Eth1/4']
intfs_part2 = ['Eth1/5', 'Eth1/6', 'Eth1/7', 'Eth1/8']

intfs_part1.extend(intfs_part2)

print(intfs_part1)   # 结果是['Eth1/1', 'Eth1/2', 'Eth1/3', 'Eth1/4',\
 'Eth1/5', 'Eth1/6', 'Eth1/7', 'Eth1/8']
print(intfs_part2)   # 结果是['Eth1/5', 'Eth1/6', 'Eth1/7', 'Eth1/8']
```

5. 切片

顾名思义，切片是指从一个已有的列表中切取一"片"子列表。切片的语法规则形如 [start_index:stop_index:step]。start_index 是指起始索引值，它是选填参数（可空），默认值是 0。stop_index 是指结束索引值，它是选填参数（可空），默认取到列表尾索引。step 指步长，是指取成员索引的间隔，默认步长是 1。通过切片操作返回的是一个新的列表，新的列表是从原有列表索引的 start_index 取到 stop_index−1，切取成员的间隔是 step。列表的切片操作如代码清单 2-29 所示。

代码清单 2-29　列表的切片操作

```
intfs = ['Eth1/1', 'Eth1/2', 'Eth1/3', 'Eth1/4']
sub_intfs = intfs[1:3]
# 从索引 1 开始取，取到索引 3 的前一个成员，结果是['Eth1/2', 'Eth1/3']
print(sub_intfs)

sub_intfs = intfs[:3]
# 从第一个索引 0 开始取，取到索引 3 的前一个成员，结果是['Eth1/1', 'Eth1/2', 'Eth1/3']
print(sub_intfs)

sub_intfs = intfs[::2]
# 索引可以不写，默认从头取到尾，间隔为 2，结果是['Eth1/1', 'Eth1/3']
print(sub_intfs)
```

列表是最常用的数据类型之一，诸如网络设备表、端口信息表、MAC 地址表、ARP 表、路由表等信息都可以放到列表中，待推送的配置也可以定义为列表，逐行下发配置。作为初学者，要掌握好列表的基本使用方法。

2.3.4　字典

字典（dict）是一组通过关键字进行索引的、不重复的、可变的数据集合，可以简单地理解为由若干组键值（key/value）对组成的集合。字典的创建方式很简单，通过花括号来创建，成员（键值对）之间用逗号隔开，键与值之间用冒号隔开。字典变量的定义如代码清单 2-30 所示。

代码清单 2-30　字典变量的定义

```
dev_info = {'ip': '192.168.1.1', 'name': 'as01', 'ports_sum': 48}
```

字典中的 key 必须是可以哈希的对象。对初学者而言，只有字符串和数字可以作为 key。在实际使用中，更多使用字符串作为 key。字典中的 value 可以是任何 Python 的数据类型，包括基础的数据类型和复杂的数据对象。为了提高代码可读性，在定义字典变量时可以适当留白，例如等号的前后添加一个空格，冒号后面添加一个空格。当字典的成员（键值对）较多时，可以适当换行并将 key 对齐，有换行的字典定义如代码清单 2-31 所示。

代码清单 2-31　有换行的字典定义

```
dev_info = {'ip': '192.168.1.1',
            'name': 'as01',
            'manufacture': 'huawei',
            'series': 'ce6800',
            'ports_sum': 48}
```

1. 字典成员的访问

字典成员的访问与列表成员的访问相似，都是通过方括号，在方括号中指定 key，即可访问对应的 value。字典成员的访问如代码清单 2-32 所示。

代码清单 2-32　字典成员的访问

```
dev_info = {'ip': '192.168.1.1', 'name': 'as01', 'manufacture': 'huawei',\
 'series': 'ce6800', 'ports_sum': 48}
dev_ip = dev_info['ip']
print(dev_ip)  # 输出结果是'192.168.1.1'
```

使用方括号进行成员访问时，如果字典中无对应 key，那么程序会报错。Python 还提供了一种安全的字典访问方法（使用字典对象的 get 方法）。该方法的逻辑是：若有对应的键值对，则返回其值；否则，返回一个默认值。若未指定默认值，则返回特殊的空值 None。该方法不会引发解释器抛出异常，因此更为优雅。在 Python 网络运维自动化开发中，get 方法多被用于一些默认值的设置。通过 get 方法访问字典成员，如代码清单 2-33 所示。

代码清单 2-33　通过 get 方法访问字典成员

```
dev_info = {'ip': '192.168.1.1', 'name': 'as01', 'manufacture': 'huawei',\
 'series': 'ce6800', 'ports_sum': 48}
# 存在对应的键值对
dev_ip = dev_info.get('ip')
print(dev_ip)  # 输出结果是'192.168.1.1'
# 不存在对应的键值对，返回指定默认值
ssh_port = dev_info.get('ssh_port', 22)
```

```
print(ssh_port)  # 输出结果是指定的默认值 22

# 不存在对应的键值对，未指定默认值，返回 None
username = dev_info.get('username')
print(username)  # 输出结果是默认值，Python 中的特殊对象 None
```

2. 字典的成员修改与添加

可以修改、添加字典的键值对，这都是通过指定 key 并赋值来完成的。它遵循如下逻辑：键存在，赋值会更新原有的值；键不存在，赋值会创建新的键值对。字典成员的修改与添加方法如代码清单 2-34 所示。

代码清单 2-34　字典成员的修改与添加方法

```
dev_info = {'ip': '192.168.1.1', 'name': 'as01', 'manufacture': 'huawei',\
 'series': 'ce6800', 'ports_sum': 48}
dev_info['name'] = 'as02' # name 存在，更新其值
dev_info['ssh_port'] = 22 # ssh_port 不存在，创建新的键值对
print(dev_info)
# 输出结果是{'ip': '192.168.1.1', 'name': 'as02',
#            'manufacture': 'huawei', 'series': 'ce6800',
#            'ports_sum': 48, 'ssh_port': 22}
```

字典是最常用的数据类型之一，可以用于承载运维中的很多数据，且因为有对应属性名称（key），其可读性更好。一台网络设备可以被定义为字典类型的变量，key 是其属性，例如 IP 地址、设备名等；value 是对应属性的值。通过结合使用字典和列表，可以定义一个字典的列表，其成员是字典类型，例如端口设定为一个字典，有丰富的字段信息，多个端口字典组合成一个端口列表。

2.3.5　布尔

布尔（bool）只有 True 和 False 两个值，代表真或者假。布尔的值（简称布尔值）可用来表示是与否的状态，例如设备是否上架、配置是否发生变化、端口是否被使用等。布尔变量的定义如代码清单 2-35 所示。

代码清单 2-35　布尔变量的定义

```
online = True
config_changed = False
intf_used = True
```

布尔值可以进行与（and）、或（or）、非（not）的逻辑运算，也被称为布尔运算。布尔运算遵循如下 3 条规则。

- 与（and）：连接左右布尔值，左右布尔值均为真，结果为真，否则为假。

▪ 或（or）：连接左右布尔值，左右布尔值有一个为真，结果为真，否则为假。

▪ 非（not）：后接布尔值，取反操作，如果布尔值为真，那么结果为假；如果布尔值为假，那么结果为真。

布尔值的逻辑运算如代码清单 2-36 所示。

代码清单 2-36　布尔值的逻辑运算

```
flag1 = True
flag2 = False

flag = flag1 and flag2
print(flag)  # 结果为 False

flag = flag1 or flag2
print(flag)  # 结果为 True

flag = not flag2
print(flag)  # 结果为 True
```

通过对数字、字符串、列表、字典等数据的运算可以得到布尔值。例如比较数字的大小返回的是布尔值，某成员是否在列表内的 in 操作返回的也是布尔值。数字比较获得布尔值的方法如代码清单 2-37 所示，字典、列表和字符串进行 in 操作后获得布尔值的方法如代码清单 2-38 所示。

代码清单 2-37　数字比较获得布尔值的方法

```
intf1_bandwith = 10
intf2_bandwith = 40

print(intf1_bandwith > intf2_bandwith)   # 输出结果是 False
print(intf1_bandwith < intf2_bandwith)   # 输出结果是 True
print(intf1_bandwith == intf2_bandwith)  # 输出结果是 False
print(intf1_bandwith >= intf2_bandwith)  # 输出结果是 False
print(intf1_bandwith <= intf2_bandwith)  # 输出结果是 True
print(intf1_bandwith != intf2_bandwith)  # 输出结果是 True
```

代码清单 2-38　字典、列表和字符串进行 in 操作后获得布尔值的方法

```
intf_show = 'Eth1/1 is up'
up = 'up' in intf_show
print(up)  # 因为字符串中出现过'up',所以结果是 True

intfs = ['Eth1/1', 'Eth1/2', 'Eth1/3', 'Eth1/4']
print('Eth1/7' in intfs)  # 由于端口中无 Eth1/7,因此返回 False

dev_info = {'ip': '192.168.1.1', 'name': 'as01', 'ports_sum': 48}
print('ssh_port' in dev_info)  # 由于此字典中无 ssh_port 这个 key,因此返回 False
```

```
intf_show = 'Eth1/1 is up'
down = 'down' not in intf_show
print(down)   # 因为字符串'down'不在 intf_show 中,所以结果是 True
```

2.3.6　元组

　　元组（tuple）是有序的、不可变的一组数据。在定义与使用上,虽然元组与列表极其相似,但又有细微差异:元组成员是不可变的,即不可增加、删除、修改。

　　元组底层的数据结构和列表是不同的,因为是不可变的数组,所以有些信息无须维护,会比列表节省内存空间。元组变量的创建方式是使用圆括号括起成员,成员之间用逗号间隔,成员可以为任意数据类型。元组变量的定义如代码清单 2-39 所示。

代码清单 2-39　元组变量的定义

```
intfs = ('Eth1/1', 'Eth1/2', 'Eth1/3', 'Eth1/4')
intfs = ('Eth1/1',)   # 只有一个成员的元组,也一定要注意在成员后面加一个逗号
dev_info = ('192.168.1.1', 'as01', 'huawei', 'ce6800', 48, ['beijing', \
'dc01'])
```

　　元组的成员访问和切片方式与列表完全相同,通过索引进行相关操作即可,此处不再赘述。元组不可变的特性使它有以下独特的使用场景:对数据进行保护,防止在后续编程过程中错误修改数据;通过解包的方式将元组成员的值一次性赋值给多个变量。将元组解包赋值给多个变量的方法如代码清单 2-40 所示。

代码清单 2-40　将元组解包赋值给多个变量的方法

```
dev_info = ('192.168.1.1', 'as01')
dev_ip, dev_name = dev_info
print(dev_ip, dev_name)   # 输出结果 192.168.1.1 as01
```

　　将元组中的数据一一对应地赋值给多个变量,这个过程称为解包,左侧变量的个数和元组成员的个数必须一致。在代码清单 2-40 中,对元组变量 dev_info 进行了解包操作。在实际使用中,这个元组可以是某函数一次返回的多个值。这种解包赋值也是典型的"Pythonic"编码风格。

2.3.7　集合

　　集合（set）是无序的、不可重复的一组数据。它的特点是成员不重复,集合在初始化传入多个值相等的成员时,会自动去重。集合变量的创建方法是使用花括号创建,多个成员间用逗号分隔。对于初学者,建议仅使用数字和字符串作为成员数据类型。如果集合的成员使用了字典,就会报"TypeError: unhashable type: 'dict'"的错误。因为集合是通过对成员进行哈希计算来去重的,而字典是无法进行哈希计算的,所以解释器会报错。集合变量的定义如代码清单 2-41 所示。

代码清单 2-41　集合变量的定义

```
intfs = {'Eth1/1', 'Eth1/2', 'Eth1/3', 'Eth1/4','Eth1/3', 'Eth1/4'}
print(intfs)
# 结果是{'Eth1/2', 'Eth1/4', 'Eth1/1', 'Eth1/3'}
# 每次都可能发生顺序变化，这是因为集合是一组无序的数据

allow_vlan = {200,200,201,203,204}
print(allow_vlan) # 结果是{200, 201, 203, 204}

# 下列代码会报 TypeError: unhashable type: 'dict'的错误
# 集合会对成员进行哈希处理，并根据哈希值进行去重操作，而字典是无法进行哈希计算的，否则将会报错，读
者对此仅作了解即可
err_set = {{'intf_name':'Eth1/1','desc':'test'}}
```

2.3.8　数据类型的转换

Python 可以对基础数据进行动态的类型转换，例如用 int 将对象转为整数，用 float 将对象转为浮点数，用 str 将对象转为字符串，用 list 将对象转为列表，用 tuple 将对象转为元组，用 set 将对象转为集合。其中列表、元组、集合可以相互转换，但是可能会丢失部分信息，例如将列表转为集合的时候会丢失排序和一部分成员。

上文提及的 int、float 等都是类，从观感上接近函数，它们都会创建一个新的数据对象，并不会修改原数据。Python 数据对象之间的相互转换方法如代码清单 2-42 所示。

代码清单 2-42　Python 数据对象之间的相互转换方法

```
# 内建类 type 可输出变量的类型
a = '1'
a = int(a)
print(a, type(a))  # 输出 1 <class 'int'>

a = '1'
a = float(a)
print(a, type(a))  # 输出 1.0 <class 'float'>

a = 1
a = str(a)
print(a, type(a))  # 输出'1' <class 'str'>

a = (1, 2, 3)
a = list(a)
print(a, type(a))  # 输出 [1, 2, 3] <class 'list'>

a = [1, 2, 3]
a = tuple(a)
```

```
print(a, type(a))  # 输出 (1, 2, 3) <class 'tuple'>

a = [1, 2, 3, 3, 3]
a = set(a)
print(a, type(a))  # 输出{1, 2, 3} <class 'set'>,丢失了成员, 顺序也无法保证
```

不同的数据类型间是不能进行计算的，Python 解释器也不会在运算时自动进行类型转换，必须通过上述方法进行类型转换。例如从文本中提取出了一些 vlan-id 号，这个时候它们是字符串类型，如果想要比较大小，需要先将它们全部转换为整数。

2.4   判断与循环

在掌握了 Python 的基础数据类型后，接下来需要掌握的进阶内容是判断与循环。判断可以让代码在不同条件下执行不同指令（代码块），循环可以让代码重复执行指令。判断和循环结合可以让代码像人一样具备逻辑思维，不知疲倦而又准确无误地完成指定功能。相较于其他编程语言，Python 的判断与循环更加灵活、简洁，并且易读和易写。

2.4.1   if 判断

Python 的判断语句使用 if 引导，可搭配使用 elif 和 else。判断一定以 if 开始，后续可根据情况使用 elif 进行多次判断，即代表不满足上一个条件时进行新一轮的判断；else 代表所有条件均不满足。根据实际情况，判断中可以没有 elif 或者 else。if 和 elif 后面隔一个空格编写条件表达式，条件表达式后面要接英文冒号，然后换行控制缩进编写新的逻辑代码块，缩进一般为 4个空格。else 后面接冒号换行控制缩进编写逻辑代码块。在 PyCharm 中，当用户输入 "if<条件> :"后按下回车键，代码会自动缩进。在判断语句中，所有表示非空、非零的值都会被认为是 True，反之是 False。整数 0 在判断条件中会被转换为 False，空列表（没有成员的列表）会被视为 False，空值 None 也会被视为 False。通过字符串比较判断端口状态，如代码清单 2-43 所示。

代码清单 2-43   通过字符串比较判断端口状态

```
intf_status = 'up'
# 一个 if 判断的示例
if intf_status == 'up':
    print('端口 up, 正常')
elif intf_status == 'down':
    print('端口 down, 异常')
else:
    print('未知端口状态')
print('端口状态{}'.format(intf_status))
```

```
# 另一个 if 判断的示例
if intf_status == 'up':
    print('端口 up, 正常')
else:
    print('端口未 up, 异常')
```

初学者在掌握判断的相关知识后，就可以结合前述的字符串方法，从网络设备配置中提取信息。随着学习的逐步深入，第 4 章也会提供正则表达式等高级方法进行配置的信息提取。通过 if 判断和字符串操作提取相关信息，如代码清单 2-44 所示。

代码清单 2-44　通过 if 判断和字符串操作提取相关信息

```
line = '''Eth1/1         1      eth  trunk  up      none      1000(D) 11'''
if line.startswith('Eth'):
    intf = {}
    intf_info = line.split()
    intf_name = intf_info[0]
    intf_stauts = intf_info[4]
    intf['name'] = intf_name
    intf['status'] = intf_stauts
    print(intf) # 输出结果为 {'name': 'Eth1/1', 'status': 'up'}
else:
    print('此行未发现端口信息')
```

变量 line 代表某网络设备的一行配置文本，在实际应用中，读取文本文件后多使用字符串的 splitlines 方法将文本切割成若干行。先通过字符串的 startswith 判断当前行文本是否以 Eth 开头，如果是以 Eth 开头，那么代表当前行是端口的文本，可以进行进一步的信息提取；否则，输出 "此行未发现端口信息" 的提示。在提取端口信息的代码中，通过字符串的 split 方法，并用默认的空格将当前行的文本切割成若干字符串成员的列表。通过索引访问列表获取成员的端口名称和端口状态，再将其赋值给端口的字典变量 intf，最终输出端口信息。

2.4.2　for 循环

循环语句被用于运行一些需要重复执行的代码，是编程语言中十分重要的一种控制手段。Python 有两种循环方式，即 for 循环与 while 循环。for 循环更具 Python 特色，它可以遍历列表、字典、元组、字符串等众多对象。这些对象被统称为可迭代对象，它们都在内部实现了指定的方法，还有很多的复杂对象也可以使用 for 循环进行遍历，读者了解即可。for 循环的语法规则如代码清单 2-45 所示。

代码清单 2-45　for 循环的语法规则

```
for item in <可迭代对象>:
    <代码块>
```

不同于其他编程语言通过索引来访问成员以实现遍历，for 循环直接从可迭代对象中获取成员，并将其赋值给局部变量 item。局部变量 item 只在 for 循环的代码块中生效，item 变量名也可以根据读者习惯使用其他变量名。对列表对象而言，for 循环迭代读取的是每个成员。对字典对象而言，for 循环迭代读取的是每个 key。for 循环遍历列表的方法如代码清单 2-46 所示，for 循环遍历字典的方法如代码清单 2-47 所示。

代码清单 2-46　for 循环遍历列表的方法

```python
intfs = ['Eth1/1', 'Eth1/2', 'Eth1/3', 'Eth1/4']
for intf in intfs:
    print(intf)
'''输出结果如下:
Eth1/1
Eth1/2
Eth1/3
Eth1/4'''
```

代码清单 2-47　for 循环遍历字典的方法

```python
dev_info = {'ip': '192.168.1.1', 'name': 'as01'}
for i in dev_info:
    print(i)
    print(dev_info[i])   # 将 i 作为 key 传入，取出对应的 value。
'''输出结果如下:
ip
192.168.1.1
name
as01'''
```

字典对象的 items 方法可以实现键值对的遍历。items 方法会返回一个元组列表，列表中的每个成员都是一个二元组，元组的两个成员对应字典对象的一组 key 与 value。通过上文讲述过的元组解包、多重赋值的方式，可直接获取每个字典的 key 和 value。使用字典的 items 方法结合 for 循环遍历字典的键值对，如代码清单 2-48 所示。

代码清单 2-48　使用字典的 items 方法结合 for 循环遍历字典的键值对

```python
dev_info = {'ip': '192.168.1.1', 'name': 'as01'}
for k, v in dev_info.items():
    print(k)
    print(v)
'''输出结果如下:
ip
192.168.1.1
name
as01'''
```

2.4.3　while 循环

Python 也支持传统的 while 循环。这是一种基于条件判断的循环机制，只有当判断条件为 True 的时候，循环体中的代码块才会被执行。while 循环的语法规则如代码清单 2-49 所示。

代码清单 2-49　while 循环的语法规则

```
while <判断条件>:
    <代码块>
```

while 循环的经典用法是通过计数器与某数值比较来进行条件判断。在每次执行代码块的过程中，计数器都会被调整（增加或者减少），直到判断条件不成立，终止循环。while 循环遍历列表的方法如代码清单 2-50 所示。

代码清单 2-50　while 循环遍历列表的方法

```
intfs = [{'name': 'Eth1/1', 'status': 'up'},
         {'name': 'Eth1/2', 'status': 'up'},
         {'name': 'Eth1/3', 'status': 'down'},
         {'name': 'Eth1/4', 'status': 'up'}]

i = 0 # 计数器 i
intfs_num = len(intfs) # 端口数量，用于与计数器的值进行比较
up_intfs = [] # up 的端口列表初始化值为空列表
# 当计数器的值小于端口数量时，可以进行循环
while i < intfs_num:
    intf = intfs[i]
    if intf['status'] == 'up':
        up_intfs.append(intf) # up 端口追加成员
    i = i + 1 # 对计数器的值进行累加
print(up_intfs) # 在 up 端口列表中，只有 Eth1/1、Eth1/2、Eth1/4 相关成员
```

代码清单 2-50 使用了计数器的值与端口数量进行循环的条件判断，计数器从 0 开始计数，循环的条件是计数器的值小于端口数量。每次循环通过计数器的值作为索引读取列表成员——列表中的字典，通过字典 status 的 key 名获取状态值，如果状态值为 up，则将字典成员追加到列表中。每完成一次循环，就在末尾将计数器的值自增 1（也可以写为 Python 风格的 i += 1），再进行下一轮循环。当循环访问到最后一个成员并完成判断与追加后，计数器的值会等于端口数量，于是在下一次循环判断中打破条件，从而终止循环。最后，up_intfs 列表中保存的就是 intfs 字典列表中所有 status 为 up 的字典。

2.5　函数及其调用

函数是一段组织好的、可重复使用的、用来实现特定功能的代码。把常用的功能封装成函

数,并在需要时调用,可以提高代码开发效率。例如封装一个名为 backup_config 的函数,用于登录设备、执行命令,并将回显写入指定文本文件。当需要对成百上千台网络设备进行配置备份时,只需要循环读取设备列表,调用 backup_config 函数即可。函数不仅可以提高开发效率,函数的定义与调用也可以让代码更加简洁、可读性更高。

2.5.1   函数的定义

完整的函数由函数名、参数、文档字符串、代码块、返回值 5 部分组成。函数定义的语法规则如代码清单 2-51 所示。

代码清单 2-51   函数定义的语法规则

```
def function_name(<参数 1>,<参数 2>,..,<参数 N>):
    '''
    函数的文档字符串,关于函数的说明
    主要描述其功能,参数和返回值
    '''
    <代码块>
    return <返回值>
```

函数的定义以 def 关键字开头,后接函数名和参数。函数名一般采用蛇形命名法,参数通过圆括号紧随函数名之后,参数的个数为任意个,包括 0 个。函数的内容通过冒号开始,需要换行并控制缩进(一般为 4 个空格)。在函数中可以编写一段文档字符串,用于声明函数的功能、参数及返回值,这段文档字符串使用三引号。文档字符串是可选项,但编写函数的文档字符串是一种良好的编程习惯。在文档字符串之后,便可以编写实现特定功能的核心代码块,定义的参数也可以在代码块中被使用。函数最后可通过 return 关键字提供返回值。return 语句是可选项,如果没有 return 语句,那么函数默认返回 None。生成端口描述配置的函数定义如代码清单 2-52 所示。

代码清单 2-52   生成端口描述配置的函数定义

```
def gen_intf_desc_configs(intf_name,description='NetDevOps'):
    '''
    生成端口描述的配置
    :param intf_name:端口名称
    :param description: 端口描述的内容,默认值为 NetDevOps
    :return: 端口描述配置文本
    '''
    # 模板字符串
    intf_desc_config_tmpl = '''interface {intf_name}
    description {description}
    '''
    # 通过 format 函数格式化配置
```

```
config = intf_desc_config_tmpl.format(intf_name=intf_name,
                                               description=description)
return config
```

　　函数中的参数可以设置默认值，在代码清单 2-52 中，端口描述的参数 description 设置了默认值 NetDevOps，用户在调用函数的时候，可以不给此参数赋值，函数体内部使用此参数的默认值。在通过字符串的 format 方法生成标准的配置后，将其赋值给变量 config。最后通过 return 语句将值返回给调用方。

2.5.2　函数的调用

　　函数定义完成之后，就可以对其进行调用。调用函数时可以直接使用函数名，后接圆括号，圆括号内填写传递的参数，这样就可以完成一次函数的调用。函数定义的参数被称为形参，调用时传入的参数被称为实参，将实参赋值给形参，即完成函数的参数赋值。函数的参数赋值主要有按参数名赋值和按位置赋值两种方式。

　　按参数名赋值，形参名通过等号赋值为实参，形参名的位置可以调整，但建议尽量按原有顺序赋值，并显式地写明每个形参的赋值。按参数名赋值调用函数的方法如代码清单 2-53 所示。

代码清单 2-53　按参数名赋值调用函数的方法

```
intf_name = 'Eth1/1'
description = 'configed by python'
# 通过等号对参数进行顺序赋值
config = gen_intf_desc_configs(intf_name=intf_name,description=description)
# 可以适当调整顺序，但不建议调整
config = gen_intf_desc_configs(description=description,intf_name=intf_name)
```

　　按位置赋值，需要按照形参的位置一一对应传入实参，无须填写参数名称，Python 解释器会根据形参的位置与用户传入的实参（赋值）自动对应。按位置赋值调用函数的方法如代码清单 2-54 所示。

代码清单 2-54　按位置赋值调用函数的方法

```
intf_name = 'Eth1/1'
description = 'configed by python'
config = gen_intf_desc_configs(intf_name,description)
```

　　调用函数时，有默认值的参数可以不赋值，这时函数会将对应参数自动赋值为默认值。调用有默认值的函数的方法如代码清单 2-55 所示。

代码清单 2-55　调用有默认值的函数的方法

```
intf_name = 'Eth1/1'
# 按参数名进行赋值
```

```
config = gen_intf_desc_configs(intf_name=intf_name)
# 按位置进行赋值
config = gen_intf_desc_configs(intf_name)
```

当参数比较少时，多使用按位置赋值的方式，这样代码更加简洁，可读性更好。当函数的参数比较复杂时，可以将两种传参方式结合使用，第一个参数使用按位置赋值的方式，不写参数名，其余的参数显式地使用按参数名赋值的方式。按位置和按参数名赋值结合使用的方法如代码清单 2-56 所示。

代码清单 2-56　按位置和按参数名赋值结合使用的方法

```
intf_name = 'Eth1/1'
description = 'configed by python'
configs = gen_intf_desc_configs(intf_name,description=description)
```

函数的编程思想需要在实践中不断练习形成。如果遇到一段功能在多个代码中反复出现就要考虑将其封装成函数；如果某个模块为实现一个较为复杂的功能而存在多行代码，应该考虑将其拆解成几个函数。在主函数中调用其他函数，不仅可以提高代码可读性，也方便后续代码的维护，同时体现了分而治之的编程思想。

在编写函数时，函数名、参数名、主干代码的逻辑和返回值的结构也需要读者仔细推敲：函数名和参数名可读性要好，要言之有物，用户从名称就可以了解函数的功能和参数的意义；参数设计要合理，每个参数的数据类型相对是单一的；函数的功能要相对单一、目标明确，不将太多功能放在一个函数中；主干代码的逻辑清晰，注释量适中，缩进整齐，可读性好；尽量让代码有返回值，返回值的结构清晰、意义明确。

2.6　Python 进阶知识

在 Python 基础知识之上，本节根据 Python 网络运维自动化的需要为读者介绍相关的 Python 进阶知识，以便读者能更好地阅读优秀的代码，进而写出内容简洁、形式专业的 Python 代码。

2.6.1　类与面向对象

面向对象编程提供了一种更加模块化、灵活、可维护和可重用的方式来设计和组织代码。它可以使程序更易于理解和扩展，并提供了一种自然的方式来建模和表达现实世界的问题和关系。在 Python 中，面向对象编程是一种重要的编程范式，被广泛应用于各种类型的应用程序开发。它以对象为基本单位，将数据和操作封装在一起，通过定义类和创建对象来实现程序的设计和开发。在 Python 的面向对象编程中，对象是类的实例化，它具有状态（属性）和行为（方法）；类是对象的蓝图或模板，它定义了对象的结构和行为。

学习面向对象编程时，首先要清楚的两个基本概念：类（Class）与对象（Object）。类是对一类事物的抽象的总称，例如生活中的人类、汽车等，工作中的交换机、路由器和防火墙等。对象是类的一个实例化，也是一个实体，例如某网络工程师是具体的一个人，as01 交换机是具体的一台交换机，as01 交换机的 Eth1/1 端口是一个具体的端口，这些都是对象。在编程中，根据类创建一个对象的过程，被称为实例化。在面向对象编程中，首先通过关键字 class 定义一个类。定义一个交换机类，如代码清单 2-57 所示。

代码清单 2-57　定义一个交换机类

```
class Switch(object):
    description = '提供交换能力的网络设备'

    def __init__(self, ip, name, username, password):
        self.ip = ip
        self.name = name
        self.username = username
        self.password = password
        self.connect()  # 调用方法进行登录连接

    def connect(self):
        print('使用用户: {}登录交换机完成'.format(self.username))

    def send_commad(self, cmds):
        for cmd in cmds:
            print('发送命令{}成功'.format(cmd))
```

代码清单 2-57 是一个交换机类的定义。类要按照"class <类标识符>"的形式进行定义。该代码清单中的 Switch 是我们的类标识符（也被称为类名），其中有一个 description 的字段。description 是类属性，它代表这类事物所共同拥有的属性，这里用于描述 Switch 类的基本功能。__init__ 是初始化方法（也被称为构造方法），类中的函数被称为方法（method）。在实例化对象时，Python 解释器会自动调用此方法，并根据其定义的参数赋值完成实例化。self.ip、self.name 等变量是对象在实例化后拥有的属性，一般在初始化方法中进行定义及赋值，也可以在其他方法调用时进行定义及赋值。connect 和 send_commad 是对象方法，只有实例化后才可以调用对象方法，它们的第一个参数是约定俗成的 self， self 指向实例化后的对象。self 是 Python 解释器在实例化后自动管理的参数，在调用任何方法时都不可以为 self 参数赋值，只需要关注 self 以后的参数及其赋值即可。对于代码清单 2-57 中定义的这两个方法，仅通过 print 输出一些信息到终端，模拟登录设备以及发送相关命令，而非真正实现了设备的登录与命令执行。

在定义好类后，就可以使用类名进行实例化。Python 解释器会将参数传给 __init__ 方法，进而得到一个对象，并通过"."访问其属性或者调用方法。类的实例化及其方法调用如代码清单 2-58 所示，它通过 Switch 类实例化创建了一个对象，并调用了这个对象的相关方法并演示了自动化操作。

代码清单 2-58　类的实例化及其方法调用

```
# 实例化，<类名>(<__init__方法的参数赋值>)
dev = Switch(ip='192.168.1.1',name='as01',
                username='admin',password='admin123')

# 使用点来访问对象属性和类属性，<对象>.<属性名>
dev_ip = dev.ip

# 使用点来调用对象方法 <对象>.<对象方法>(<参数>)
cmds = ['show version','show clock']
dev.send_commad(cmds)
```

初学者在这里只需要了解面向对象编程的基本概念即可，在后续的实际应用中，读者会继续深入地学习，逐步掌握面向对象编程的知识。

2.6.2　文本文件的读写操作

网络运维工作中对纯文本（plain text）的处理是十分常见的操作。纯文本可以简单理解为通过记事本类应用可以打开并能显示字符串的文档，最常见的文件扩展名是.txt 和.csv。其实每个 Python 文件也都是一个纯文本文件，只不过扩展名是.py。纯文本文件有别于 Excel 表格、Word 文档、JPG 图片等有特殊数据结构和格式的文件，它们需要特殊的应用软件才能打开并显示。本节只讨论纯文本文件，对其操作也局限在字符串层面的相关内容。对初学者而言，纯文件的读取和写入是一项非常重要的技能。在实际生产中，通过各种脚本获取到的网络配置都可以写入纯文本文件，以此实现配置备份的目的。用户还可以读取配置，进而提取相关的结构化信息。

Python 提供了内置的 open 函数，可用于打开一个纯文本文件，它有 3 个参数。

- name：文件名，即打开的文件的相对路径或者绝对路径。
- mode：文件操作模式，初学者只需要记住 r、w 和 a（读、写和追加）这 3 种模式即可。在读模式中，如果文件不存在，代码就会报错。在写模式与追加模式中，如果文件不存在，Python 会自动创建文件，写模式每次都会覆盖文件中的内容，而追加模式则会在文件内容最后追加要写入的新内容。
- encoding：字符集，在 Python 网络运维自动化体系中，建议显式地指定其为 utf8。Python 支持 utf8、UTF8、UTF-8 这 3 种书写格式，如果不对 encoding 参数进行指定，那么系统会使用默认的字符集，这样容易产生字符集编码问题，从而导致程序异常。

1．文本文件的读取

使用 open 函数会创建一个文本文件对象（虽然这是一个不严谨的说法，但这样写有助于初学者理解）。调用文本文件对象的 read 方法，可以读取文本文件中的内容并返回一个字符串。

无论是读还是写，在完成对文本文件的操作之后，都需要调用文本文件对象的 close 方法关闭文本文件对象，以防出现读写冲突。通过 open 函数读取文本文件的方法如代码清单 2-59 所示，在代码演示前，读者要先创建一个名为 python.txt 的文本文件，保存时使用 utf8 字符集的编码格式，在此文本文件中可输入任意内容。

代码清单 2-59　通过 open 函数读取文本文件的方法

```
# 用 IDE 创建一个名为 python.txt 的文本文件，编码采用 utf8 字符集
f = open('python.txt', mode='r', encoding='utf8')
print(f, type(f))
# 上述代码会输出<_io.TextIOWrapper name='python.txt' mode='r' encoding='utf8'> <class '_io.
TextIOWrapper'>

# 使用文本文件对象的 read 方法读取文本文件的内容（字符串）
content = f.read()
print(content)  # 输出文本文件的内容（字符串）
f.close()  # 关闭文本文件对象
```

代码清单 2-59 是读取文本文件的最基本操作，但是这个过程显得比较麻烦，因为每次都要显式地关闭文件。在实际生产中，本书推荐使用上下文管理器关键字 with 来实现更加"pythonic（简洁）"的代码。使用 with 关键字优雅地读取文本文件的方法如代码清单 2-60 所示。

代码清单 2-60　使用 with 关键字优雅地读取文本文件的方法

```
with open(python.txt', mode='r', encoding='utf8') as f:
    content = f.read()
    print(content)  # 输出文本文件的内容（字符串）
```

首先在关键字 with 后接 open 函数，然后使用 as 关键字将文本文件对象赋值给变量 f，最后接冒号并换行来控制缩进，开启新的代码块。在新的代码块中通过文本文件对象 f 对文件进行操作。当离开 with 管辖的代码块时，Python 会自动执行文本文件对象 f 的 close 方法，这样就无须再编写关闭文本文件对象的代码了。

调用文本文件对象 f 的 read 方法会一次性读取文本文件的全部内容，并返回一个字符串。如果需要按行处理，那么要使用字符串的 splitlines 方法，它会自动帮用户将文本文件切割成一行一行的字符串列表。基于此，读者就可以结合之前所学的内容，逐行处理文本文件，提取有用的信息。这种一次性读取的方式在日常使用中没问题，但当文本文件容量非常大的时候，使用这种方法就会出现内存溢出的风险。例如防火墙的访问记录，其容量可能超过 10GB，如果使用 read 方法一次性读取信息，那么极有可能出现内存溢出的风险。在这种情况下，可以使用 Python 的 for 循环直接对文本文件对象进行逐行读取。逐行读取文本文件的方法如代码清单 2-61 所示。

代码清单 2-61 逐行读取文本文件的方法

```
with open('python.txt', mode='r', encoding='utf8') as f:
    for line in f:
        print(line)
```

执行上述代码，读者会发现输出结果的每行之间都有一个空白行，其原因是对每行代码的换行都进行了保留，且 print 函数默认使用换行作为行末的结束。当然，这样操作实际不影响对信息的提取，读者知晓其原因即可。

2．文本文件的写入

有了文本文件读取的基础，文本文件的写入也就可以很快掌握了。使用 open 函数打开文本文件对象时，首先将 mode 按需赋值为 w 或 a，encoding 赋值为 utf8；然后调用文本文件对象的 write 方法；最后传入要写入的字符串内容即可。通过 open 函数向文本文件写入内容的方法如代码清单 2-62 所示。

代码清单 2-62 通过 open 函数向文本文件写入内容的方法

```
with open('python_w.txt', mode='w', encoding='utf8') as f:
    content = 'Python 网络运维自动化'
    f.write(content)
```

2.6.3 模块与包

在 Python 中，模块（module）与包（package）是组织代码的基本结构。模块可以简单理解为一个以.py 为扩展名的 Python 文件，其中包含了用户定义的变量、函数、类等，一个模块可用于实现某一方面的功能。包是众多模块的组合，即多种功能的模块组合成一个包，初学者可以将其简单理解为一个文件夹，这个文件夹中一般包含一个__init__.py 的文件。包还可以包含其他子包。用比较通俗的语言来介绍，模块和包就是按照某种特定的功能通过文件（模块）或者文件夹（包）的方式来组织代码的一种手段。

下面以一个简单的示例来说明包与模块的关系。假设用户创建了一个名为 device 的包，用于实现登录到网络设备的自动化功能。在 device 包中，如果按照不同厂商对模块进行组织，例如华为的 huawei.py 文件，它的模块名就是 huawei；思科的 cisco.py 文件，它的模块名就是 cisco。在这两个模块文件中，分别有 HuaweiSSH 类和 CiscoSSH 类（对类代码进行了简化）。包与模块的关系如图 2-19 所示。

通过这种方式组织代码，能使代码更符合软件工程的要求，且更易移植、迭代和分发。对于已有的包、模

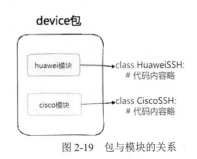

图 2-19 包与模块的关系

块或类，需要用 from 和 import 语句将它们引入。以图 2-19 中的 device 包为例，如果想使用 HuaweiSSH 类，那么有两种方法：一种是使用"from ... import ... "通过路径导入类名；另一种是使用"from ... import ... "或者"import ..."导入模块名，然后通过"."访问模块的类。导入并使用模块中类的方法如代码清单 2-63 所示。

代码清单 2-63 导入并使用模块中类的方法

```python
# 使用 from…import…导入模块中的类名
from device.huawei import HuaweiSSH
huawei = HuaweiSSH()

# 通过使用 import…导入模块名，再调用模块中的类
import device.huawei
huawei = device.huawei.HuaweiSSH()

# 使用 from…import…导入模块名，再调用模块中的类
from device import huawei
huawei = huawei.HuaweiSSH()
```

2.6.4 pip 及第三方包的安装

身处开源时代，很多的 Python 开发者都乐于分享。他们会将自己的代码组织成包并发布到 PyPI（Python Package Index）网站上，该网站相当于 Python 的应用商店。pip 是 Python 内置的一个包管理工具。任何用户都可以通过 pip 在 PyPI 网站上下载开源的工具包。pip 的执行是通过命令行窗口完成的，例如想下载网络运维自动化的工具包 Netmiko，可以通过执行"pip install netmiko"来完成下载并安装。安装完成之后，用户可以通过"pip show <包名>"命令来查看包的详情（如版本号、安装位置、作者和依赖等）。使用"pip show"命令来查看包的安装情况，如图 2-20 所示。

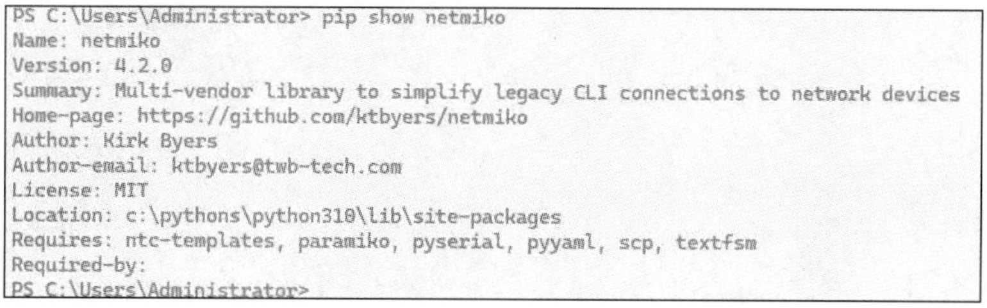

```
PS C:\Users\Administrator> pip show netmiko
Name: netmiko
Version: 4.2.0
Summary: Multi-vendor library to simplify legacy CLI connections to network devices
Home-page: https://github.com/ktbyers/netmiko
Author: Kirk Byers
Author-email: ktbyers@twb-tech.com
License: MIT
Location: c:\pythons\python310\lib\site-packages
Requires: ntc-templates, paramiko, pyserial, pyyaml, scp, textfsm
Required-by:
PS C:\Users\Administrator>
```

图 2-20 使用"pip show"命令来查看包的安装情况

读者在安装并使用第三方包的时候，需要注意其版本号。如果不指定版本号，那么默认下载最新版本。如果想安装某 Python 包的指定版本，可以执行命令"pip install <包名>==<版本号>"。如果想卸载已经安装的 Python 包，可以执行命令"pip uninstall <包名>"。

2.7 小结

本章介绍了网络工程师学习 Python 网络运维自动化必需的核心基础知识，其中的示例代码也尽量贴合网络运维的实际场景。在学习过程中，读者一定要循序渐进，并动手实践。如果遇到困难，可学习通过搜索引擎、论坛、社区等途径提出问题以获取帮助。

第 **3** 章

数据格式与数据建模语言

在自动化和智能化的网络运维时代，数据有着举足轻重的作用。本章将引导读者从数据格式和数据建模语言两个角度初步了解数据。在这个过程中，读者将掌握网络运维自动化开发中非常重要的数据格式及相关处理方式，了解网络特有的数据建模语言 YANG。

3.1 数据格式简介

数据是透过观测得到的数字性的特征或信息，是对事物或者现象的定性或定量的描述。数据格式是描述数据保存的一种规则，数据保存的位置可以是文件、内存，保存的格式可以是文本、二进制。在计算机世界中，数据格式存在的重要意义之一就是制定标准规范，让不同的计算机程序可以基于统一的规范进行数据交换。

在 Python 网络运维自动化的世界中，最基本、最重要的是 JSON、YAML 和 XML 这 3 种数据格式。除了这 3 种常用的数据格式，还有一种深受网络工程师喜爱且在网络运维自动化中常用的数据承载方式——表格，它可以非常好地存储数据和展示数据，并借助相关表格应用程序，实现类似数据库的基本功能。

3.2 JSON 规范及其使用

JSON（JavaScript Object Notation）是一种轻量级的数据交换格式。它采用完全独立于编程语言的文本格式来存储和表示数据。JSON 主要被用于 HTTP API 的数据传输。用户请求和响应的数据都被封装在 JSON 字符串中。在 Python 网络运维自动化中，也可以将简单的配置和自动化获取的结果（如端口列表、软件版本等）以 JSON 的数据格式存储到文本文件中。

3.2.1　JSON 的规范

JSON 可以储存两种数据——对象（object）和数组（array），二者从书写和使用上都与 Python 中的字典和列表非常相似。对象类型的 JSON 数据如代码清单 3-1 所示，数组类型的 JSON 数据如代码清单 3-2 所示。

代码清单 3-1　对象类型的 JSON 数据

```
{"name": "netdevops01","ip":"192.168.137.201"}
```

代码清单 3-2　数组类型的 JSON 数据

```
["192.168.137.201","192.168.137.202"]
```

JSON 的对象数据类似 Python 中的字典，它由若干键值对组成；JSON 的数组数据类似 Python 中的列表。JSON 的对象和数组的书写格式与 Python 中的字典和列表数据书写格式相似，需要注意的是 JSON 的键必须用双引号包裹，JSON 的对象数据键值对的值和数组成员的值可以是 JSON 的 object、array、string、number、true、false、null 中的任意一种。JSON 数据类型与 Python 数据类型的转化关系如表 3-1 所示。

表 3-1　JSON 数据类型与 Python 数据类型的转化关系

JSON 数据类型	Python 数据类型	说明
string	str	JSON 中必须以英文双引号包裹住字符串内容，如"python"，而不能是'python'
number	int,float	JSON 中的整数和小数都被认为是数字，其书写格式与 Python 一致
true	True	代表真
false	False	代表假
null	None	JSON 使用 null 代表空值
object	dict	JSON 中的 object 可以转化为 Python 中的字典
array	list,tuple	Python 中的列表和元组都会被转为 JSON 中的 array，它是一个有序的数组

JSON 的本质是一段文本，它对缩进、换行并不敏感。一般为了提高可读性，开发人员会适当调整 JSON 数据文本的缩进和换行。用 JSON 数据表示一台网络设备的基本信息，如代码清单 3-3 所示。

代码清单 3-3　用 JSON 数据表示一台网络设备的基本信息

```
{
    "name": "netdevops01",
    "ip": "192.168.137.1",
    "vendor": "huawei",
    "online": true,
    "rack": "0101",
```

```
    "start_u": 20,
    "end_u": 21,
    "interface_usage": 0.67,
    "interfaces": ["eth1/1","eth1/2","eth1/3"],
    "uptime": null
}
```

在实际编写中，如果有若干台网络设备，可以将其编写到数组中。用 JSON 数据表示若干网络设备信息，如代码清单 3-4 所示。

代码清单 3-4　用 JSON 数据表示若干网络设备信息

```json
[
    {
        "name": "netdevops01",
        "ip": "192.168.137.1",
        "vendor": "huawei",
        "online": true,
        "rack": "0101",
        "start_u": 20,
        "end_u": 21,
        "interface_usage": 0.67,
        "interfaces": ["eth1/1", "eth1/2", "eth1/3"],
        "uptime": null
    },
    {
        "name": "netdevops02",
        "ip": "192.168.137.2",
        "vendor": "huawei",
        "online": true,
        "rack": "0101",
        "start_u": 20,
        "end_u": 21,
        "interface_usage": 0.67,
        "interfaces": ["eth1/1", "eth1/2", "eth1/3"],
        "uptime": null
    }
]
```

在 Windows 系统中，对 JSON 数据进行 PyCharm 格式化的默认快捷键是 Ctrl+Alt+L（在 macOS 操作系统中的默认快捷键为 option+ command+L）。首先在 PyCharm 中创建一个以".json"为扩展名的文件，然后在其中写入 JSON 数据，将这些数据全部选中后按下快捷键，即可完成格式化，缩进也会进行调整。在 PyCharm 中进行格式化，可以让 JSON 数据的可读性更强。此方法同样适用于 Python 代码的格式化。

3.2.2　json 模块与 JSON 数据转换

Python 内置了 json 模块，用于处理 JSON 数据与 Python 基础数据的相互转换。在 json 模块中，有 json.dumps、json.dump、json.loads、json.load 这 4 个主要的函数来实现相关的转换功能。json 模块的 4 个函数与数据转换的关系如图 3-1 所示。

图 3-1　json 模块的 4 个函数与数据转换的关系

1．json.dumps 函数

json.dumps 函数的主要功能是将 Python 的数据对象转换为 JSON 数据。读者需要掌握以下 3 个参数。

- obj：Python 的数据对象，对初学者而言，这个数据对象建议使用表 3-1 中的 Python 数据类型。
- indent：缩进，默认是 None，即 JSON 文本会以最紧凑的方式进行展示。缩进的值可以被适当调整为整数 2 或者 4。
- ensure_ascii：是否使用 ASCII 编码，默认值为 True。如果数据对象中含有中文，建议将此值设置为 False，这样中文内容就不会被编码处理，而是以中文的字符串保存。

使用 json.dumps 函数将 Python 数据对象转换为 JSON 数据，如代码清单 3-5 所示。

代码清单 3-5　使用 json.dumps 函数将 Python 数据对象转换为 JSON 数据

```
import json

python_data = {'name': 'netdevops01', 'ip': '192.168.137.1',
               'vendor': '华为', 'online': True, 'rack': '0101',
               'start_u': 20, 'end_u': 21, 'interface_usage': 0.67,
               'interfaces': ['eth1/1', 'eth1/2', 'eth1/3'],
               'uptime': None}

json_text = json.dumps(python_data, ensure_ascii=False, indent=4)
print(type(json_text))
print(json_text)
```

其输出结果如下：

```
<class 'str'>
{
    "name": "netdevops01",
    "ip": "192.168.137.1",
```

```
    "vendor": "华为",
    "online": true,
    "rack": "0101",
    "start_u": 20,
    "end_u": 21,
    "interface_usage": 0.67,
    "interfaces": [
        "eth1/1",
        "eth1/2",
        "eth1/3"
    ],
    "uptime": null
}
```

2. json.dump 函数

json 模块提供了函数 json.dump，它通过调用文件对象的 write 方法，可以将 Python 数据对象转换为 JSON 文本的字符串并写入文件。读者需要掌握 json.dump 函数的以下 4 个参数。

▧ obj：Python 数据对象，它是第一个参数，用法与 json.dumps 函数的 obj 参数相同。

▧ fp：将它视为可以写入的文本文件对象即可。

▧ indent：缩进，用法与 json.dumps 函数的 indent 参数相同。

▧ ensure_ascii：是否使用 ASCII 编码，用法与 json.dumps 函数的 ensure_ascii 参数相同。

使用 json.dump 函数将 Python 数据对象转换为 JSON 文本并写入文本文件，如代码清单 3-6 所示。

代码清单 3-6 使用 json.dump 函数将 Python 数据对象转换为 JSON 文本并写入文本文件

```
import json

python_data = {'name': 'netdevops01', 'ip': '192.168.137.1',
               'vendor': '华为', 'online': True, 'rack': '0101',
               'start_u': 20, 'end_u': 21, 'interface_usage': 0.67,
               'interfaces': ['eth1/1', 'eth1/2', 'eth1/3'],
               'uptime': None}
with open('data.json', mode='w', encoding='utf8') as f:
    json.dump(python_data, fp=f, ensure_ascii=True, indent=4)
```

成功运行代码后，在代码所在的目录中会生成一个名为 data.json 的文本文件。

3. json.loads 函数

json.loads 函数可以将 JSON 数据转换为 Python 的数据对象。json.loads 函数中最重要的参数是第一个参数 s（一般按位置赋值的方式传入实参），用于接收要转换的 JSON 文本字符串。json.loads 函数将 JSON 数据转换为 Python 数据，如代码清单 3-7 所示。

代码清单 3-7　json.loads 函数将 JSON 数据转换为 Python 数据

```
import json

json_text = """{
  "name": "netdevops01",
  "ip": "192.168.137.1",
  "vendor": "huawei",
  "online": true,
  "rack": "0101",
  "start_u": 20,
  "end_u": 21,
  "interface_usage": 0.67,
  "interfaces": ["eth1/1","eth1/2","eth1/3"],
  "uptime": null
}"""
data = json.loads(json_text)
print(type(data))
print(data)
```

其输出结果如下:

```
<class 'dict'>
{'name': 'netdevops01', 'ip': '192.168.137.1', 'vendor': 'huawei', 'online': True
, 'rack': '0101'', 'start_u': 20, 'end_u': 21, 'interface_usage': 0.67, 'interfaces':
['eth1/1', 'eth1/2', 'eth1/3'], 'uptime': None}
```

4. json.load 函数

网络运维自动化使用的 JSON 数据可能来源于文本文件或者网络中的一组字节流, json 模块也可以以将字节流直接转换为 Python 数据对象的函数 json.load。初学者可以将字节流简单理解为打开的文本文件对象。在使用 json.load 函数时, 仅需关注它的第一个参数 fp, 即打开的文本文件对象。json.load 函数将文本文件对象转换为 Python 数据, 如代码清单 3-8 所示。

代码清单 3-8　json.load 函数将文本文件对象转换为 Python 数据

```
import json

with open('data.json', encoding='utf8') as f:
    data = json.load(fp=f)
    print(type(data))
    print(data)
```

其输出结果如下:

```
<class 'dict'>
{'name': 'netdevops01', 'ip': '192.168.137.1', 'vendor': '华为', 'online': True,
'rack': '0101', 'start_u': 20, 'end_u': 21, 'interface_usage': 0.67, 'interfaces':
['eth1/1', 'eth1/2', 'eth1/3'], 'uptime': None}
```

以上就是 Python 数据对象与 JSON 数据之间相互转换时涉及的 4 个重要函数，其中函数名称中有 s 的函数就是将 Python 数据和 JSON 数据的字符串进行相互转换，没有 s 的函数就是将 Python 数据对象和承载有 JSON 数据的文本文件进行相互转换。读者可以结合图 3-1 记忆并区分这 4 个函数。

3.3 YAML 规范及其使用

YAML 是一种有层级且可读性非常强的数据格式，用于表示数据结构和配置信息，具有简洁、可扩展和易于理解的特点。YAML 文件的扩展名有两种：一种是 yaml（官方推荐的写法），另一种是 yml（在 DevOps 中被广泛使用）。本书采用的是 yml 格式。用 YAML 数据表示一台网络设备的基本信息，如代码清单 3-9 所示。

代码清单 3-9　用 YAML 数据表示一台网络设备的基本信息

```
device:
  name: netdevops01
  ip: 192.168.137.1
  vendor: 华为
  online: true
  rack: '0101'
  start_u: 20
  end_u: 21
  interface_usage: 0.67
  interfaces:
    - eth1/1
    - eth1/2
    - eth1/3
  uptime: null
```

作为 Python 网络运维自动化的初学者，即使没有任何的 YAML 基础知识，也可以从这段 YAML 数据中理解其承载的数据信息。相对 JSON 而言，YAML 的可读性更优秀，层次结构更清晰。YAML 使用带空格的缩进来表示层级关系，且缩进没有数量上的强制要求，一般使用 2 个空格来表示一个缩进。从观感上而言，同层级的字段数据是左侧对齐的。YAML 支持编写注释，使用#表示行注释，直到行末尾都是注释内容，类似于 Python 语法中的行注释。YAML 是大小写敏感的，在编写时要注意大小写。

YAML 中有 3 种数据类型——对象、数组和纯量，其中纯量中又包含了字符串、整数、浮点数、布尔值、空值、时间和日期。

3.3.1 对象

YAML 中的对象（mapping）类似于 Python 中的字典，它是一个由 key 和 value 组成的键值对。其中 key 可以是字符串、整数、浮点数,value 可以是 YAML 中的任意数据类型。书写对象时,key 不需要加双引号,且 key 后面紧跟英文冒号,冒号后面必须接空格,空格数量一般为 1 个,空格后面接对应的 value。在缩进上,多个 key 一定要左侧对齐。对象类型的 YAML 数据如代码清单 3-10 所示,对象类型的 YAML 数据所对应的 Python 数据如代码清单 3-11 所示。

代码清单 3-10   对象类型的 YAML 数据

```
name: netdevops01
ip: 192.168.137.1
```

代码清单 3-11   对象类型的 YAML 数据所对应的 Python 数据

```
{'name': 'netdevops01', 'ip': '192.168.137.1'}
```

一组键值对中的 value 可以是对象、数组、纯量中的任意一种,类似于 Python 字典中的 value,支持多种类型,这样可以让 YAML 数据表达出多层次的复杂数据。

3.3.2　数组

YAML 中的数组(sequence)类似于 Python 中的列表,它代表一个有序的集合。在数组中通过减号来表示成员,减号之后要添加 1 个空格再写成员的值,各个成员的减号要左对齐。数组类型的 YAML 数据如代码清单 3-12 所示,数组类型的 YAML 数据所对应的 Python 数据如代码清单 3-13 所示。

代码清单 3-12   数组类型的 YAML 数据

```
- dev01
- dev02
- dev03
```

代码清单 3-13   数组类型的 YAML 数据所对应的 Python 数据

```
['dev01','dev02','dev03']
```

如果数组的成员不多,且都是简单的字符串、数字类型,那么可以将其写成一排并用方括号括起来,成员之间用英文逗号隔开,这时无须再写减号。这种书写方式与 Python 的列表格式非常相像。数组类型的 YAML 数据的另一种格式如代码清单 3-14 所示。

代码清单 3-14   数组类型的 YAML 数据的另一种格式

```
[ dev01,dev02,dev03 ]
```

数组的成员可以是对象、数组、纯量中的任意一种,使用对象的数组表示一组端口信息的复杂 YAML 数据,如代码清单 3-15 所示。

代码清单 3-15　使用对象的数组表示一组端口信息的复杂 YAML 数据

```
- name: Eth1/1
  status: up
  allow_vlan:
    - 1
    - 200
    - 201
- name: Eth1/2
  status: up
  allow_vlan: [1,200,201]
- name: Eth1/3
  status: up
  allow_vlan: [1,200,201]
```

在代码清单 3-15 中，数组的每个成员都是一个表示端口信息的对象。端口对象中有一个 allow_vlan 字段，这个字段也是数组类型，且使用了带减号和不带减号两种方式表示。

3.3.3　纯量

纯量（scalars）是最基本的、不可再分的值。YAML 支持的纯量数据类型有字符串、整数、浮点数、布尔值、空值、时间和日期。

1．字符串

YAML 中的字符串与 Python 数据类型中的字符串是一致的，它是数据格式中最基础的数据类型之一。单行字符串可以使用类似 Python 中的字符串定义方式，用单引号或者双引号包裹，也可以直接写字符串内容，无须引号包裹。从可读性和书写便利性角度考虑，人们多选择不加引号的写法。YAML 中单行字符串的 3 种基本写法如代码清单 3-16 所示。

代码清单 3-16　YAML 中单行字符串的 3 种基本写法

```
simple_str1: dev01
simple_str2: "This is dev01"
simple_str3: 'This is dev01'
```

在一些特殊的场景中，如字符串中涉及多行，可以考虑使用>或者|。>代表将字符串中的换行符替换为空格；|代表保留换行符，即使被程序加载，字符串也是多行的。无论是哪种方式，文本都要注意缩进，且一定是左对齐的。YAML 中多行字符串的两种基本写法如代码清单 3-17 所示。

代码清单 3-17　YAML 中多行字符串的两种基本写法

```
yaml_multi_str1: >
  这是一个多行的字符串；
```

```
    字符串内容一定要对齐;
    换行都会被替换为空格。

yaml_multi_str2: |
    这是一个多行的字符串;
    字符串内容一定要对齐;
    换行会被保留。
```

2. 整数与浮点数

YAML 支持整数与浮点数两种数字表示方法，分别对应 Python 中的整数与浮点数，它们的书写方式也一致。YAML 中整数及浮点数的基本写法如代码清单 3-18 所示。

代码清单 3-18　YAML 中整数及浮点数的基本写法

```
int1: 100
int2: -100
float: 100.0
```

如果想要将 100 表示为字符串，需要将数字用引号包裹，这样就不会被自动识别为整数或者浮点数。YAML 中定义数字内容的字符串要通过引号显式地声明为字符串，如代码清单 3-19 所示。

代码清单 3-19　YAML 中定义数字内容的字符串要通过引号显式地声明为字符串

```
int_str: '100'
```

3. 布尔值

YAML 的布尔值与 Python 中的布尔值是一致的。真可以写为 true、True、TRUE、on、On、ON、yes、Yes、YES 中的任意一种；假可以写为 false、False、FALSE、off、Off、OFF、no、No、NO 中的任意一种。这些值都会被自动转换为布尔值。YAML 中布尔值的写法如代码清单 3-20 所示。

代码清单 3-20　YAML 中布尔值的写法

```
# 表示为真的布尔值
boolean_true1: true
boolean_true2: True
boolean_true3: TRUE
boolean_true4: on
boolean_true5: On
boolean_true6: ON
boolean_true7: yes
boolean_true8: Yes
boolean_true9: YES

# 表示为假的布尔值
boolean_false1: false
boolean_false2: False
```

```
boolean_false3: FALSE
boolean_false4: off
boolean_false5: Off
boolean_false6: OFF
boolean_false7: no
boolean_false8: No
boolean_false9: NO
```

4. 空值

YAML 中也支持 Python 中的空值 None。Null、null 或者不填写内容都被视为定义了一个空值。YAML 中空值的写法如代码清单 3-21 所示。

代码清单 3-21　YAML 中空值的写法

```
null1: Null
null2: null
null3: ~
null4:
```

5. 日期与时间

YAML 支持日期和时间两种格式。JSON 是不支持这两种格式的，它们可以被分别转换为 Python 的两个内置类 datetime.date 和 datetime.datetime。日期类 date 是精确到天，时间类 datetime 是精确到微秒，二者的书写格式必须遵循 ISO 8601 标准。YAML 中日期与时间的写法如代码清单 3-22 所示。

代码清单 3-22　YAML 中日期与时间的写法

```
date: 2024-06-25      #必须遵循 ISO 8601 标准, yyyy-MM-dd
datetime: 2024-06-25T15:08:31+08:00      #遵循 ISO 8601 标准
```

3.3.4　多文档的 YAML 数据

一个 YAML 文件中可以有多个 YAML 文档，每个 YAML 文档以 3 个减号（---）开始。这种多文档的 YAML 文件多出现在 Ansible 的 playbook 中。多个文档的 YAML 数据如代码清单 3-23 所示，这是一个省略了很多内容的 playbook，此处主要用于演示多个 YAML 文档。

代码清单 3-23　多个文档的 YAML 数据

```
# this is a play list
---
- name: play 01
  host: huawei_devs

- name: play 02
```

```
    host: huawei_devs
---
- name: play 01
  host: cisco_devs

- name: play 02
  host: cisco_devs
```

代码清单 3-23 中的 YAML 文件包含两个 YAML 文档，每个文档的开头都是一个 3 个减号组成的标识，每个文档中都是对象数组的 YAML 数据。多文档 YAML 数据对应的 Python 数据对象如代码清单 3-24 所示。

代码清单 3-24　多文档 YAML 数据对应的 Python 数据对象

```
[[{'name': 'play 01', 'host': 'huawei_devs'}, {'name': 'play 02', 'host': 'huawei
_devs'}],[{'name': 'play 01', 'host': 'cisco_devs'}, {'name': 'play 02', 'host': 'cis
co_devs'}]]
```

3.3.5　PyYAML 包与 YAML 数据转换

PyYAML 是一个用于解析和生成 YAML 数据的第三方 Python 包，它可以完成 Python 数据与 YAML 数据的相互转换。本书中 PyYAML 的版本是 6.0 版本。PyYAML 的安装命令是"pip install pyyaml==6.0"。需要注意的是，PyYAML 在 Python 代码中导入的包名是 yaml。

1．YAML 数据转换为 Python 数据

YAML 数据一般被保存在 YAML 文件中，为了演示 PyYAML，需要创建一个文件名为 demo.yml 的 YAML 文件，其内容可参考代码清单 3-9。使用 yaml 模块中的 safe_load 函数，可以将指定的 YAML 文件安全地转换为 Python 数据，这个函数只有 stream 一个参数，需要将其赋值为文本文件对象。使用 safe_load 函数将 YAML 数据转换为 Python 数据，如代码清单 3-25 所示。

代码清单 3-25　使用 safe_load 函数将 YAML 数据转换为 Python 数据

```
import yaml

with open('demo.yml', encoding='utf8') as f:
    data = yaml.safe_load(stream=f)
    print(data)
```

PyYAML 还提供了 safe_load_all 函数。此函数可以将多文档的 YAML 文件转换为 Python 数据，它的参数与 safe_load 完全一致，返回结果是生成器对象。读者可以使用 for 循环遍历生成器中的成员。YAML 的数据量一般不是很大，也可以将其强制转换为 list 列表类型来访问其中的数据。使用 safe_load_all 函数将 YAML 数据转换为 Python 数据，如代码清单 3-26 所示，

demo2.yml 中的内容可以参考代码清单 3-23 中的 YAML 文件。

代码清单 3-26 使用 safe_load_all 函数将 YAML 数据转换为 Python 数据

```python
import yaml

with open('demo2.yml', encoding='utf8') as f:
    data = yaml.safe_load_all(f)

    data = list(data)
    print(data)
```

2．Python 数据转换为 YAML 数据

Python 基础数据对象可以转换为 YAML 格式，并保存到文件中。YAML 更适合人工编写，然后由程序解析，通过程序生成 YAML 文件的场景相对较少，因此读者了解其基本使用方法即可。

通过 dump 函数可将 Python 数据转换为 YAML 数据。读者需要掌握以下 4 个参数。

- data：Python 的数据对象。
- stream：导出的文本文件对象。
- allow_unicode：默认值为 None，当 Python 数据中有汉字时，务必将其值设置为 True，这样在 YAML 文件中才会显示为汉字。
- sort_keys：是否根据对象 key 进行排序，建议将其赋值为 False，保证原有的顺序。

使用 dump 函数将 Python 数据转换为 YAML 数据并写入文件，如代码清单 3-27 所示。

代码清单 3-27 使用 dump 函数将 Python 数据转换为 YAML 数据并写入文件

```python
import yaml

python_data = {'device': {'name': 'netdevops01', 'ip': '192.168.137.1',
                          'vendor': '华为', 'online': True, 'rack': '0101',
                          'start_u': 20, 'end_u': 21, 'interface_usage': 0.67,
                          'interfaces': ['eth1/1', 'eth1/2', 'eth1/3'],
                          'uptime': None}
              }
with open('dump_demo.yml', mode='w', encoding='utf8') as f:
    yaml.dump(python_data, stream=f, allow_unicode=True, sort_keys=False)
```

3.4 XML 规范及其使用

可扩展标记语言（Extensible Markup Language，XML）是一种标记语言，主要用于计算机之间的处理信息，具有良好的扩展性和严谨的语法。通过标记语言的形式，XML 定义了数据的结构和内容，使数据在不同的系统之间能够被准确地传输和解析。XML 注重数据的存储与传输，

被广泛用于承载 Web 服务的数据、配置文件、文档格式等场景。例如基于 Java 的 Web 工程常使用 XML 来做配置文件,早期的很多 HTTP 接口都以 XML 作为数据格式的标准。在网络运维自动化领域,XML 用于承载 NETCONF 协议的指令和数据。

3.4.1 元素、标签与属性

XML 中有 3 个重要的概念:元素(element)、标签(tag)和属性(attribute)。元素是构建 XML 文档的基本单位,它由标签和标签包裹的内容或者子元素组成。标签定义了元素的开始和结束,分为开始标签和结束标签,二者由尖括号包裹,开始标签与结束标签之间是元素的名称。结束标签比开始标签多一个斜杠,例如<device>和</device>是一组开始标签和结束标签。在元素的标签之间包裹了元素的信息内容,这些信息内容可以是普通文本,也可以是另一个子元素。一个简单的 XML 元素如代码清单 3-28 所示,其标签包裹的是文本内容。

代码清单 3-28 一个简单的 XML 元素

```
<device>netdevops01</device>
```

标签中包裹的内容可以是若干子元素,类似于 Python 字典的嵌套。包含若干子元素的 XML 元素如代码清单 3-29 所示。

代码清单 3-29 包含若干子元素的 XML 元素

```
<device>
    <name>netdevops01</name>
    <ip>192.168.137.1</ip>
    <vendor>华为</vendor>
    <online>true</online>
    <rack>0101</rack>
    <start_u>20</start_u>
    <end_u>21</end_u>
    <uptime>null</uptime>
</device>
```

XML 的属性用于提供有关元素的额外信息,它们被记录在标签中。属性通常包含属性名称和属性值,它们之间用等号连接,属性值要在双引号中,多个属性之间要用空格隔开。在标签中添加属性,如代码清单 3-30 所示,在 device 元素的标签中,用 id 属性标记了这台设备的 ID 值。

代码清单 3-30 在标签中添加属性

```
<device id="001">
    <name>netdevops01</name>
    <ip>192.168.137.1</ip>
    <vendor>华为</vendor>
    <online>true</online>
```

```
    <rack>0101</rack>
    <start_u>20</start_u>
    <end_u>21</end_u>
    <uptime>null</uptime>
</device>
```

在网络运维自动化领域，XML 报文头部多会添加序言（prolog），用于声明文档的版本和编码方式。XML 文档头部添加声明版本和编码方式的序言，如代码清单 3-31 所示。

代码清单 3-31　XML 文档头部添加声明版本和编码方式的序言

```
<?xml version="1.0" encoding="utf-8" ?>
<device id="001">
    <name>netdevops01</name>
    <ip>192.168.137.1</ip>
    <vendor>华为</vendor>
    <online>true</online>
    <rack>0101</rack>
    <start_u>20</start_u>
    <end_u>21</end_u>
    <uptime>null</uptime>
</device>
```

代码清单 3-31 是一个比较完整的 XML 文档。XML 本身对缩进不敏感。完全可以将上述所有 XML 报文的内容写在一行，但在开发中一般会适当调整 XML 缩进，从而提高文档可读性。

3.4.2　列表数据的定义

XML 也支持列表数据的定义，XML 需要先定义一个元素，用于承载列表数据的内容。列表数据的根元素内包含多个标签名一致的元素成员。有列表数据的 XML 文档如代码清单 3-32 所示，其中使用 XML 定义了端口列表，在 XML 报文中先定义 interfaces 元素，用于承载端口列表的数据，然后定义若干 interface 元素。

代码清单 3-32　有列表数据的 XML 文档

```
<?xml version="1.0" encoding="UTF-8"?>
<interfaces>
    <interface>eth1/1</interface>
    <interface>eth1/2</interface>
    <interface>eth1/3</interface>
</interfaces>
```

代码清单 3-32 中的列表成员都是单一的元素，也可以是复杂的对象元素，只要复杂对象的标签是统一的即可。有复杂对象列表数据的 XML 文档如代码清单 3-33 所示，它定义了一个网络设备对象的列表。

代码清单 3-33 有复杂对象列表数据的 XML 文档

```xml
<?xml version="1.0" encoding="UTF-8"?>
<devices>
    <device>
        <name>netdevops01</name>
        <ip>192.168.137.1</ip>
    </device>
    <device>
        <name>netdevops02</name>
        <ip>192.168.137.2</ip>
    </device>
    <device>
        <name>netdevops03</name>
        <ip>192.168.137.3</ip>
    </device>
</devices>
```

3.4.3 命名空间

XML 的命名空间(namespace)用于在不同的上下文中区分同名的元素,例如在同一个 XML 文档中有两个不同含义的同名 interfaces 元素,就可以通过给两个 interfaces 元素定义不同的命名空间加以区分。用户可以通过统一资源标识符(uniform resource identifier,URI)定义命名空间,在指定元素的标签中定义一个 xmlns 属性即可。使用 xmlns 标签声明命名空间,如代码清单 3-34 所示。

代码清单 3-34 使用 xmlns 标签声明命名空间

```xml
<?xml version="1.0" encoding="UTF-8"?>
<device id="001" xmlns="huawei.com">
    <name>netdevops01</name>
    <ip>192.168.137.1</ip>
    <vendor>华为</vendor>
    <online>true</online>
    <rack>0101</rack>
    <start_u>20</start_u>
    <end_u>21</end_u>
    <interface_usage>0.67</interface_usage>
    <interfaces>
        <interface>eth1/1</interface>
        <interface>eth1/2</interface>
        <interface>eth1/3</interface>
    </interfaces>
    <uptime>null</uptime>
</device>
```

命名空间还可以定义别名，以便在其他元素标签中被引用。别名写在 xmlns 属性之后，用冒号隔开。引用别名时将别名写到标签名称之前，并用英文冒号隔开。使用 xmlns 标签声明命名空间的另一种方法如代码清单 3-35 所示。

代码清单 3-35　使用 xmlns 标签声明命名空间的另一种方法

```
<?xml version="1.0" encoding="UTF-8"?>
<n:device xmlns:n="huawei.com">
    <n:name>netdevops01</n:name>
    <n:ip>192.168.137.1</n:ip>
</n:device>
```

3.4.4　xmltodict 包与 XML 数据转换

在网络运维自动化领域中，经常将 XML 数据转化为 Python 数据，以提高可读性。本书推荐使用 Python 的 xmltodict 包，它可将 XML 数据和 Python 数据进行转换。本书中的 xmltodict 版本是 0.13，使用命令"pip install xmltodict==0.13"进行安装。

1. XML 数据转换为 Python 数据

xmltodict 的 parse 函数可以将 XML 数据转换为 Python 数据，并将 XML 数据赋值给第一个参数 xml_input。使用 xmltodict 解析 XML 数据，如代码清单 3-36 所示。

代码清单 3-36　使用 xmltodict 解析 XML 数据

```
import xmltodict
import json

xml_text = """<?xml version="1.0" encoding="UTF-8"?>
<device>
    <name>netdevops01</name>
    <ip>192.168.137.1</ip>
    <vendor>华为</vendor>
    <online>true</online>
    <rack>0101</rack>
    <start_u>20</start_u>
    <end_u>21</end_u>
    <interface_usage>0.67</interface_usage>
    <interfaces>
        <interface>eth1/1</interface>
        <interface>eth1/2</interface>
        <interface>eth1/3</interface>
    </interfaces>
    <uptime>null</uptime>
</device>
```

```
"""

data = xmltodict.parse(xml_input=xml_text)

print(data)
```

上述代码的运行结果如下:

```
{'device': {'name': 'netdevops01', 'ip': '192.168.137.1', 'vendor': '华为', 'online':
'true', 'rack': '0101', 'start_u': '20', 'end_u': '21', 'interface_usage': '0.67',
'interfaces': {'interface': ['eth1/1', 'eth1/2', 'eth1/3']}, 'uptime': 'null'}}
```

2．Python 数据转换为 XML 数据

unparse 函数可将 Python 数据转换为 XML 数据,其使用场景并不多,读者了解即可。使用时,将 unparse 函数的第一个参数 input_dict 赋值为 Python 字典数据。使用 xmltodict 将 Python 数据转换为 XML 数据,如代码清单 3-37 所示。

代码清单 3-37　使用 xmltodict 将 Python 数据转换为 XML 数据

```
import xmltodict

python_data = {'device':{'name': 'netdevops01', 'ip': '192.168.137.1',
                'vendor': '华为', 'online': True, 'rack': '0101',
                'start_u': 20, 'end_u': 21, 'interface_usage': 0.67,
                'interfaces': ['eth1/1', 'eth1/2', 'eth1/3'],
                'uptime': None}}

# input_dict 是要转换的 Python 数据
# output 默认值为 None,如果将其赋值为一个文件对象,就会将数据写入其中
xml_data = xmltodict.unparse(input_dict=python_data,output=None)
print(xml_data)
```

上述代码的运行结果如下:

```
<?xml version="1.0" encoding="utf-8"?>
<device><name>netdevops01</name><ip>192.168.137.1</ip><vendor>华为</vendor><online>true
</online><rack>0101</rack><start_u>20</start_u><end_u>21</end_u><interface_usage>0.67
</interface_usage><interfaces>eth1/1</interfaces><interfaces>eth1/2</interfaces><interfaces>
eth1/3</interfaces><uptime></uptime></device>
```

3.5　表格数据与 pandas

　　网络工程师经常将网络设备的资产清单、巡检信息、统计信息等信息以表格的方式进行保存,并借助相关表格软件提供的便利功能对数据进行二次加工处理。严格来说,CSV 表格是一

种数据格式，而以.xlsx 为扩展名的 Excel 表格并不是一种数据格式。但在网络运维自动化领域中，用户不会过度区分表格文件的格式，而更专注于使用表格这种形式存储和使用数据，所以本书把两种表格都视为一种数据格式。

3.5.1　pandas 简介与安装

pandas 是一个可以提供科学计算和数据分析相关功能的 Python 工具包，而且拥有简单、易上手的表格处理能力，所以本书推荐使用 pandas 处理表格。本书选择了 pandas 的 2.1.0 版本进行演示，执行命令"pip install pandas==2.1.0"即可安装。本书使用的相关 API 功能都比较稳定，同样适用于很多低版本的 pandas，理论上也会适用于未来的高版本 pandas。

pandas 提供 read_excel 和 read_csv 两个函数，可以分别读取 Excel 表格和 CSV 表格文件，并将其中的数据加载为 pandas 所独有的 DataFrame 对象。DataFrame 对象可以被简单理解为二维的表格数据。DataFrame 的数据结构及其基本概念如图 3-2 所示。

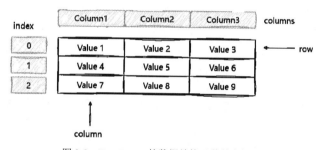

图 3-2　DataFrame 的数据结构及其基本概念

DataFrame 对象与图 3-2 中的数据可以一一对应。Column1～3 对应字段名称，所有的字段名称被统称为 columns，一行数据被称为 row，一列数据被称为 column。每条 row 都有一个索引值（index）。索引值默认是数字类型，从 0 开始排序，也可以指定为字符串等其他类型。DataFrame 对象可以被pandas 转换为字典列表，每个字典就是一条 row 数据，字典的 key 对应 columns 中的列名。

3.5.2　pandas 从表格读取数据

假设有两个网络设备清单的表格文件，分别是 inventory.csv 和 inventory.xlsx。网络设备清单表格的文件内容如表 3-2 所示。

表 3-2　网络设备清单表格的文件内容

name	hostname	device_type	port	username	password
netdevops01	192.168.137.201	huawei	22	netdevops	Admin123~
netdevops02	192.168.137.202	huawei	22	netdevops	Admin123~

　　read_excel 和 read_csv 两个函数的第一个参数可以直接赋值为表格文件的路径。pandas 会将指定表格文件转换为 DataFrame 对象，并调用此对象的 to_dict 方法，将 orient 参数赋值为 records，就可以将其转换成字典列表。使用 pandas 的 read_excel 函数从 Excel 表格中读取数据并转换为字典列表，如代码清单 3-38 所示。

代码清单 3-38　使用 pandas 的 read_excel 函数从 Excel 表格中读取数据并转换为字典列表

```
import pandas as pd

devs_df = pd.read_excel('inventory.xlsx')
devs = devs_df.to_dict(orient='records')
print(devs)
'''结果输出一个字典列表，截取部分作为演示
[{'name': 'netdevops01', 'hostname': '192.168.137.201'... 'device_type': 'huawei!'}]
'''
```

　　read_excel 会默认读取 Excel 表格中第一个 sheet 的数据，用户也可将 sheet_name 赋值为对应的页签排序（从 0 开始的整数类型）或者页签名称（字符串类型）。

　　read_csv 函数用于读取 CSV 文件，对于初学者，只需要按位置将传参赋值传入 CSV 文件路径即可，其他操作与读取 Excel 表格文件是一致的。使用 pandas 的 read_csv 函数从 CSV 表格中读取数据并转换为字典列表，如代码清单 3-39 所示。

代码清单 3-39　使用 pandas 的 read_csv 函数从 CSV 表格中读取数据并转换为字典列表

```
import pandas as pd

devs_df = pd.read_csv('inventory.csv')
devs = devs_df.to_dict(orient='records')
print(devs)
'''结果输出一个字典列表，截取部分作为演示
[{'name': 'netdevops01', 'hostname': '192.168.137.201'... 'device_type': 'huawei!'}]
'''
```

　　在读取表格数据时，pandas 会将表格数据自动转换成 pandas 中最适合的数据类型，在转换成字典列表时，也会将其转换为对应的 Python 数据类型。

3.5.3　pandas 写入数据到表格

　　在网络运维中，网络工程师经常要登录网络设备获取相关信息，并将其写入表格，用于资源统计、巡检和查询等。pandas 同样支持将数据写入表格。本书给出的建议也是将数据整理成字典列表，再使用 pandas 将数据写入表格。借助第 4 章的内容，读者可以从网络配置的文本中提取这种结构化的字典列表数据。首先用字典列表去创建 DataFrame 对象，然后调用此对象的 to_excel 方法，就可以将数据写入 Excel 文件。使用字典列表数据构建 DataFrame 对象并写入

Excel 表格文件，如代码清单 3-40 所示。

代码清单 3-40　使用字典列表数据构建 DataFrame 对象并写入 Excel 表格文件

```
import pandas as pd

raw_data = [{'name': 'Eth1/1', 'desc': 'netdevops1'},
            {'name': 'Eth1/2', 'desc': 'netdevops2'}]
intf_df = pd.DataFrame(raw_data)

print(intf_df)
''' 从打印的结果中，读者可以看到 DataFrame 是一种二维矩阵的数据
     name        desc
0  Eth1/1   netdevops1
1  Eth1/2   netdevops2
'''
intf_df.to_excel('as01_info.xlsx', sheet_name='interfaces', index=False)
```

DataFrame 对象的创建方式多种多样，它接受类型非常多的 Python 数据，本书推荐使用字典列表作为初始化的数据。DataFrame 对象的 to_excel 方法可将数据写入 Excel 表格，读者需要关注以下 3 个参数。

■ excel_writer：读者可以将其简单理解为写入的 Excel 表格名称。

■ sheet_name：页签名称，属于字符串类型，选填，默认是 Sheet1。

■ index：显示数据条目的索引值，布尔类型，默认是 True，建议设置为 False。

如果想将数据写入 CSV 表格文件，可以调用 DataFrame 对象的 to_csv 方法，它的第一个也是最重要的参数是 path_or_buf，仍可以将其简单理解为 CSV 文件的路径名称。另外需要关注的是 index，其意义与 to_excel 的 index 参数一致。因为 CSV 文件无页签，所以没有 sheet_name 参数。使用字典列表数据构建 DataFrame 对象并写入 CSV 表格文件，如代码清单 3-41 所示。

代码清单 3-41　使用字典列表数据构建 DataFrame 对象并写入 CSV 表格文件

```
import pandas as pd

raw_data = [{'name': 'Eth1/1', 'desc': 'netdevops1'},
            {'name': 'Eth1/2', 'desc': 'netdevops2'}]
intf_df = pd.DataFrame(raw_data)

intf_df.to_csv('as01_info.csv', index=False)
```

从代码清单 3-41 看出，通过 pandas，仅用 4 行代码就可以将字典列表写入表格文件中。字典列表数据可以是登录网络设备执行命令并从回显中解析提取的数据，也可以是从控制器或者某自动化平台的 API 接口获取的 JSON 或者 XML 数据。在将这些数据写入表格后，常常会对数据进行消费，即对表格数据的加工处理，例如将原始表格数据处理后生成新的表格数据，或者写到某系统中，用于自动更新某些字段信息。在这个过程中，表格的写入仅是数据生产活动的一个中间环节。

3.6 数据建模语言 YANG

数据格式是程序、系统之间交换数据的规范。数据里应该有哪些字段,分别代表什么含义、是什么类型、是否允许为空等细节,这些内容都是数据建模语言的管辖范畴。YANG(Yet Another Next Generation)建模语言就是专门用于描述网络设备和服务的数据建模语言,这些模型包括配置数据、状态数据和操作数据等,可以帮助网络管理员更好地管理和配置网络设备和服务。YANG 建模语言是由国际互联网工程任务组(The Internet Engineering Task Force,IETF)组织开发的,在 RFC6020 中进行了标准化。YANG 建模语言具有简洁、可扩展、易读、可验证等特点。

YANG 建模语言用于描述网络设备的配置模型,具体的配置数据以 XML 数据为载体。本节旨在让读者了解 YANG,能基于 YANG 写出对应的 XML 数据,并且在这个学习过程中进一步巩固并提升数据思维。具体的自动化操作会在第 7 章进行讲解。

3.6.1 YANG 模块的结构

网络设备的配置整体呈树状结构,其中会有若干个配置项,每个配置项就像一棵子树,也可以被视为一个 YANG 模型。每个 YANG 模型对应一个以.yang 为扩展名的文件,由一个主模块(module)组成。在实际生产中,YANG 模型普遍比较复杂。本节从简单的端口模型示例入手,旨在让读者了解 YANG 模型。名为 interfaces.yang 的 YANG 模型文件内容如代码清单 3-42 所示。

代码清单 3-42 名为 interfaces.yang 的 YANG 模型文件内容

```
module interfaces {
    list interface {
        key "interface-name"
        "this is a single interface";
        leaf interface-name {
            type string;
            description "name for interface";
        }
        leaf speed {
            type string;
        }
        leaf mtu {
            type string;
        }
    }
```

代码清单 3-42 对应的文件名称是 interfaces.yang，名称中的 interfaces 就是 YANG 模型名称。在文件中定义了一个模块 interfaces，它是模块名称。模块名称与模型名称基本是一致的。在 interfaces 模块中有一个列表类型的 interface 成员，用于描述网络设备的端口信息。interface 定义了 interface-name、speed 和 mtu 3 个属性，用于记录端口名称、数据传输速率和 MTU，且都是字符串类型。interfaces 数据模型对应的 XML 数据实例如代码清单 3-43 所示。

代码清单 3-43　interfaces 数据模型对应的 XML 数据实例

```
<interfaces>
    <interface>
        <interface-name>Ethernet1/1</interface-name>
        <speed>1000000</speed>
        <mtu>1500</mtu>
    </interface>
    <interface>
        <interface-name>Ethernet1/2</interface-name>
        <speed>1000000</speed>
        <mtu>1500</mtu>
    </interface>
</interfaces>
```

代码清单 3-43 中的 XML 数据与代码清单 3-42 中的数据模型 interfaces "互为表里"。YANG 的 interfaces 模型描述端口的配置是何种结构，XML 的 interfaces 元素用于承载符合该模型规范的数据内容。代码清单 3-42 是一个非常简单的 YANG 模型示例。在实际生产中，YANG 模型远比示例中的复杂。例如华为官方的 huawei-ifm.yang 文件定义的 huawei-ifm 模型（华为通用端口配置模型）内容长达 2000 多行，从头到尾包含了命名空间信息、导入的模块、组织信息、联系方式、描述、历史版本号、自定义的数据类型以及模型的主体等诸多信息。对网络工程师而言，要学会多借助一些工具，这样可以简化 YANG 模型的阅读过程，参考 3.6.3 节。

3.6.2　YANG 的基础语法规范

网络工程师需要了解 YANG 的基础语法规范，才能构造出对应的 XML 数据。YANG 模型整体是呈树状结构的，由众多节点（node）组成。节点分为 4 类：leaf 节点、leaf-list 节点、container 节点和 list 节点。读懂这 4 种节点类型，就可以基本读懂 YANG 模型。

1. leaf 节点

leaf 节点用于描述数据模型中的叶子节点，它表示数据模型中单独的属性或数据项。在描述数据模型的节点中，leaf 节点是最小单位，它没有子节点。名为 host-name 的 leaf 节点如代码清单 3-44 所示，它定义了一个名为 host-name 的 leaf 节点。

代码清单 3-44   名为 host-name 的 leaf 节点

```
leaf host-name {
        type string;
        description "Hostname for this system";
    }
```

名为 host-name 的 leaf 节点的 XML 数据如代码清单 3-45 所示。

代码清单 3-45   名为 host-name 的 leaf 节点的 XML 数据

```
<host-name>netdevops01</host-name>
```

与其他编程语言比较类似，YANG 的基础数据类型覆盖了字符串、数字、布尔等基本类型，也提供了二进制、比特位、枚举等高阶数据类型。同时，YANG 支持基于基础的内置数据类型来定义新的扩展数据类型，这种可扩展性让 YANG 变得更加灵活，更适合描述网络数据模型。

2．leaf-list 节点

leaf-list 节点可以被简单认为是 leaf 节点的列表，列表中的每个成员是一个 leaf 节点。leaf-list 节点的定义语法与 leaf 节点几乎一致，只需将 leaf 的声明改为 leaf-list 即可，二者均不允许有多层次的嵌套结构。名为 interface 的 leaf-list 节点如代码清单 3-46 所示，它定义了一个端口列表的 leaf-list 节点。名为 interface 的 leaf-list 节点的 XML 数据如代码清单 3-47 所示。

代码清单 3-46   名为 interface 的 leaf-list 节点

```
leaf-list interface {
        type string;
        description "list of device interface";
    }
```

代码清单 3-47   名为 interface 的 leaf-list 节点的 XML 数据

```
<interface>Ethernet1/1</interface>
<interface>Ethernet1/2</interface>
<interface>Ethernet1/3</interface>
<interface>Ethernet1/4</interface>
```

此处仅用于演示 leaf-list 节点的定义及其 XML 数据表示，在实际使用中，leaf-list 节点很少出现。人们一般会使用较为复杂的 list 节点表示一组数据。

3．container 节点

YANG 数据模型呈树状结构，包含若干子树。container 节点用于描述 YANG 数据模型中的一棵子树。container 节点必须包含若干子节点，这些子节点可以是任意类型的节点，包括 leaf 节点、leaf-list 节点、container 节点和 leaf-list 节点。名为 system 的 container 节点如代码清单 3-48

所示，它定义的是一个名为 system 的 container 节点。

代码清单 3-48　名为 system 的 container 节点

```
container system {
        leaf host-name {
          type string;
          description "Hostname for this system";
        }
        container login {
          leaf message {
                type string;
                description
                    "Message given at start of login session";
          }
        }
      }
```

system 包含了字符串类型的 leaf 节点 host-name，同时又嵌套了另一个 container 节点 login。login 中包含了字符串类型的 leaf 节点 message，用于展示登录时的消息。名为 system 的 container 节点的 XML 数据如代码清单 3-49 所示。

代码清单 3-49　名为 system 的 container 节点的 XML 数据

```
<system>
      <host-name>netdevops01</host-name>
      <login>
          <message>Welcome!</message>
       </login>
</system>
```

4．list 节点

list 节点是用于表示多个具有相同结构的数据项的节点类型，可以将其理解为 container 节点的数组。它允许定义一组具有相同属性的数据项，并需要为每个数据项指定唯一的标识符。网络设备中的众多列表数据都可以使用 list 节点来表示，例如端口列表、MAC 列表、ARP 列表等。list 节点一般挂载在 container 节点上，例如定义端口列表，需要先定义一个 interfaces 的 container 节点，在 container 节点的 interfaces 内部再去定义 list 节点 interface。名为 interface 的 list 节点如代码清单 3-50 所示，它隶属于名为 interfaces 的 container 节点。名为 interface 的 list 节点的 XML 数据如代码清单 3-51 所示。

代码清单 3-50　名为 interface 的 list 节点

```
container interfaces {
    description
        "List of configuring information on an interface.";
```

```
list interface {
    key "name";
    description
     "Configure information on an interface.";
    leaf name {
        type string;
    }
    leaf speed {
        type enumeration {
            enum 10m;
            enum 100m;
            enum auto;
        }
    }
}
}
```

代码清单 3-51　名为 interface 的 list 节点的 XML 数据

```
<interfaces>
    <interface>
        <name>Ethernet1/1</name>
        <speed>auto</speed>
    </interface>
    <interface>
        <name>Ethernet1/2</name>
        <speed>auto</speed>
    </interface>
    <interface>
        <name>Ethernet1/3</name>
        <speed>auto</speed>
    </interface>
</interfaces>
```

因为 YANG 模型呈树状结构，所以 list 节点必须依附于某一个 container 节点。另外，从 XML 的数组数据角度去看，多个 interface 元素也必须依托于某个元素。因此，list 节点必须隶属于一个 container 节点。leaf-list 节点的成员可以重复，但 list 节点需要为每个成员节点指定唯一的标识，并用关键字 key 来声明，类似于数据库的主键。在代码清单 3-50 中，name 被指定为 interface 的唯一标识。

YANG 模型主要是以 leaf 节点为最小单位，并通过 container 节点和 list 节点的相互嵌套组合，从而形成了复杂的网络模型。

3.6.3　pyang 包图形化解析 YANG 模型

除了以上的一些语法规范，YANG 还有众多其他的语法规范，例如 YANG 模型描述的网络模型分为运行态和配置态两类数据，前者只可以读，后者可以读和写。这种读和写的配置是通过节点的 config 属性来进行声明的，所有节点默认都是可配置的，否则一定要将节点的 config 属性置为 False。诸如此类的众多语法规范使得 YANG 模型的阅读量比较大，对于网络运维自动化初学者并不友好。那么有什么工具可以降低初学者解读 YANG 模型的难度吗？

答案就是 pyang，它支持将 YANG 模型转换为树状结构的图形，并通过各类符号标识，让 YANG 模型变得易读。本书使用的 pyang 版本是 2.5.3，执行命令"pip install pyang==2.5.3"即可安装。

安装好 pyang 之后，进入 YANG 文件所在的目录。此目录中的 YANG 文件必须是完整无缺的，因为 YANG 文件中会相互引用。在 Linux 系统中，执行命令"pyang -f tree <YANG 文件>"；在 Windows 系统中，执行命令"python <Python 的安装路径>/Scripts/pyang -f tree <YANG 文件>"，即可将一个复杂的 YANG 模型转换为一个树状结构的输出。使用 pyang 包展开的 huawei-ifm 模型的树状结构代码如代码清单 3-52 所示，虽然这个树状结构经过裁剪，但不影响阅读。

代码清单 3-52 使用 pyang 包展开的 huawei-ifm 模型的树状结构代码

```
pyang -f tree huawei-ifm.yang
module: huawei-ifm
  +--rw ifm
    ...
    +--rw interfaces
    | +--rw interface* [name]
    |   +--rw name                        pub-type:if-name
    |   +--rw class?                      class-type
    |   +--rw type?                       port-type
    |   +--rw parent-name?                -> /ifm/interfaces/interface/name
    |   +--rw number?                     string
    |   +--rw description?                string
    |   +--rw admin-status?               port-status
    |   +--rw link-protocol?              link-protocol
    |   +--rw router-type?                router-type
    |   +--rw clear-ip-df?                boolean
    |   +--rw link-up-down-trap-enable?   boolean
    |   +--rw statistic-enable?           boolean
    |   +--rw statistic-mode?             statistic-mode
    |   +--rw (bandwidth-type)?
    |   | +--:(bandwidth-mbps)
    |   | | +--rw bandwidth?              uint32
    |   | +--:(bandwidth-kbps)
    |   |   +--rw bandwidth-kbps?         uint32
    |   +--rw mtu?                        uint32
    |   +--rw spread-mtu-flag?            boolean
    |   +--rw statistic-interval?         uint32
```

pyang 提供了如下丰富的符号和标识，用于对数据模型进行进一步说明。

- ■ +代表此节点当前在使用。
- ■ x 代表此节点已经弃用。
- ■ o 代表此节点已经过时。
- ■ *代表此节点是一个列表类型的节点（leaf-list 或者 list 节点）。
- ■ ?代表此节点是可选项，对应的数据字段是选填内容。
- ■ []用于表示 list 节点的唯一标识。例如 huawei-ifm\interfaces\interface 节点后接的是 *[name]，*代表这是一个 list 节点，方括号代表以 name 节点作为唯一标识。
- ■ 每个节点的最后是节点 value 的数据类型，有内置的数据类型 string、boolean 等，也有自定义的数据类型。自定义的数据类型将展示其引用的文件路径。
- ■ rw 代表此节点是配置类的数据，可以进行配置。
- ■ ro 代表此节点是非配置类的数据，即运行态的数据，不可以进行配置。

通过这种图形化的输出和标识符号的辅助，普通网络工程师也可以轻松读懂 YANG 模型。pyang 可以将 YANG 模型解析为树状结构并输出到文件中，只需要在命令行的最后添加参数-o，指定要输出的文件名称即可，示例如下：

```
pyang -f tree huawei-ifm.yang  -o huawei-ifm_tree.txt
```

pyang 支持将 YANG 模型解析并输出为 HTML 文件，还支持折叠和展开的动态效果，只需要在-f 后将 tree 参数改为 jstree，示例如下：

```
pyang -f jstree /home/yang/ietf-interfaces.yang  -o ietf-interfaces.html
```

3.7 小结

本章介绍了网络运维自动化常用的数据格式和数据建模语言，试图让读者形成一种数据思维，用结构化数据去描述网络运维中的各种配置和场景，以便后续更好地进行网络运维自动化的开发。

第 **4** 章

网络配置的结构化数据提取

第 3 章讲解了数据格式和数据建模语言，它们都是为了更好地组织数据。本章将从网络运维的视角为读者介绍两种从网络配置中提取结构化数据的方法——正则表达式和网络配置解析引擎 TextFSM。

4.1 正则表达式的基础知识

正则表达式（Regular Expression）是一种强大的字符串处理工具。用户编写一段特殊的文本模式（pattern）后，借助计算机编程语言的正则表达式模块，可以从指定文本中识别出符合模式特征的文本，并可对识别出的文本进行操作和处理。

4.1.1 了解正则表达式

假设有一段网络设备的文本配置，内容如下：

```
<netdevops>display version
Huawei Versatile Routing Platform Software
VRP (R) software, Version 8.180 (CE6800 V200R005C10SPC607B607)
Copyright (C) 2012-2018 Huawei Technologies Co., Ltd.
HUAWEI CE6800 uptime is 0 day, 0 hour, 3 minutes
SVRP Platform Version 1.0
```

如果想从此文本中提取出软件版本信息，就可以编写正则表达式"Version \S+"。严格来说，"Version \S+"是正则表达式的模式，但在日常使用中，大家都习惯于用正则表达式去表述，本书沿用这种称谓。结合 Python 的正则表达式 re 模块，"Version \S+"就可以从配置文本中提取出软件版本相关信息的文本。使用 re 模块提取网络配置中软件版本信息的方法如代码清单 4-1 所示。

代码清单 4-1 使用 re 模块提取网络配置中软件版本信息的方法

```
import re

# 回显文本
show_text = """<netdevops>display version
Huawei Versatile Routing Platform Software
VRP (R) software, Version 8.180 (CE6800 V200R005C10SPC607B607)
Copyright (C) 2012-2018 Huawei Technologies Co., Ltd.
HUAWEI CE6800 uptime is 0 day, 0 hour, 3 minutes
"""
# 调用 re 模块的 search 函数在回显文本中进行正则匹配
match = re.search('Version \S+', show_text)

# 如果 search 返回结果非空,就代表匹配成功,进而可以提取数据
if match:
    version = match.group()
    print(version)
    """输出结果为 Version 8.180"""
```

通过 re 模块的 search 函数,可以在指定的文本中识别符合正则表达式的文本,具体使用方法可以参考 4.2.1 节。

4.1.2 正则表达式的常用元字符

"Version"描述的是静态的、不变化的特征,它属于普通字符;"\S"与"+"描述的是不断变化却又符合一定模式的特征,可以匹配并识别变化的文本,它们被称为元字符。元字符是正则表达式中有着特殊含义的字符,主要分为两种:一种是字符类元字符,另一种是限定类元字符。字符类元字符是可以匹配一类字符的特殊字符。网络运维自动化中常用的字符类元字符如表 4-1 所示。

表 4-1 网络运维自动化中常用的字符类元字符

字符	说明
[xyz]	字符集合,匹配所包含字符中的任意字符,例如[xyz]可以识别 x、y、z 中的任意一个字符
x|y	匹配 x 或 y,其中 x 或者 y 可以为更复杂的正则表达式,例如 version|Version 可以匹配 version 和 Version
\d	代表一位数字,等同于[0-9]
\w	代表字母、数字、下画线,等同于[A-Za-z0-9_]
\s	任意的空白符,包括空格、换行和制表符
\S	非空白字符,任何可以显示出来的字符都可以使用此元字符匹配
.	默认情况下匹配除了换行符(\n)以外的任意单个字符,包括空白符

限定类元字符用于指定字符(普通字符与字符类元字符)出现的次数,网络运维自动化中

常用的限定类元字符如表 4-2 所示。

表 4-2　网络运维自动化中常用的限定类元字符

字符	说明
*	出现 0 次或多次
+	至少出现 1 次
{n}	恰好出现 n 次
{n,m}	出现次数的上下限分别是 n 和 m
?	重复 0 次或者 1 次，多与以上限定符结合使用，表示懒惰模式，实现最小匹配

　　*代表字符出现 0 次或者多次。例如正则表达式 a*b 代表这样一种特征：a 字符出现 0 次或者多次，后接字符 b。它可以匹配 b、ab、aab、aaab 等。

　　+代表字符至少出现 1 次。例如正则表达式 a+b 代表这样一种特征：a 字符至少出现一次，后接字符 b。它可以匹配 ab、aab、aaab 等。

　　*与+在默认情况下是无上限的。如果某字符出现的次数有确定范围，可以使用{n,m}，它可以限制字符出现次数的上下限（分别对应 n 和 m）。例如用 a{2,4}b 这个正则表达式，代表这样一种特征：a 至少出现 2 次，最多出现 4 次，后接字符 b。它只可以匹配到 aab、aaab、aaaab。限制次数的上限 m 不写的时候，即形如{n,}，代表字符至少出现 n 次。

　　对于限定类元字符，正则表达式默认采取贪婪模式，它会在满足正则表达式的前提下尽可能多地匹配指定字符。例如给定文本 abbbbc，使用正则表达式 ab*、ab+、ab{1,4}的匹配结果都是 abbbb。如果用户希望正则表达式不"贪婪"，那么需要开启懒惰模式，实现最小匹配，将限定的字符出现次数尽可能接近下限。开启懒惰模式的方法是在限定类元字符后面添加"?"。同样给定文本 abbbbc，使用正则表达式 ab*?、ab+?、ab{1,4}?去匹配文本，则最终识别到的结果分别是 a、ab、ab，每个正则表达式都在满足匹配的前提下尽可能少地识别 b 字符。

　　读者要重点掌握\S、\s、\w、\d、*、+、?这 7 个元字符的使用，结合网络配置的上下文可以完成很多信息提取任务。

4.2　re 模块及其使用

　　re 模块是 Python 内置的标准模块，无须安装，直接 import 即可使用。在网络运维自动化开发中，正则表达式主要被用于提取信息，常用的两个函数是 search 和 findall。

4.2.1　search 函数详解

　　search 函数会在给定的字符串中匹配并识别符合正则表达式的文本，它有两个重要参数：

pattern 和 string，分别代表正则表达式和给定的字符串文本。调用 search 函数时，如果匹配成功，则返回 Match 对象；如果匹配失败，则返回 None。Match 对象包含匹配到的字符串的相关信息，例如实际匹配到的字符串内容、起始位置等。调用 Match 对象的 group 方法，无须传入任何参数，就可以获取匹配到的字符串整体。使用 search 函数在文本中匹配正则表达式时，要考虑识别成功和失败两种情况，因为只有识别成功后才会返回 Match 对象，才可以接着调用其 group 方法获取识别的文本。search 函数的基本使用如代码清单 4-2 所示。

代码清单 4-2   search 函数的基本使用

```python
import re

# 文本
text = 'interface Ehternet1/5 is up'
# 正则表达式，提取端口信息
intf_pattern = 'Ehternet\d+/\d+'

# 调用 re 模块的 search 函数，使用正则表达式 intf_pattern 在指定的文本中匹配识别
interface_match = re.search(intf_pattern, text)

# 如果 search 返回的结果不为空，那么代表匹配成功
if interface_match:
    # 获取整体的匹配
    intf = interface_match.group()
    print('识别出符合正则表达式的字符串:', intf)
else:
    print('字符串中开始无法识别出符合正则表达式的子串')
```

代码清单 4-2 的功能是从指定文本中提取端口的相关信息，其关键在于正则表达式的书写，要找到端口信息特征中的不变与变的内容：不变的内容使用普通字符，变的内容使用元字符。端口名称的前缀是不变的，端口的编号是在不断变化的，所以正则表达式可以设计为"Ehternet\d+/\d+"。代码清单 4-2 的运行结果如下：

识别出符合正则表达式的字符串:Ehternet1/5

代码清单 4-2 只是一个简单示例，在实际使用中，用户更希望提取出准确的数据。回到本章最开始的软件版本示例，用户希望在代码清单 4-1 中提取软件版本号，但是最终匹配到的内容中包含了 Version 字符串。这种情况可以用括号将版本号部分的正则表达式包裹起来，并将软件版本的正则表达式升级为"Version (\S+)"，这样正则表达式在匹配识别整体的同时，(\S+)会去识别提取软件版本号数据。

像"(\S+)"这种被括号包裹住的正则表达式被称为子表达式。在一段正则表达式中，子表达式可以有多个。在调用 search 函数时，如果正则表达式中含有子表达式，当匹配成功后，直接调用 Match 对象的 group 方法（不传参）获取识别的整段文本；当调用 group 方法时，传入整数 1、2、3 会提取对应排序的子表达式识别到的文本。通过编写子表达式，正则表达式可以

既匹配整体又识别局部。search 函数在子表达式场景下的使用如代码清单 4-3 所示。

代码清单 4-3　search 函数在子表达式场景下的使用

```
import re

# 文本
show_text = """<netdevops>display version
Huawei Versatile Routing Platform Software
VRP (R) software, Version 8.180 (CE6800 V200R005C10SPC607B607)
Copyright (C) 2012-2018 Huawei Technologies Co., Ltd.
HUAWEI CE6800 uptime is 0 day, 0 hour, 3 minutes
"""

# 调用 search 函数，正则表达式中含有子表达式
version_match = re.search('Version (\S+)', show_text)

if version_match:
    # 调用 group，不传参，获取匹配的整体
    version_all_text = version_match.group()
    print('识别到的整段文本: ',version_all_text)
    # 调用 group，传参 1，获取第一个子表达式识别的文本
    version = version_match.group(1)
    print('识别到的软件版本号（第一个子表达式）: ',version)
```

代码清单 4-3 中的正则表达式含有子表达式，且排序是第一个，通过调用 Match 对象的 group 方法，传入对应序号 1 就可以提取出版本号数据。代码运行结果如下：

```
识别到的整段文本:  Version 8.180
识别到的软件版本号（第一个子表达式）: 8.180
```

在 re 模块中还有一个 match 函数，它的参数与 search 函数一致。二者在功能上的区别是：match 函数需要在文本的开始部分与正则表达式匹配成功，即从文本的第一个字符开始就要与正则表达式匹配成功；而 search 函数则是在文本的任意部分匹配到正则表达式即可。读者了解二者的区别即可，search 函数更加适合提取数据。

4.2.2　findall 函数详解

一旦在文本中找到了符合正则表达式的文本，search 函数就停止继续匹配识别。当给定的文本类似于端口简表、MAC 表、ARP 表等配置回显时，如果用户希望一次提取出所有的信息，这时就需要用到 findall 函数。

findall 函数的参数与 search 函数的参数完全一致，第一个参数是正则表达式 pattern，第二个参数是给定的文本字符串 string。findall 函数会把所有匹配识别的文本全部提取出来，将它们

组装成一个列表并返回；如果匹配结果为空，就返回空列表。如果此正则表达式中没有子表达式，那么返回的列表成员是字符串，每个成员都是符合正则表达式的文本；如果正则表达式中含有子表达式，那么匹配成功后返回的列表成员是元组，元组成员是正则表达式中子表达式识别出来的字符串。findall 函数的基本使用如代码清单 4-4 所示。

代码清单 4-4　findall 函数的基本使用

```
import re

# 文本
text = '''interface Ehternet1/5 is up
interface Ehternet1/6 is up
interface Ehternet1/7 is down
'''
# 正则表达式
intf_pattern = 'Ehternet\d+/\d+'
# 调用 findall 函数识别所有数据
intfs = re.findall(intf_pattern, text)
print(intfs)
```

代码清单 4-4 中的正则表达式没有子表达式，所以 findall 函数返回的结果是字符串列表，运行结果如下：

```
['Ehternet1/5', 'Ehternet1/6', 'Ehternet1/7']
```

调用 findall 函数时，如果正则表达式中含有子表达式，那么 findall 函数返回的是元组列表，元组的成员是子表达式提取到的数据。在代码清单 4-4 中，如果将正则表达式"Ehternet\d+/\d+"修改为"Ehternet(\d+)/(\d+)"，就可以将端口号中的槽位和索引信息取出，对应的代码运行结果则会变为：

```
[('1', '5'), ('1', '6'), ('1', '7')]
```

读者一定要掌握 search 与 findall 函数，利用这两个函数可以从网络配置中提取出很多数据。

本书结合作者自身的经验，将网络配置的数据总结为 3 类，即单条数据、条形表数据与块状表数据。接下来，将通过这 3 类数据的提取实战为读者巩固正则表达式和 re 模块的使用。

4.2.3　实战 1：search 函数提取单条数据

单条数据是指从网络配置中提取出的 1 条字典数据。例如从 display version 的回显中，可以提取软件版本、在线时长、型号等字段信息，组成 1 条字典数据。单条数据要提取的字段信息大都分布在配置回显的多行文本中，需要编写多个有子表达式的正则表达式，并多次调用 search 函数提取出相关信息，最终封装成单条结构化的字典数据。单条数据的提取逻辑如图 4-1 所示。

图 4-1　单条数据的提取逻辑

以 display version 回显的文本为例，针对软件版本、型号等相关信息，编写一个有子表达式的正则表达式，再针对 uptime 的相关信息编写另一个有子表达式的正则表达式。首先调用 search 函数进行多次匹配识别，然后通过 Match 对象的 group 方法提取相关子表达式识别到的数据，最后组装成一个字典数据。

在编写代码时，可以将解析识别软件版本的逻辑封装成一个函数，并将其放置到某模块中，后续针对此厂商其他配置的解析函数，都可以放到此模块中，这样可以逐渐丰富自己的代码仓库，实现更多的解析功能。在模块文件的最后（模块单独调用时的运行入口）可以编写 main 函数，该函数可对模块中的函数做简单的测试。使用 search 函数提取软件版本的脚本，如代码清单 4-5 所示。

代码清单 4-5　使用 search 函数提取软件版本的脚本

```
# 文件名 huawei_parsers.py
import re

# 解析软件版本的函数
def parse_version(show_text):
    # 初始化要提取的字段变量
    version = None
    patch = None
    model = None
    uptime = None

    # 在文本中进行相关信息的匹配
    version_match = re.search('Version (\S+) \((\S+) (\S+)\)', show_text)
    uptime_match = re.search('uptime is (\S+) day, (\S+) hour, (\S+) minutes',
                             show_text)

    # 从 Match 对象中提取出对应字段的值
    if version_match:
        version = version_match.group(1)
```

```
        patch = version_match.group(3)
        model = version_match.group(2)

    # 提取时间相关数据，并做类型转换
    if uptime_match:
        day = uptime_match.group(1)
        hour = uptime_match.group(2)
        minutes = uptime_match.group(3)
        uptime = int(day) * 24 + int(hour) + int(minutes) / 60

    # 将信息组装成结构化字典数据
    device_info = {
        'version': version,
        'patch': patch,
        'model': model,
        'uptime': uptime,
    }
    return device_info

# 编写 main 函数的判断，在当前模块文件独立运行时可以进行简单测试
if __name__ == '__main__':
    text = """<netdevops>display version
Huawei Versatile Routing Platform Software
VRP (R) software, Version 8.180 (CE6800 V200R005C10SPC607B607)
Copyright (C) 2012-2018 Huawei Technologies Co., Ltd.
HUAWEI CE6800 uptime is 100 day, 23 hour, 3 minutes
"""
    version = parse_version(show_text=text)
    print(version)
```

代码清单 4-5 是 huawei_parsers.py 文件中的内容，函数 parse_version 是用于解析软件版本的函数，它被放置到了 huawei_parsers 模块中。此模块的末尾编写了 "if __name__ == '__main__'" 的一段逻辑，如果模块是被直接运行（通过命令行或者 IDE 调用的方式均可），那么会进入条件为 True 的分支，代码清单 4-5 中对应的是对函数进行测试的逻辑。如果代码被其他 Python 文件引入，且被用于解析华为的版本信息，那么 if 中的条件判断为 False，对应的代码块也不会被执行。

4.2.4　实战 2：findall 函数提取条形表数据

条形表数据是字典列表数据，每条字典数据包含多个字段信息且都在一行文本中，在配置中呈现条形，因此被称为条形表数据。网络设备中的 MAC 表、ARP 表、端口简表等都属于条形表数据。

条形表数据的提取思路是：先定义一个包含多个子表达式的正则表达式，再借助 findall 函

数一次性匹配并提取出所有数据。条形表数据的提取逻辑如图 4-2 所示。

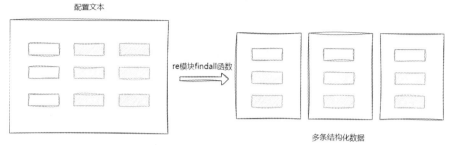

图 4-2　条形表数据的提取逻辑

以一台华为交换机的 display interface brief 为例，其配置文本内容如下：

```
InUti/OutUti: input utility rate/output utility rate
Interface              PHY      Protocol  InUti OutUti   inErrors   outErrors
GE1/0/0                up       up        0%    0%       0          0
GE1/0/1                up       up        0%    0%       0          0
GE1/0/2                up       up        0%    0%       0          0
GE1/0/3                up       up        0%    0%       0          0
GE1/0/4                up       up        0%    0%       0          0
GE1/0/5                up       up        0%    0%       0          0
GE1/0/6                up       up        0%    0%       0          0
GE1/0/7                up       up        0%    0%       0          0
GE1/0/8                up       up        0%    0%       0          0
GE1/0/9                *down    down      0%    0%       0          0
MEth0/0/0              up       up        0%    0%       0          0
NULL0                  up       up(s)     0%    0%       0          0
```

下面按照条形表数据的解析思路，针对"条"形的数据编写一个包含子表达式的正则表达式。在设计此表达式时，由于端口类型比较多，且为兼容多种端口的类型，端口名称部分的子表达式是"x|y"的形式，可以写作"(GE\S+|NULL\S+|MEth\S+)"。其他的字段信息都可以使用"(\S+)"的子表达式，不同字段信息之间有多个空格间隔，本书推荐使用"\s+"来表示这种视觉上的空白间隔，兼容性更强。在编写代码时，整个解析过程可以封装为函数 parse_brief_intfs，此函数在 huawei_parsers.py 模块中定义。使用 findall 函数提取端口简表，如代码清单 4-6 所示。

代码清单 4-6　使用 findall 函数提取端口简表

```python
# huawei_parsers.py
import re

def parse_version(show_text):
    ... # 此处代码省略，参考代码清单 4-5

# 解析端口简表
```

```python
def parse_brief_intfs(show_text):
    # 初始化变量，用于记录返回的端口简表数据
    data = []
    # 编写包含若干子表达式的正则表达式
    intfs_pattern =\
'(GE\d\S+|NULL\d|MEth\S+)\s+(\S+)\s+(\S+)\s+(\S+)%\s+(\S+)%\s+(\S+)\s+(\S+)'

    # 调用 findall 函数，一次性匹配识别
    intfs = re.findall(intfs_pattern, show_text)
    # 循环遍历组装数据并追加到 data 中
    for intf in intfs:
        # 所有端口信息都在元组 intf 中
        data.append(
            {
                'name': intf[0],
                'phy_status': intf[1],
                'protocol_status': intf[2],
                'in_uti': float(intf[3]) / 100,
                'out_uti': float(intf[4]) / 100,
                'in_errors': int(intf[5]),
                'out_errors': int(intf[6]),
            }
        )
    return data


if __name__ == '__main__':
    text = """文本内容省略"""
    intfs = parse_brief_intfs(show_text=text)
    for i in intfs:
        print(i)
```

parse_brief_intfs 函数先初始化了一个变量 data，并将其赋值为空列表，用于存放解析后的结构化数据。然后通过 findall 函数提取出多条端口信息，使用 for 循环访问这个元组列表变量 intfs。最后通过位置索引访问数据，整理成字典并追加到 data 列表当中。

4.2.5 实战 3：findall 与 search 函数结合提取块状表数据

块状表数据由多条数据组成，且数据分布在"一块块"的跨多行的文本之中，块与块之间有着明显的边界且可以进行切割。在数据提取的过程中，先使用 findall 函数将文本分解成块，然后在各个块中使用 search 函数提取对应字段信息，分而治之，从而降低难度。块状表数据的提取逻辑如图 4-3 所示。

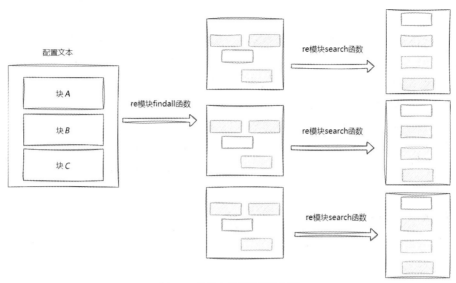

图 4-3　块状表数据的提取逻辑

以华为交换机的 display interface 配置文本为例（部分文本内容省略），其内容如下：

```
<netdevops>display interface
GE1/0/0 current state : UP (ifindex: 2)
Line protocol current state : UP
Description: cofiged by netmiko
Switch Port, PVID :    1, TPID : 8100(Hex), The Maximum Frame Length is 9216
Internet protocol processing : disabled
IP Sending Frames' Format is PKTFMT_ETHNT_2, Hardware address is 70b3-a4b1-9af5
Last physical up time   : 2024-01-06 05:34:32
Last physical down time : -
Current system time: 2024-01-06 09:18:43

GE1/0/1 current state : UP (ifindex: 3)
Line protocol current state : UP
Description: cofiged by netmiko
Switch Port, PVID :    1, TPID : 8100(Hex), The Maximum Frame Length is 9216
Internet protocol processing : disabled
IP Sending Frames' Format is PKTFMT_ETHNT_2, Hardware address is 70b3-a4b1-9af5
Last physical up time   : 2024-02-06 05:34:32
Last physical down time : -
Current system time: 2024-02-06 09:18:44
......
```

端口块状文本的特征是从端口状态开始、以空白行结束。端口状态部分的正则表达式是"\S+ current state"；空白行是在一个换行（\n）之后立刻又进行了一次换行，所以空白行的正则表达式是"\n\n"。中间部分内容可以通过".+?"来匹配。在默认情况下，"."可以匹配除了换行符以外的任意字符（包括空白符、字母、数字、符号）。调用 findall 函数时，需要将第三个参数 flag 赋值为 "re.S"，可以让 "."突破限制，匹配到换行符，进而识别到端口块状文本。

最终，组装完成端口配置块文本的正则表达式，其内容为 "\S+ current state.+?\n\n"。这里必须使用懒惰模式，防止匹配到其他端口块文本。确定好块状文本的正则表达式后，首先调用 findall 函数切割文本，然后针对每块文本，按照提取单条数据的思路，处理单个端口的数据提取，最后将所有数据追加到列表中并返回。在代码开发过程中，可以定义 parse_single_interface_block 函数，用于提取块状文本内单个端口的信息；再定义 parse_interfaces 函数，用于将文本切割成块，并针对每块文本调用 parse_single_interface_block 函数。使用 findall 函数和 search 函数结合提取端口表，如代码清单 4-7 所示。

代码清单 4-7　使用 findall 函数和 search 函数结合提取端口表

```python
# huawei_parsers.py
import re

def parse_version(show_text):
    ...  # 此处代码省略


def parse_brief_intfs(show_text):
    ...  # 此处代码省略



def parse_single_interface_block(show_text):
    # 先初始化单端口的字段，识别并提取出后立刻重新赋值修改
    name = None
    index = None
    phy_status = None
    protocol_status = None
    desc = None
    last_phy_up_time = None

    # 依次提取相关字段
    name_status_index_match = re.search(
'(\S+) current state : (\S+) \(ifindex: (\d+)\)', show_text)
    if name_status_index_match:
        name = name_status_index_match.group(1)
        phy_status = name_status_index_match.group(2)
        index = name_status_index_match.group(3)

    protocol_status_match = re.search('Line protocol current state : (\S+)',
                                      show_text)
    if protocol_status_match:
        protocol_status = protocol_status_match.group(1)
```

```
        desc_match = re.search('Description: (.+)',show_text)
        if desc_match:
            desc = desc_match.group(1)

        # 此处示例使用 \s+ 来表示若干空白符
        last_phy_up_time_match = re.search(
    'Last\s+physical\s+up\s+time\s+:\s+(.+)', show_text)
        if last_phy_up_time_match:
            last_phy_up_time = last_phy_up_time_match.group(1)

        interface = {
            'name': name,
            'index': index,
            'phy_status': phy_status,
            'protocol_status': protocol_status,
            'desc': desc,
            'last_phy_up_time': last_phy_up_time,
        }
        return interface


def parse_interfaces(show_text):
    data = []
    show_text = show_text.replace('\r\n', '\n')
    intf_block_pattern = '\S+ current state.*?\n\n'
    intf_blocks = re.findall(intf_block_pattern, show_text, re.S)
    for block in intf_blocks:
        interface = parse_single_interface_block(block)
        data.append(interface)
    return data

if __name__ == '__main__':
    text = '''此段文本省略'''
    intfs = parse_interfaces(text)
    print(intfs)
```

代码清单 4-7 的执行结果如下：

```
[{'name': 'GE1/0/0', 'index': '2', 'phy_status': 'UP', 'protocol_status': 'UP',
'desc': 'cofiged by netmiko', 'last_phy_up_time': '2022-09-06 05:34:32'},
    {'name': 'GE1/0/1', 'index': '3', 'phy_status': 'UP', 'protocol_status': 'UP',
'desc': 'cofiged by netmiko', 'last_phy_up_time': '2022-09-06 05:34:32'},
    {'name': 'NULL0', 'index': '50', 'phy_status': 'UP', 'protocol_status': 'UP',
'desc': None, 'last_phy_up_time': None}]
```

4.3   配置解析引擎 TextFSM

使用正则表达式提取数据时，需要大量的代码开发，且解析逻辑和代码耦合在一起。为了更高效地从网络配置这种半结构化文本中提取结构化数据，谷歌工程师研发了 TextFSM。

4.3.1   TextFSM 简介

TextFSM 是基于 Python 开发的网络配置解析引擎。它根据网络配置的相关特点，结合有限状态自动机（FSM）的相关原理设计而成，创新性地将解析逻辑和代码解耦，并将解析逻辑抽象成一种符合有限状态自动机的模板语言。TextFSM 的解析引擎针对网络配置文本调用解析模板，可以快速得到字典列表的结构化数据。TextFSM 的运行逻辑如图 4-4 所示。

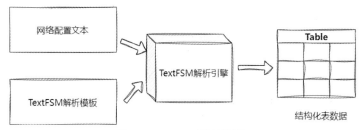

图 4-4   TextFSM 的运行逻辑

本书选择的 TextFSM 版本为 1.1.3，对应的安装命令为 "pip install textfsm==1.1.3"。

以一段华为交换机 display version 的回显文本为例，以便读者快速了解 TextFSM。命令回显内容放置在 cli_output.log 文件中，其内容如下：

```
Huawei Versatile Routing Platform Software
VRP (R) software, Version 8.180 (CE6800 V200R005C10SPC607B607)
Copyright (C) 2012-2018 Huawei Technologies Co., Ltd.
HUAWEI CE6800 uptime is 100 day, 0 hour, 3 minutes
```

解析软件版本的 TextFSM 解析模板文件 parser. textfsm 的内容，如代码清单 4-8 所示。

代码清单 4-8   解析软件版本的 TextFSM 解析模板文件 parser.textfsm 的内容

```
Value version (\S+)

Start
 ^VRP \(R\) software, Version ${version} -> Record
```

在准备好配置文本文件和解析模板文件之后，编写 Python 脚本调用 TextFSM 的相关解析功能，就可以将文本解析成结构化数据。TextFSM 解析结构化数据的方法如代码清单 4-9 所示。

代码清单 4-9   TextFSM 解析结构化数据的方法

```
from textfsm import TextFSM

if __name__ == '__main__':
    with open('cli_output.log', 'r', encoding='utf8') as f:
        show_text = f.read()

    with open('parser.textfsm', encoding='utf8') as textfsm_file:
        template = TextFSM(textfsm_file)
        datas = template.ParseTextToDicts(show_text)
        print(datas)
```

从代码清单 4-9 中可以观察到，TextFSM 的使用逻辑是：先通过解析模板的文件对象创建 TextFSM 对象，文件对象直接赋给 TextFSM 类初始化函数的第一个参数 template（参数名可省略不写）；然后调用 TextFSM 对象的 ParseTextToDicts 方法，将待解析的文本字符串按位置传参赋值给此方法的第一个参数，便可从文本中解析出字典列表。执行完代码清单 4-9 后的最终解析结果为 "[{'version': '8.180'}]"。

从 Python 代码的角度而言，TextFSM 的使用逻辑并不复杂，其核心在于解析模板的语法规则。TextFSM 的语法规则主要涉及 4 个核心概念：值、状态、规则和动作。

4.3.2　值语法详解

TextFSM 从文本中识别出的数据是字典列表，一条字典数据被称为一条记录。字典数据包含的 key 名称、匹配规则（正则表达式）和可选项配置，都由值来定义。值的定义开始于解析模板的第一行，每个值单独占用一行，值之间不允许有空白行，值的定义格式如下：

```
Value [option[,option...]] name regex
```

Value 是固定格式；name 是字段名称，对应字典的 key；regex 是匹配提取值的正则表达式，必须用括号包裹，遵循子表达式形式的要求，如有特殊字符使用 "\" 进行转义；option 是值的可选项配置，用于对此值进行约束、声明、行为控制。

可选项配置是选填的，且可以配置多个，多个可选项配置之间使用逗号隔开。TextFSM 值的可选项配置如表 4-3 所示，读者需要重点掌握 List 和 Filldown。

表 4-3　TextFSM 值的可选项配置

可选项配置	说明
Required	只有当此值被捕获到时，此条记录才会有效，否则此条记录会被丢弃
List	此值是列表值，有多个成员
Filldown	如果本条记录中此字段值未被识别到，那么用前一条记录对应字段的值来填充
Key	唯一标识，即解析的记录列表中不允许重复此值
Fillup	如果本条记录中此字段值未被识别到，那么用下一条记录对应字段的值来填充

字典数据键值对的 Value 最终会被识别并提取为字符串或者列表类型。对于因各种原因未被识别的 Value，且没有使用 Filldown、Fillup 等可选项配置进行填充，TextFSM 会将其置为空字符串。

以对华为交换机的 display interface brief 回显文本进行数据提取为例，其配置文本内容如下：

```
PHY: Physical
...部分文本省略...
InUti/OutUti: input utility rate/output utility rate
Interface        PHY        Protocol    InUti OutUti    inErrors    outErrors
GE1/0/0          up         up          0%    0%        0           0
GE1/0/1          up         up          0%    0%        0           0
GE1/0/2          up         up          0%    0%        0           0
GE1/0/3          up         up          0%    0%        0           0
GE1/0/4          up         up          0%    0%        0           0
GE1/0/5          up         up          0%    0%        0           0
GE1/0/6          up         up          0%    0%        0           0
GE1/0/7          up         up          0%    0%        0           0
GE1/0/8          up         up          0%    0%        0           0
GE1/0/9          *down      down        0%    0%        0           0
MEth0/0/0        up         up          0%    0%        0           0
NULL0            up         up(s)       0%    0%        0           0
```

如果要从其中提取出结构化数据，必须先按格式定义 Value，其内容如下：

```
Value Key,Required Name (\S+)
Value PhyState (\S+)
Value ProtocolState (\S+)
Value InUti (\S+)
Value OutUti (\S+)
Value InErrors (\S+)
Value OutErrors (\S+)
```

在上述解析模板值的定义中，对 Name 添加了两个可选项配置：一是添加 Key 确保端口名称全局唯一；二是添加 Required 确保 Name 对应的值必须被识别到，此条记录才有效。其他值只定义了名称和正则表达式部分。值可以在解析模板的规则中被引用，规则中的正则表达式用于完成匹配识别，值中的正则表达式（子表达式）用于提取指定的数据。

4.3.3 状态语法详解

TextFSM 模板中有一个或者多个状态（State）的定义。状态用于描述当前解析的所处位置（以状态名称来描述）、定义解析的规则（以若干个 Rule 来描述）。状态的定义格式如下：

```
stateName
 ^rule
```

```
 ^rule
 ...
```

状态定义在值之后，且与值之间必须用一个空白行隔开；第一个状态必须是 Start，代表解析入口。一个状态中包含若干条规则（Rule），每条规则必须先以 1～2 个空格开头，然后接"^"（正则表达式中代表字符串文本的开头，对应的是每行文本的开头）。规则的详细介绍参见 4.3.4 节。

TextFSM 有 3 个保留状态：Start、EOF（End Of File）和 End，其他状态的名称可以由用户自定义。TextFSM 会读取配置文本进入状态机的 Start 状态，与其中的每个规则进行匹配，如果匹配成功，就会执行相关动作。有关动作语法的详细介绍，请读者参见 4.3.4 节。

EOF 代表结束状态，此状态中不允许写任何规则。当待解析的配置文本读取到结尾时，TextFSM 会自动进入这个状态。EOF 是隐式声明的默认状态，也可以显式声明，但它们代表的意义不同：隐式声明 EOF 状态（不写 EOF 状态）时，TextFSM 会将最后阶段识别的那条记录追加到列表中，并返回给用户；显式声明 EOF 状态（在模板最后写一行 EOF）时，TextFSM 会将最后阶段识别的那条记录丢弃，并将之前识别的字典列表返回给用户。

End 状态在官方文档中属于未启用的保留状态，但是 TextFSM 1.1.3 版本的源代码表明其逻辑和显式声明 EOF 一致。某些人编写的 TextFSM 解析模板中也使用此状态，读者了解即可。

在大多数情况下，用户只需定义一个 Start 状态就可以解析出相关数据。EOF 状态是由 TextFSM 引擎内部自动识别并进入的一个状态；用户也可以在确保数据收集完成后，使用状态转移进入 EOF 状态，并立刻结束解析，这样可以节省计算资源。

4.3.4 规则和动作语法详解

每个状态中会有若干条规则（Rule）。一条规则由两部分组成，前半部分是用于识别匹配文本特征的正则表达式，后半部分是匹配成功后执行的动作（Action）。规则的定义格式如下：

```
 ^regex [-> action]
```

TextFSM 的解析动线是两层循环，第一层循环是逐行读取配置文本，第二层循环是将每次读取的文本行与当前状态的所有规则逐条进行匹配。

当前文本行与规则前半部分的正则表达式匹配后，如果正则表达式中引用了值，就提取相关数据；如果规则后半部分有相关动作，就执行相关动作。在文本与规则匹配后，默认读取下一行配置文本，再次与当前状态中的每条规则进行匹配。如果在规则中使用了 Continue 动作（参考本节对动作的解释），那么 TextFSM 会继续使用当前文本行，并与下一条规则进行匹配。

如果配置文本行与规则的正则表达式部分不匹配，就继续使用当前文本行与下一条规则进行匹配。如果当前文本行与所有的规则都进行过匹配且失败后，那么 TextFSM 会继续读取下一行文本，并继续与当前状态中的所有规则逐条匹配。

规则中的部分正则表达式可以通过使用${ValueName}或者$ValueName 的形式引用定义的

值，即 ValueName 对应值的 name。通过值的引用，TextFSM 可以在完成匹配的同时将提取出的
数据更新到记录的字典数据中。规则中也可以不引用值，单纯去匹配当前配置文本行是否匹配
某正则表达式，匹配成功后即可执行相关动作（也可以无任何动作，这种形式主要用于提高解
析模板的可读性，让使用者了解配置文本的特征）。

规则的正则表达式和动作通过符号 "->" 连接，其左右都必须有且只有 1 个空格。
TextFSM 中的动作主要分为 3 类：记录动作（RecordAction）、行动作（LineAction）和状态转移动
作（StateTransitionAction）。TextFSM 的 3 类动作的说明如表 4-4 所示。

表 4-4　TextFSM 的 3 类动作的说明

名称	说明
记录动作	对提取识别到的信息进行控制，决定是否记录、清空值等
行动作	对读取文本逻辑进行控制，决定是读取下一行文本，还是仍使用当前行文本
状态转移动作	转移到目标状态

定义动作的格式为 LineAction.RecordAction StateTransitionAction，这是一个完整动作的定
义格式。这 3 类动作都有默认值，值可以默认不写。

RecordAction 是针对当前识别到的记录进行相关处理的动作，它有 4 种取值。

- Record：将当前识别的记录追加到列表中。
- NoRecord：默认的记录动作，识别信息后，不做任何操作。
- Clear：清空值中定义的非 Filldown 字段的值。
- Clearall：清空所有字段的值。

在这 4 种取值中，读者只需掌握 Record 的声明调用即可。在 TextFSM 解析模板中，在用
户认为一条记录的字段信息收集完成后，需要调用 Record 这个动作。在代码清单 4-8 中，第一
条规则识别并匹配了软件版本，匹配成功后再执行 Record 动作，这样会将记录追加到列表中并
返回给用户。

LineAction 用于声明是使用下一行文本还是继续使用当前文本，它有两种取值。

- Next：使用下一行文本，此为默认值，无须显式声明。
- Continue：继续使用当前行的文本，并将其与下一条规则进行匹配。它不能和状态转移
  动作结合使用，否则程序会报错，因为这样存在死循环的风险。

读者重点掌握 Continue 的声明调用即可。Continue 动作主要有两种使用场景：第一种是和
Record 结合使用，实现错位记录的效果，具体参考 4.4.4 节；第二种是用于提取列表类的值，
在这种情况下，列表成员在一行中多次出现，所以需要不断使用当前行文本去匹配。

StateTransitionAction 用于实现状态转移动作，是可选配置。默认是继续在当前状态内进行
规则匹配，如果要进行状态转移，仅需书写下一个状态名称即可。它与 LineAction 和 RecordAction
之间有且只有 1 个空格。TextFSM 会依次执行 LineAction、RecordAction、StateTransitionAction。

除了以上 3 种动作，TextFSM 中还有一个隐藏的动作——ErrorAction，这个动作会终止当

前的一切行为，并抛出一个异常 Exception，其定义格式如下：

```
^regex -> Error [word|"string"]
```

Error 后面的异常信息是可选的，如果填写异常信息，那么会在抛出的 Exception 中有说明。如果异常的提示信息是多个单词，那么一定要用双引号包裹；如果是一个单词，那么可以省略双引号。ErrorAction 在实际使用中并不常见，读者仅需了解即可。

对于初学者而言，TextFSM 是一个抽象的工具，读者可以结合 4.4 节的实战进一步掌握 TextFSM。

4.4 TextFSM 模板实战详解

一般解析的网络配置文本可以分为 3 种——单条数据、条形表数据和块状表数据。本节也会基于这 3 种极具特征的配置文本类型进行讲解，并借用一些案例突出 TextFSM 独有的语法特征。

TextFSM 在使用中做到了 Python 代码和解析逻辑的分离。Python 代码部分相对是固定的，读者可以参考代码清单 4-9。本节仅给出网络配置文本的示例和对应的 TextFSM 解析模板。

4.4.1 单条数据的提取

TextFSM 中提取单条数据的逻辑是首先定义多个值，然后编写 Start 状态，在 Start 状态中定义规则并引用定义的值，编写的规则尽量与各个值出现的顺序相对应。一般在最后一个规则中，确定所有值都收集完成后调用 Record 记录动作，并可添加 EOF 的状态转移。

以华为 CE 交换机的 display version 配置文本为例，其内容如下：

```
Huawei Versatile Routing Platform Software
VRP (R) software, Version 8.180 (CE6800 V200R005C10SPC607B607)
Copyright (C) 2012-2018 Huawei Technologies Co., Ltd.
HUAWEI CE6800 uptime is 0 day, 0 hour, 3 minutes
```

软件版本的解析模板如代码清单 4-10 所示。

代码清单 4-10 软件版本的解析模板

```
Value Version (\S+)
Value Model (\S+)
Value Patch (\S+)
Value Day (\S+)
Value Hour (\S+)
Value Minutes (\S+)
```

```
Start
 ^VRP \(R\) software, Version ${{Version} \(${Model} ${Patch}\)
 ^.*uptime is ${Day} day, ${Hour} hour, ${Minutes} minutes -> Record EOF
```

代码清单 4-10 先定义了要提取的值，包含软件版本（Version）、型号（Model）、补丁版本（Patch）、设备运行时间（Day、Hour、Minutes）。

Start 状态和值的定义之间一定要有且只有 1 个空白行。因为要提取的字段分布在两行文本中，所以在 Start 状态中要按照顺序定义两个规则。规则中的正则表达式部分要能与对应的配置文本行进行匹配。假设正则表达式和配置文本分别为 A 和 B，re.match(A,B)的结果不为 None，则代表匹配成功。

每条规则前必须有 1~2 个空格，然后以"^"（代表文本开始的正则表达式元字符）开始。规则中的正则表达式按照值出现的位置引用。此外还要注意。正则表达式中的特殊符号需要使用转义，例如括号在正则表达式中代表的是子模式，这里需要使用"\(R\)"来表示配置中出现的文本内容"(R)"。

根据最后一条规则，确定记录的相关字段都收集完成后，添加 Record 执行记录动作。如果配置文本比较长且识别的内容非常靠前，那么可以在 Record 后接一个 EOF 的状态转移，以此终止后续的识别匹配，进而节省计算资源，尤其针对 display current-configuration 这种比较长的配置文本，可以在对应数据确定收集完成后进行 EOF 的状态转移，并终止解析。

使用代码清单 4-10 解析配置文本，识别结果如下：

```
[{'Version': '8.180', 'Model': 'CE6800', 'Patch': 'V200R005C10SPC607B607', 'Day':
'0', 'Hour': '0', 'Minutes': '3'}]
```

4.4.2　条形表数据的提取

TextFSM 中对条形表数据的解析也十分简单，由于一条记录对应一行文本，所以一般情况下定义一个规则即可。如果设备输出的表数据有多种格式，为了提高解析模板的兼容性，可以在状态中写多个规则，每个规则针对一种特定的输出格式，每个规则的后半部分都进行 Record 记录。

以华为的端口简表为例，其内容如下：

```
PHY: Physical
*down: administratively down
...部分文本省略...
(c): CFM down
InUti/OutUti: input utility rate/output utility rate
Interface              PHY      Protocol   InUti OutUti   inErrors   outErrors
GE1/0/0                up       up         0%    0%       0          0
GE1/0/1                up       up         0%    0%       0          0
GE1/0/2                up       up         0%    0%       0          0
MEth0/0/0              up       up         0%    0%       0          0
NULL0                  up       up(s)      0%    0%       0          0
```

端口简表的解析模板如代码清单 4-11 所示。

代码清单 4-11　端口简表的解析模板

```
Value Name (\S+\d)
Value PhyState (\S+)
Value ProtocolState (\S+)
Value InUti (\S+)
Value OutUti (\S+)
Value InErrors (\S+)
Value OutErrors (\S+)

Start
 ^${Name}\s+${PhyState}\s+${ProtocolState}\s+${InUti}\s+${OutUti}\s+${InErrors}\s
+${OutErrors} -> Record
```

代码清单 4-11 中，按照配置文本中的表头定义了待识别提取的值。端口名称（Name）的正则表达式使用了"(\S+\d)"而非"(\S+)"，主要是为防止将表头所在的那行文本误识别为端口名称。读者需要灵活编写值的正则表达式，通过细微调整正则表达式可以有效排除一些干扰项。

对于端口简表的信息提取，还可以巧妙使用状态转移，让解析逻辑更加清晰，值的定义更加简单。带状态转移的端口简表解析模板如代码清单 4-12 所示。

代码清单 4-12　带状态转移的端口简表解析模板

```
Value Name (\S+)
Value PhyState (\S+)
Value ProState (\S+)
Value InUti (\S+)
Value OutUti (\S+)
Value InErrors (\S+)
Value OutErrors (\S+)

Start
 ^Interface\s+PHY\s+Protocol\s+ -> Interface

Interface
 ^${Name}\s+${PhyState}\s+${ProState}\s+${InUti}\s+${OutUti}\s+${InErrors}\s
+${OutErrors} -> Record
```

在代码清单 4-12 中，解析模板使用了状态转移，其思路是找到端口数据前一行的特征（回显配置中的表头作为特征），并将其写成一条规则，这条规则不用于数据的提取，仅用于匹配到对应文本转移到端口的数据解析状态 Interface。由于进入到 Interface 状态的文本都是端口数据，所以值 Name 可以使用粗颗粒度正则表达式"(\S+)"。在条形表数据的解析过程中使用状态转移，可以提高解析模板的可读性，简化解析规则。

以上两种解析模板对配置文本的解析结果如下：

[{'Name': 'GE1/0/0', 'PhyState': 'up', 'ProState': 'up', 'InUti': '0%', 'OutUti': '0%', 'InErrors': '0', 'OutErrors': '0'}, {'Name': 'GE1/0/1', 'PhyState': 'up', 'ProState': 'up', 'InUti': '0%', 'OutUti': '0%', 'InErrors': '0', 'OutErrors': '0'}, {'Name': 'GE1/0/2', 'PhyState': 'up', 'ProState': 'up', 'InUti': '0%', 'OutUti': '0%', 'InErrors': '0', 'OutErrors': '0'}, {'Name': 'MEth0/0/0', 'PhyState': 'up', 'ProState': 'up', 'InUti': '0%', 'OutUti': '0%', 'InErrors': '0', 'OutErrors': '0'}, {'Name': 'NULL0', 'PhyState': 'up', 'ProState': 'up(s)', 'InUti': '0%', 'OutUti': '0%', 'InErrors': '0', 'OutErrors': '0'}]

4.4.3　在尾部进行分割的块状表数据提取

TextFSM 解析块状数据的关键在于块状数据边界的定位，一般要在边界处将数据进行分割，然后及时执行 Record 动作，将一条完整的数据记录追加到列表中。在网络配置文本中，边界可能在头部，也可能在尾部。以华为的端口表文本（display interface 回显）为例，其内容如下：

```
<netdevops>display interface
GE1/0/0 current state : UP (ifindex: 2)
Line protocol current state : UP
Description: cofiged by netmiko
Switch Port, PVID :    1, TPID : 8100(Hex), The Maximum Frame Length is 9216
Internet protocol processing : disabled
IP Sending Frames' Format is PKTFMT_ETHNT_2, Hardware address is 70b3-a4b1-9af5
Last physical up time   : 2024-01-06 05:34:32
Last physical down time : -
Current system time: 2024-01-06 09:18:43

GE1/0/1 current state : UP (ifindex: 3)
Line protocol current state : UP
Description: cofiged by netmiko
Switch Port, PVID :    1, TPID : 8100(Hex), The Maximum Frame Length is 9216
Internet protocol processing : disabled
IP Sending Frames' Format is PKTFMT_ETHNT_2, Hardware address is 70b3-a4b1-9af5
Last physical up time   : 2024-01-06 05:34:32
Last physical down time : -
Current system time: 2024-01-06 09:18:44
```

从这段文本的特征可以看出，不同的端口数据之间会有明显的空白行，这个空白行位于端口的尾部。针对这种情况，解析思路是先定义值，然后在状态中编写若干规则提取对应的值。最后一条规则是针对边界的规则，在此条规则后半部分执行 Record 记录动作。在尾部进行分割提取端口信息的解析模板如代码清单 4-13 所示。

代码清单 4-13　在尾部进行分割提取端口信息的解析模板

```
Value Name (\S+)
```

```
Value Index (\S+)
Value PhyState (\S+)
Value ProtocolState (\S+)
Value Desc (\S+)
Value LastPhyUpTime (.+)

Start
 ^${Name} current state : ${PhyState} \(ifindex: ${Index}\)
 ^Line protocol current state : ${ProtocolState}
 ^Description: ${Desc}
 ^Last physical up time  : ${LastPhyUpTime}
 ^$$ -> Record
```

代码清单 4-13 解析的是端口字典的列表，省略了结果。解析模板中有两点需要注意，第一点是值 LastPhyUpTime 的正则表达式，使用了非常"强力"的"(.+)"，这样可以匹配到后续的任意字符，包括空格；第二点是空白行使用了"$$"，这是因为"$"在规则中是引用定义值的语法，与正则表达式中表示结束的"$"冲突，所以 TextFSM 规定值和规则中的结束符都要使用"$$"表示。

4.4.4　在头部进行分割的块状表数据提取

不同厂商、不同型号、不同系列的网络配置文本都会有不同的展示逻辑。华为的端口配置以空白行作为分割的依据，而思科的部分交换机端口配置之间是没有空白行的，在这种情况下，以尾部为边界分割的方法就行不通了。假设在 4.4.3 节的端口配置文本中，所有的端口配置之间没有空白行，我们该如何写这个解析模板呢？值的定义和规则的框架实际上并不难写，初步定义提取端口信息的解析模板，如代码清单 4-14 所示。

代码清单 4-14　初步定义提取端口信息的解析模板

```
Value Name (\S+)
Value Index (\S+)
Value PhyState (\S+)
Value ProtocolState (\S+)
Value Desc (\S+)
Value LastPhyUpTime (.+)

Start
 ^${Name} current state : ${PhyState} \(ifindex: ${Index}\)
 ^Line protocol current state : ${ProtocolState}
 ^Description: ${Desc}
 ^Last physical up time  : ${LastPhyUpTime}
```

接下来的难点是在何处执行 Record 记录动作。在这 4 条规则中任何一条的后面添加 Record 记录动作都有问题，第 2~4 条规则都属于块中间部位的配置，且不保证每个端口都有类似配置，

所以不建议使用。在块中和块尾都行不通的情况下，我们可以将目光锁定在块的头部。头部端口名是不同端口配置的边界，且在端口配置中是一定出现的。但在第 1 条规则中直接进行 Record 记录动作肯定是不行的，因为端口名、索引号所在行的相关值会在一个记录中，而剩余值会在另一个记录中，这显然是错误的。

　　在这种情况下，就可以考虑使用 Continue.Record 这个"法宝"了。首先将代码清单 4-14 进行调整，使用 Continue.Record 在头部进行分割，保留代码清单 4-14 中的原有规则；然后在状态头部添加一个新规则，规则前半部分直接使用普通正则表达式，且不加值引用，规则后半部分添加 Continue.Record 的组合动作。在头部进行分割提取端口信息的解析模板如代码清单 4-15 所示。

代码清单 4-15　在头部进行分割提取端口信息的解析模板

```
Value Name (\S+)
Value Index (\S+)
Value PhyState (\S+)
Value ProtocolState (\S+)
Value Desc (\S+)
Value LastPhyUpTime (.+)

Start
 ^\S+ current state : .* \(ifindex: \S+\).* -> Continue.Record
 ^${Name} current state : ${PhyState} \(ifindex: ${Index}\)
 ^Line protocol current state : ${ProtocolState}
 ^Description: ${Desc}
 ^Last physical up time  : ${LastPhyUpTime}
```

　　当配置文本通过此解析模板进行解析时，在第一个端口配置块的第一行进入 Start 状态后，会与第一条规则匹配成功，进行一次 Record 记录。由于当前并未识别出任何数据，所以第一个记录为空，TextFSM 不会将空记录追加到列表中。因为使用了 Continue 行动作，所以 TextFSM 继续使用当前文本行去匹配下一条规则，即第一个端口配置块的第一行去匹配第二条规则。这次的匹配会成功，同时第二条规则中有值的引用，记录中则会有端口名称（Name）等键值对。第一个端口的其余文本行与规则逐条进行匹配，并会提取出其余值。当配置文本读取到第二个端口配置的第一行文本时，又会与第一条规则匹配上，此时不提取任何信息，仅执行 Record 记录动作。这时提取的信息记录已经不为空，它是第一个端口的相关信息，TextFSM 会将其追加到列表中。这样就完成了一个端口配置信息的提取。之后第二个端口信息会在后续规则中被提取，直到读取到第三个端口配置的头部与第一条规则匹配，第二个端口的信息被追加到列表中。如此反复，最后一个记录借助文本读取，结束自动进入隐藏的 EOF 状态，并在 EOF 状态中默认执行 Record 动作，将最后一个端口的记录追加到列表中。

　　Continue.Record 在块状文本的头部进行分割，借助下一个块状文本的开始，对上一个块状文本的信息进行记录，实现一种错位记录的效果，这就是它的妙用。这种用法也出现在其他的网络配置解析中。读者一定要理解并掌握这种用法。

4.4.5　列表类型的数据提取

TextFSM 解析出的记录中的绝大多数值为字符串。在有些情况下，这些字符串可定义为字符串的列表，例如路由表的下一条、vlan 的放行端口等，这也与网络配置的实际情况相符。这种值作为列表的配置，需要使用 List 可选项配置进行处理。以一段 TextFSM 官网路由表的配置文本为例，其内容如下：

```
        Destination      Gateway                    Dist/Metric Last Change
        -----------      -------                    ----------- -----------
    B EX 0.0.0.0/0        via 192.0.2.73              20/100       4w0d
                         via 192.0.2.201
                         via 192.0.2.202
                         via 192.0.2.74
    B IN 192.0.2.76/30    via 203.0.113.183          200/100      4w2d
    B IN 192.0.2.204/30   via 203.0.113.183          200/100      4w2d
    B IN 192.0.2.80/30    via 203.0.113.183          200/100      4w2d
    B IN 192.0.2.208/30   via 203.0.113.183          200/100      4w2d
```

从配置文本中观察到，部分路由可能存在多个下一跳，因此下一跳这个值是列表类型更为合理。再根据之前介绍的 3 种数据提取的模式，这段配置文本属于块状数据提取，分割点在头部。

解析模板的解析状态中要编写 3 条规则：第一条规则对应有目标地址的文本特征，正则表达式部分为 "\s*\S+.+via"，动作部分使用 Continue.Record 实现错位记录；第二条规则针对有目标地址的路由条目，引用值提取相关数据；第三条规则针对仅有下一跳的路由条目，提取下一跳的值。按照这个思路编写解析模板，某字段为列表类型的解析模板如代码清单 4-16 所示。

代码清单 4-16　某字段为列表类型的解析模板

```
Value Prot (\S+)
Value Type (\S+)
Value Prefix (\S+)
Value List Gateway (\S+)
Value Dist (\d+)
Value Metr (\d+)
Value Change (\S+)

Start
 ^\s+----------- -> Routes

Routes
 ^\s*\S+.+via -> Continue.Record
 ^\s*${Prot} ${Type} ${Prefix}\s+via ${Gateway}\s+${Dist}/${Metr}\s+${Change}
 ^\s+via ${Gateway}
```

此解析模板使用了状态转移，通过表头和表内容之间的中横线作为识别特征，并为之编写一条规则。在这条规则的后半部分执行状态转移，转移到路由的解析状态 Routes。这种状态转移在一定程度上既可以提高解析的效率，也可以提升解析模板的可读性和规则的准确性。

使用代码清单 4-16 中的解析模板对路由文本进行解析，其过程是配置文本的第二行匹配到 Start 状态的状态转移规则，然后进入 Routes 状态中进行相关路由表信息的解析。第一条路由文本的第一行相关信息与 Routes 状态的第一条规则匹配（此条记录用于错位记录，此时无记录数据），继续使用此行文本与第二条规则匹配且匹配成功，下一跳被放置到 Gateway 的列表中。第一条路由文本逐行与规则匹配时，都与 Routes 状态的第三条规则匹配成功，这些单独的下一跳被放置到 Gateway 列表中。最终解析结果如下所示：

```
[{'Prot': 'B', 'Type': 'EX', 'Prefix': '0.0.0.0/0', 'Gateway': ['192.0.2.73',
'192.0.2.201', '192.0.2.202', '192.0.2.74'], 'Dist': '20', 'Metr': '100', 'Change':
'4w0d'}, {'Prot': 'B', 'Type': 'IN', 'Prefix': '192.0.2.76/30', 'Gateway': ['203.0.113.183'],
'Dist': '200', 'Metr': '100', 'Change': '4w2d'}, {'Prot': 'B', 'Type': 'IN', 'Prefix':
'192.0.2.204/30', 'Gateway': ['203.0.113.183'], 'Dist': '200', 'Metr': '100', 'Change':
'4w2d'}, {'Prot': 'B', 'Type': 'IN', 'Prefix': '192.0.2.80/30', 'Gateway': ['203.0.113.
183'], 'Dist': '200', 'Metr': '100', 'Change': '4w2d'}, {'Prot': 'B', 'Type': 'IN',
'Prefix': '192.0.2.208/30', 'Gateway': ['203.0.113.183'], 'Dist': '200', 'Metr': '100',
'Change': '4w2d'}]
```

从结果中可以观察到，Gateway 的值是一个列表。针对此配置文本还有另一种解析模板的设计思路：将其视为条形数据，每一行为一条记录；使用 Filldown 配置 Gateway 以外的所有值，并编写两条规则，一条规则识别完整路由，一条规则识别等价路由，两条规则都直接使用 Record 记录动作。

4.4.6　缺失字段的向后填充

网络设备有一种堆叠模式，在此模式下可以用线缆将两台网络设备连接在一起，从而逻辑上将它们虚拟成一台网络设备。在堆叠设备中部分配置的展示会以物理机框为单位进行排版，参考如下文本：

```
lcc0-re0:
--------------------------------------------------------------------
                Temp  CPU Utilization (%)   Memory     Utilization (%)
Slot  State    (C)   Total   Interrupt     DRAM (MB) Heap      Buffer
   0  Online    24    8          1           512      16         52
   1  Online    23    7          1           256      36         53
   2  Online    23    5          1           256      36         49
   3  Online    21    7          1           256      36         49
   4  Empty
   5  Empty
   6  Empty
```

```
     7  Empty


lcc1-re1:
----------------------------------------------------------------------
                    Temp  CPU Utilization (%)   Memory    Utilization (%)
Slot State          (C)   Total    Interrupt    DRAM (MB) Heap      Buffer
     0  Online       20       9            1       256        36        50
     1  Online       20      13            0       256        36        49
     2  Online       21       6            1       256        36        49
     3  Online       20       6            0       256        36        49
     4  Online       18       5            0       256        35        49
     5  Empty
     6  Empty
     7  Empty
```

这台网络设备有 lcc0-re0 和 lcc0-re1 两个物理机框。每个机框内有若干个板卡，分别隶属于不同槽位。每个板卡会有状态、温度、CPU 使用率和内存使用率等基础信息。这些数据从观感和处理方式上都偏向于条形表数据。编写解析模板时，需要针对 Online 和 Empty 的槽位写两条规则进行处理，每条规则都进行 Record 动作。Online 的规则一定要在 Empty 规则的前面，否则 Online 的板卡信息会被 Empty 板卡规则匹配识别。可以单独编写一条规则，识别出机框信息。由于机框信息在每个机框中只出现了一次，后续每个板卡的信息也需要机框信息，所以将机框对应的值添加 Filldown 可选项配置，这样机框的信息就可以向后填充，为其他板卡的信息记录中添加一个机框信息。初步定义堆叠设备板卡信息提取的解析模板如代码清单 4-17 所示，此处第一条规则仅提取了板卡状态和温度两个字段信息，用作演示。

代码清单 4-17　初步定义堆叠设备板卡信息提取的解析模板

```
Value Filldown Chassis (\S+)
Value Slot (\d)
Value State (\w+)
Value Temperature (\d+)

Start
 ^${Chassis}:
 ^\s+${Slot}\s+${State}\s+${Temperature} -> Record
 ^\s+${Slot}\s+${State} -> Record
```

使用这个解析模板解析配置文本，其结果如下：

```
[{'Chassis': 'lcc0-re0', 'Slot': '0', 'State': 'Online', 'Temperature': '24'},...
{'Chassis':'lcc1-re1','Slot':'6','State':'Empty','Temperature':''}, {'Chassis': 'lcc1
-re1', 'Slot': '7', 'State': 'Empty', 'Temperature': ''}, {'Chassis':'lcc1-re1','Slot
':'', 'State': '','Temperature':''}]
```

当配置文本进行解析的时候，先识别并提取了机框 Chassis 的值，对 0 号槽位的板卡信息识别提取并记录。1 号槽位的板卡只识别到了机框 Chassis 以外的值，但是由于机框 Chassis 添加了 Filldown 可选项配置，所以 1 号槽位板卡的 Chassis 键值对的值使用了上一次即 0 号槽位记录的 Chassis 的值。这就是 Filldown 的作用，某值在记录中是断续出现的，让这一个空的位置继承上一个非空位置的值，从而达到一种非空值向后填充空值的效果。

仔细观察解析的结果，会发现最后有一条奇怪的记录，它的 Chassis 值为 "lcc1-re1"，其余值都为空字符串。这是 Filldown 在 TextFSM 内部的机制导致的：因为 TextFSM 每次解析一条记录后，有 Filldown 可选项配置的值都会重新初始化一个字典，并将 Filldown 的值填充到对应字段。这种机制配合 EOF 状态的默认 Record 动作会导致这个 "不速之客" 被追加到列表中，并返回给用户。

针对这个问题，有两种解决方案：方案一是添加显式的 EOF 状态阻断这种默认的 Record 记录动作；方案二是选取 Slot 值并添加 Required 可选项配置，由于最后一条无效记录中 Slot 字段为空，所以此记录会被丢弃。使用 EOF 解决堆叠设备出现异常数据问题的解析模板如代码清单 4-18 所示，使用 Required 解决堆叠设备出现异常数据问题的解析模板如代码清单 4-19 所示。

代码清单 4-18　使用 EOF 解决堆叠设备出现异常数据问题的解析模板

```
Value Filldown Chassis (\S+)
Value Slot (\d)
Value State (\w+)
Value Temperature (\d+)

Start
 ^${Chassis}:
 ^\s+${Slot}\s+${State}\s+${Temperature} -> Record
 ^\s+${Slot}\s+${State} -> Record

EOF
```

代码清单 4-19　使用 Required 解决堆叠设备出现异常数据问题的解析模板

```
Value Filldown Chassis (\S+)
Value Required Slot (\d)
Value State (\w+)
Value Temperature (\d+)

Start
 ^${Chassis}:
 ^\s+${Slot}\s+${State}\s+${Temperature} -> Record
 ^\s+${Slot}\s+${State} -> Record
```

4.4.7　TextFSM 模板库 ntc-templates

TextFSM 是一种相对抽象的工具。初学者如何快速提升编写解析模板的能力呢？读者可以多阅读其他网络工程师写的解析模板，同时在工作中也可以将其他人分享的 TextFSM 解析模板进行修改。本书为读者推荐 TextFSM 模板库——ntc-templates。它内置了上百名网络工程师分享的上千个 TextFSM 解析模板，覆盖了众多网络设备的众多命令。ntc-templates 库中的解析模板仍以思科等国外网络设备的解析模板占比较多，但是随着网络运维自动化技术在国内的不断普及，ntc-templates 库中国产设备的解析模板数量也在逐渐增加。

　　ntc-templates 不仅是 TextFSM 的模板库，也是一个第三方的 Python 包。它根据网络运维自动化开发的相关场景设计了一些比较友好的 API，可以很方便地解析对应命令行的配置回显。用户仅需要通过"pip install ntc-templates --upgrade"就可以安装最新版本的 ntc-templates。

　　本节演示的 ntc-templates 版本号为 3.5.0，相对于以前的版本增加了新的解析模板，解析数据的模块兼容性更强。使用 ntc-templates 自动匹配 TextFSM 模板并解析网络配置，如代码清单 4-20 所示。

代码清单 4-20　使用 ntc-templates 自动匹配 TextFSM 模板并解析网络配置

```
from ntc_templates.parse import parse_output

if __name__ == '__main__':
    vlan_output = """
VLAN Name                             Status    Ports
---- -------------------------------- --------- -------------------------------
1    default                          active    Gi0/1
10   Management                       active
50   VLan50                           active    Fa0/1, Fa0/2, Fa0/3, Fa0/4, Fa0/5,
                                                Fa0/6, Fa0/7, Fa0/8"""
    vlan_parsed = parse_output(platform="cisco_ios", command="show vlan", data=vl
an_output)
    print(vlan_parsed)
```

ntc-templates 模块的核心 API 是 parse_output 函数，它可以将用户输入的网络配置解析成结构化数据的函数，它有 3 个参数。

- platform：网络设备的平台，与第 6 章 Netmiko 的 device_type 取值对应。
- command：执行的 CLI 命令行。
- data：执行 CLI 命令行返回的待解析的网络配置文本内容。

ntc-templates 会根据设备的平台、执行的命令及其回显内容，在内置 index 索引文件中查找对应的内置解析模板并将配置文本解析成列表数据返回。代码清单 4-20 的执行结果如下：

```
[{'vlan_id': '1', 'name': 'default', 'status': 'active', 'interfaces': ['Gi0/1']},
{'vlan_id': '10', 'name': 'Management', 'status': 'active', 'interfaces': []}, {'vlan_id':
'50', 'name': 'VLan50', 'status': 'active', 'interfaces': ['Fa0/1', 'Fa0/2', 'Fa0/3',
'Fa0/4', 'Fa0/5', 'Fa0/6', 'Fa0/7', 'Fa0/8']}]
```

　　如果没有找到 ntc-templates 库内置的模板，用户也可以自己编写解析模板并添加到 index 索引文件中。index 索引文件的内容如下所示：

```
Template, Hostname, Platform, Command
cisco_ios_show_vlan.textfsm, .*, cisco_ios, sh[[ow]] vlan
alcatel_sros_show_service_sdp.textfsm, .*, alcatel_sros, sh[[ow]] service sdp
alcatel_sros_show_system_cpu.textfsm, .*, alcatel_sros, sh[[ow]] system cpu
alcatel_sros_oam_mac-ping.textfsm, .*, alcatel_sros, oam mac-pi[[ng]]
alcatel_sros_show_port.textfsm, .*, alcatel_sros, show port
alcatel_sros_show_lag.textfsm, .*, alcatel_sros, show lag
```

定制 index 索引文件时，建议首先将 ntc-templates 的模板库和 index 文件所在目录拷贝到某固定路径，将用户自己编写的 TextFSM 解析模板追加到此目录。然后复制一行已有的索引规则，修改解析模板的名称（Template）、平台（Platform）和命令（Command）即可。命令支持正则表达式，也支持命令缩写，非常灵活。再次使用 parse_output 函数前，需要将新的解析模板库路径添加到环境变量 NTC_TEMPLATES_DIR，第一种方案是根据操作系统对应的方式添加环境变量，第二种方案是使用 Python 代码设置环境变量，本书推荐第二种方案。接下来，使用 os 模块设置 NTC_TEMPLATES_DIR 环境变量，如代码清单 4-21 所示。

代码清单 4-21　使用 os 模块设置 NTC_TEMPLATES_DIR 环境变量

```
import os
os.environ['NTC_TEMPLATES_DIR'] = '/path/to/new/templates/location/templates'
# 在设置环境变量之后调用 parse_output 函数
```

读者了解这种自定义的方式即可。通过命令行自动解析的功能仍有其局限性，例如同一段配置文本“display current-configuration”，在不同场景中可能需要用不同的解析模板提取出端口配置、路由配置等不同的信息，而 ntc-templates 只支持一种解析模板。本书认为 ntc-templates 更大的意义仍在于其庞大的模板库，可以作为初学者的学习资料库和生产工具库。

4.5　小结

本章介绍了网络配置结构化数据提取的两种方式——正则表达式和 TextFSM。正则表达式是运维人员学习开发的必备技能之一，也是学习 TextFSM 的先决条件。TextFSM 将解析逻辑与代码解耦，使解析更加高效。

通过解析网络配置获得的结构化数据可以与第 3 章的内容结合，并将数据写入表格文件或转换为其他数据格式进行网络传输，也可以使用数据库技术将数据存入数据库。优质的结构化数据不仅是网络运维自动化的基础，也是很多决策的基础。

第 **5** 章

网络配置的模板化管理

本章将介绍网络配置的标准化工具——模板引擎 Jinja2，并使用 Jinja2 创建、管理网络配置模板，借助结构化数据快速生成标准化的网络配置。

5.1　模板引擎 Jinja2 简介

在网络运维领域中，对网络设备进行配置是一项至关重要的任务。这些配置通常是由网络工程师根据官方手册、自身经验以及实际场景的需求来准备的。然而，很多网络运维组织在管理这些配置时，缺乏一种有效的标准化管理方式，这可能会导致配置的准确性受到影响。此外，由于网络运维的特性，配置过程中往往有很多重复、机械的操作，这也会提高配置出错的概率和风险。

为了解决网络配置难题，网络运维自动化开发人员引入了模板引擎 Jinja2。Jinja2 利用模板，提高了配置的准确性和一致性，并通过结构化数据驱动批量自动生成配置文件，减少了人工操作，降低了出错风险。

5.1.1　模板引擎的基本原理

模板引擎是 Web 开发中比较常用的一个名词，它是为了将业务数据和用户界面分离而产生的一种工具。众所周知，Web 界面都是由 HTML 语言编写的，其本质是文本。当每次渲染页面时，业务数据可能变化，例如一些个人信息页，其样式大体是固定的，改变的主要是用户名、邮箱、头像等个人信息。因此，开发者发明了模板引擎，当用户访问指定个人信息页（用户界面）时，Web 程序先获取指定页面的模板（用户界面模板，包含了众多样式和界面的基本布局），同时从后台获取用户信息（业务数据），将用户信息渲染到指定的页面模板中。模板引擎的运行逻辑如图 5-1 所示。

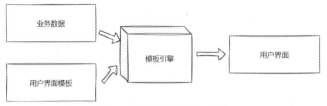

图 5-1 模板引擎的运行逻辑

Web 开发者开发出了很多基于 Python 的模板引擎，用于动态生成标准且统一的 Web 界面，如下是一段 Django（一款基于 Python 的 Web 开发框架）页面的模板。

```
<h1>用户列表</h1>
  <ul>
  {% for user in users %}
    <li><a href="{{ user.url }}">{{ user.username }}</a></li>
  {% endfor %}
  </ul>
```

在模板中使用"{{}}"定义变量，在动态获取页面时通过内置的 API 将结构化的用户数据填充到这个模板的 user 变量当中，从而生成标准且统一的页面，填充的过程被称为渲染（render）。

网络运维自动化开发人员发现这种模板引擎非常适合网络配置的模板化管理。通过模板引擎，开发者可以将网络配置标准落实到模板文件中，并借助 YAML、表格中的结构化数据驱动批量、自动化生成配置文件。这样可以有效地推动网络配置标准化的进程，还提高配置准备工作的效率，降低出错的风险。

5.1.2 Jinja2 简介

基于 Python 的模板引擎比较多，其中的佼佼者便是 Jinja2。在网络运维自动化领域，Jinja2 的使用场景广泛，很多自动化框架都使用 Jinja2 作为模板引擎。Jinja2 是一款基于 Python 开发的模板引擎，最初用于基于 Python 的 Web 开发，其语法规则参考了 Django 的模板引擎。随着网络运维自动化的兴起，Jinja2 因其简洁、可扩展、灵活和功能强大等特点，成为网络配置模板化管理的首选工具。本书使用的 Jinja2 版本是 3.1.2，读者执行命令"pip install jinja2==3.1.2"，即可安装 Jinja2 3.1.2。Jinja2 的基本使用如代码清单 5-1 所示。

代码清单 5-1　Jinja2 的基本使用

```
from jinja2 import Template

# 创建模板对象
templ = Template("Let's study {{ course }} now!")

# 传入变量渲染模板
```

```
result = templ.render(course='NetDevOps') # 渲染方法一
# result = templ.render({'course': 'NetDevOps'}) # 渲染方法二

print(result)
# 输出 Let's study NetDevOps now!
```

在这段代码当中，首先通过模板文本（字符串）创建了一个 Template 模板类的模板对象 templ，然后调用模板对象的 render 方法，将模板中的变量 course 赋值为 NetDevOps，最后返回一段渲染后的文本。

render 方法支持利用两种赋值方法去渲染数据，一种方法是将模板中的变量名作为 render 方法的参数名使用，对其逐一赋值；另一种方法是将模板中的所有变量名组装成一个字典数据，按位置赋值给 render 方法的第一个参数，字典数据键值对中的 key 对应模板中的变量，value 对应其赋值。两种方法各有优点，读者可以根据个人习惯选择使用。本书使用第一种方法来实现渲染。

代码清单 5-1 是 Jinja2 渲染模板的基本使用方法，在此基础之上可以将模板与数据分离，模板以文件的方式保存，数据以表格或者 YAML 文件等方式保存。本书的 5.3 节将结合实际场景为读者讲解这种方法，在此之前，读者需要先掌握 Jinja2 的基础语法及其使用。

5.2　Jinja2 的基础语法及其使用

Jinja2 的基础语法非常简单、易上手，同时又提供了一些高级的 API 和语法。

5.2.1　Jinja2 的基础语法

在 Jinja2 中，最基础的语法是变量的定义、判断与循环。在本节中，为了方便演示 Jinja2 的语法，先将模板与数据都放置在代码中，然后将输出的结果以 print 方法打印出来。在实际使用中，模板多放置在以.j2 为扩展名的文本文件中，输出的结果也会被保存到文本文件中，或者与其他函数、程序对接，执行进一步的自动化任务。

1. 变量的定义及渲染

Jinja2 直接使用双花括号"{{}}"定义变量，双花括号中放的是变量的名称，形如"{{ variable }}"。为提高可读性，变量名称左右一般各留一个空格。Jinja2 需要先将模板内容（字符串）加载成模板对象（Template 对象），再调用模板对象的 render 方法，对模板中的变量逐一赋值。render 方法返回的是渲染后的文本字符串。在默认情况下，如果渲染时未对某变量赋值，那么其对应显示处为空白；如果渲染时未在模板中声明某变量，那么 Jinja2 不会做任何处理，也不会抛出异常。变量的数据类型可以是 Python 支持的任意数据类型，这里先以字符串变量为例，演示变量的定义和渲染。在 Jinja2 中，字符串变量的定义和渲染如代码清单 5-2 所示。

代码清单 5-2 字符串变量的定义和渲染

```
from jinja2 import Template

# 定义模板，模板中有 name 和 desc 两个变量
templ_str="""interface {{ name }}
 description {{ desc }}
 undo shutdown"""

# 使用字符串创建模板对象
templ = Template(source=templ_str)
# 调用模板对象的 render 方法，对模板中的 name 和 desc 变量赋值渲染
result = templ.render(name='Eth1/1',desc='gen by jinja2')

print(result)
```

代码的输出结果为：

```
interface Eth1/1
 description gen by jinja2
 undo shutdown
```

在代码清单 5-2 中，name 和 desc 是定义在 Jinja2 模板中的两个变量，在 render 方法中直接以这两个变量名称作为参数进行赋值，便可以完成渲染。Jinja2 的变量可以赋值为 Python 支持的任意数据类型，例如字符串、数字、字典和列表，它们在渲染时都会被强制转换为字符串类型。同时，用户也可以在模板的变量中访问对象的成员或者属性。在 Jinja2 中，数字、字典和列表类型变量的定义及渲染如代码清单 5-3 所示。

代码清单 5-3 数字、字典和列表类型变量的定义及渲染

```
from jinja2 import Template

# 定义了数字 my_num、字典 my_dict 和列表 my_list，并访问了字典和列表成员
templ_str = """传入的数字为: {{ my_num }},
传入的字典为: {{ my_dict }},
传入的列表为: {{ my_list }},
通过 key 访问并使用字典成员的值: {{ my_dict['course'] }}
通过索引访问并使用列表成员: {{ my_list[2] }}"""

# 创建模板对象
templ = Template(templ_str)
# 渲染数据，为 my_num、my_dict、my_list 赋值
result = templ.render(my_num=100,
                      my_dict={'course': 'NetDevOps'},
                      my_list=['1', 2, {"course": "NetDevOps"}])
```

```
            )
print(result)
```

其输出结果为：

```
传入的数字为: 100,
传入的字典为: {'course': 'NetDevOps'},
传入的列表为: ['1', 2, {'course': 'NetDevOps'}],
通过 key 访问并使用字典成员的值: NetDevOps
通过索引访问并使用列表成员: {'course': 'NetDevOps'}
```

2. 判断

在网络配置的生成过程中，经常需要根据变量的值进行判断，从而进入不同的分支，并生成不同的配置。

Jinja2 的判断语法与 Python 的判断语法相似，也是 if、else、elif 的组合使用。判断属于控制结构，Jinja2 的判断语句需要被包裹在控制符号{% ... %}，以明确标识出 if、else、elif 等判断标签。在判断逻辑结束的地方，必须有一个配对的判断结束标签 "{% endif %}"。Jinja2 判断语法的使用如代码清单 5-4 所示。在代码清单 5-4 的端口配置示例中，配置完的端口默认是开启的，如果用户想要控制端口的开关，那么需要在模板中添加用于控制判断的变量，借助 Jinja2 的判断语法，可以根据该变量的不同取值，展示相应的内容。

代码清单 5-4　Jinja2 判断语法的使用

```
from jinja2 import Template

templ_str = """interface {{ name }}
 description {{ desc }}
{% if shutdown=='yes' %}
shutdown
{% elif shutdown=='no' %}
undo shutdown
{% else %}
请人工确认端口状态配置
{% endif %}"""

templ = Template(templ_str)

result = templ.render(name='Eth1/1', desc='gen by jinja2', shutdown='no')

print(result)
```

在代码清单 5-4 中，"{% if shutdown=='yes' %}"代表了判断的开始，判断条件中的 shutdown 是一个变量，在渲染时需要传入赋值。如果 shutdown 的值等于 yes，就会渲染 shutdown 的内容。接下来，通过 "{% elif shutdown=='no' %}" 进行进一步的条件分支判断：如果 shutdown 的值等于 no，就会渲染 undo shutdown 的内容。而对于不满足上述任一条件的其他情况，则通过 "{% else %}" 进行了统一处理，渲染 else 后的 "请人工确认端口状态配置" 内容。最后在判断逻辑的末尾，通过添加 "{% endif %}" 结束整个判断逻辑。代码清单 5-4 的执行结果如下：

```
interface Eth1/1
 description gen by jinja2

undo shutdown
```

3．空白控制

细心的读者会发现，为什么在代码清单 5-4 的输出中间会多一个空白行呢？

空白行来自条件成立时的 "{% elif shutdown=='no' %}" 这行代码，在模板中，此控制结构后面有一个换行符，当此条件成立时，后面逻辑块中的内容都会保留，包括 "看不到" 的换行符。在网络配置中，大部分场景下空白行对配置结果无影响，例如端口配置中的空白行并不会影响配置写入网络设备的结果。但在有些情况下，网络配置下发过程中会出现 yes 或者 no 的输入提示，如果多了一个空白行，就相当于直接敲了一下回车键，进而影响配置的准确性。为了处理那些有影响的空白符，或者为了提升输出内容的美观度，开发者需要进行空白控制。

在控制符号 "{%...%}" 内的开始或者结尾百分号的内侧添加减号，形如 "{%-...%}" 或者 "{%...-%}"，就可以清除开始或者结尾处的多个连续空白符（包含空格、制表符与空白行）。例如，在代码清单 5-4 中，空白行产生的原因是 "{% elif shutdown=='no' %}" 右侧的换行符，那么只需要将其中的 "%}" 改为 "-%}"，就可以去除空白行。

4．循环

Jinja2 只支持 for 循环，用法上与 Python 的 for 循环相似，可以访问字典、列表和元组等常见的 Python 数据对象的成员。在 Jinja2 中，for 循环的实现是在成对的控制符号内嵌套了 for 标签，并在 for 循环逻辑结束的地方添加循环结束标签 "{% endfor %}"。for 循环的成员可以在循环的逻辑块中作为局部变量而被直接使用。在 Jinja2 中，for 循环的基本使用如代码清单 5-5 所示。

代码清单 5-5　for 循环的基本使用

```
from jinja2 import Template

# 对 data 数据进行 for 循环访问，intf 作为局部变量，可以在 for 循环体内被使用
templ_str = """{% for intf in data -%}
interface {{ intf['name'] }}
 description {{ intf.desc }}
{% if intf.shutdown=='yes' -%}
shutdown
{% elif intf.shutdown=='no' -%}
undo shutdown
```

```
{% else -%}
请人工确认端口状态配置
{% endif -%}
{% endfor -%}"""

templ = Template(templ_str)

data = [{'name': 'Eth1/1', 'desc': 'gen by jinja2', 'shutdown': 'yes'},
        {'name': 'Eth1/2', 'desc': 'gen by jinja2', 'shutdown': 'no'}]

result = templ.render(data=data)

print(result)
```

代码清单 5-5 演示了 Jinja2 中 for 循环的基本使用，实现了端口配置批量生成的功能。模板中的变量 data 代表端口列表，每个成员是一个字典。使用"{% for intf in data -%}"对变量 data 进行循环访问。每次循环访问的成员都赋值给局部变量 intf，以便在后续的判断和渲染中直接访问 intf。用户可以直接采用 Python 字典的取值方法来从 intf 中取值，也可以使用类似对象属性访问的方法来取值，后一种方式的编写更加简洁，代码清单 5-5 中同时展现了这两种方式。

由于循环控制自己单独占用一行，首行末尾会有一个看不见的换行符，这时可以在对应控制符的右侧添加减号来去除换行。这样能保证输出中没有多余的空白行，也不会串行（空白控制符出现在左侧时特别容易串行）。代码清单 5-5 的运行结果如下：

```
interface Eth1/1
 description gen by jinja2
shutdown
interface Eth1/2
 description gen by jinja2
undo shutdown
```

5.2.2 文件系统管理配置模板

在实际生产和使用中，Jinja2 的模板会和代码分离，模板内容会被写入以.j2 为扩展名的文本文件中，并放置到某个目录中进行管理。Jinja2 提供了将文件系统中的模板文件加载成模板对象的方法，此方法涉及两个类——Environment 类和 FileSystemLoader 类。

Environment 类是 Jinja2 模板引擎的核心类之一，它用于配置和管理模板的环境。Environment 类提供了许多选项和方法，用于自定义模板的加载、渲染和处理。创建环境对象（Environment 对象）时，最关键的参数是 loader，该参数需要被赋值为加载器对象（Loader 对象）。

Jinja2 内置了多种模板的加载器，其中，FileSystemLoader 类创建的加载器对象可以通过文件目录加载模板。先使用 FileSystemLoader 类指定某目录，创建加载器对象。然后，用此加载器对象创建环境对象，再调用环境对象的 get_template 方法，就可以通过模板的文件路径完成模板的加载，并返回一个模板对象。

　　按照文件系统管理配置模板的思路，将代码清单 5-5 进行改写。首先创建一个目录（命名为 jinja2_templates），用来存放 Jinja2 模板文件；然后在目录中编写模板名为 jinja2_demo.j2 的文本文件，其内容为代码清单 5-5 中 templ_str 变量的内容；最后便可以创建环境对象，获取模板对象渲染模板了。使用 Environment 类和 FileSystemLoader 类实现文件系统管理配置模板，如代码清单 5-6 所示，此代码与 jinja2_templates 位于同级目录中。

代码清单 5-6　使用 Environment 类和 FileSystemLoader 类实现文件系统管理配置模板

```
from jinja2 import Environment, FileSystemLoader

# 通过目录创建加载器
loader = FileSystemLoader("jinja2_templates")

# 通过文件系统加载器创建环境
env = Environment(loader=loader)

# 获取指定 Jinja2 模板文件
template = env.get_template("jinja2_demo.j2")

data = [{'name': 'Eth1/1', 'desc': 'gen by jinja2', 'shutdown': 'yes'},
        {'name': 'Eth1/2', 'desc': 'gen by jinja2', 'shutdown': 'no'}]

result = template.render(data=data)

print(result)
```

上述代码的运行结果为：

```
interface Eth1/1
 description gen by jinja2
shutdown
interface Eth1/2
 description gen by jinja2
undo shutdown
```

5.2.3　过滤器的定义与使用

　　过滤器（filter）是 Jinja2 中的特殊函数，它只有一个参数（一般写作 value）和一个返回值。在 Jinja2 模板中使用过滤器时，要用管道符"|"将变量和过滤器连接。在渲染时，Jinja2 将变量赋值给 value，过滤器函数将其转换为一个新值，并渲染到指定位置。

　　Jinja2 中内置了很多和 Web 开发相关的过滤器。Jinja2 常用的内置过滤器及其说明如表 5-1 所示。

表 5-1　Jinja2 常用的内置过滤器及其说明

内置过滤器	说明
abs	返回给定数字的绝对值
capitalize	字符串的首字母大写，其他字母小写
default	如果变量不存在或为空，就使用默认值
float	将字符串转换为浮点数
int	将字符串转换为整数
length	返回字符串、列表或字典的长度
lower	将字符串转换为小写
upper	将字符串转换为大写
replace	将字符串中的某个子串替换为另一个子串
round	对浮点数进行四舍五入
title	字符串中的每个单词的首字母大写
trim	去除字符串两端的空白字符
truncate	将字符串按指定长度截断，并添加省略号

本节以提供默认值的内置过滤器 upper 为例，简单演示过滤器的使用方法和其效果，参考如下代码示例：

```
from jinja2 import Template

templ = Template("hostname {{ hostname|upper }}")

result = templ.render(hostname='netdevops01')

print(result)
# 输出 hostname NETDEVOPS01
```

在网络配置的相关场景中，过滤器可以在很多方面发挥作用，例如将不同格式的 IP 地址转换为设备能接受的 IP 地址、带宽速率的转换、时间格式的转换等。由于 Jinja2 内置的过滤器主要面向 Web 开发的场景，因此在实际使用中，需要用户根据场景自定义过滤器。

本节以 IP 地址转换的过滤器为例，将 CIDR 标记法的 IP 地址转换为网络设备能接受的掩码形式，过滤器的名称为 ip_to_mask_format，过滤器函数名为 ip_to_mask_format（二者名称可以不一致）。过滤器函数能够借助 netaddr 包（参考 8.1 节），将 IP 地址变量 value 转换为掩码形式并返回。按照代码清单 5-6 的思路创建环境对象，环境对象的 filters 属性定义了此环境对象支持的过滤器，此属性为字典数据，其中 key 为过滤器的名称，value 为过滤器的函数。可以使用字典更新数据的方式，为环境对象的 filters 属性添加成员，将自定义过滤器注册到环境对象中，这样就可以在 Jinja2 模板中使用自定义过滤器了。定义 Jinja2 过滤器并注册到环境对象中，如代码清单 5-7 所示。

代码清单 5-7 定义 Jinja2 过滤器并注册到环境对象中

```python
from jinja2 import Environment, FileSystemLoader
from netaddr import IPNetwork


def ip_to_mask_format(value):
    ip_network = IPNetwork(value)
    ip_address = str(ip_network.ip)
    subnet_mask = str(ip_network.netmask)
    return '{} {}'.format(ip_address, subnet_mask)

if __name__ == '__main__':
    loader = FileSystemLoader('jinja2_templates')
    # 通过文件系统加载器创建环境
    env = Environment(loader=loader)
    # 添加自定义过滤器
    env.filters['ip_to_mask_format'] = ip_to_mask_format
    # 获取指定的 Jinja2 模板文件
    template = env.get_template('filter_demo.j2')
    result = template.render(ip='192.168.1.5/24')
    print(result)
    # 输出结果 ip addr 192.168.1.5 255.255.255.0
```

filter_demo.j2 的模板内容如下：

```
ip addr {{ ip|ip_to_mask_format }}
```

过滤器在一定程度上可以简化用户操作，保证网络配置的标准化，提高模板的容错率。用户可以根据自己的需求定义若干过滤器，并按照一定的组织结构放到专门的模块中，使用时通过函数将它们全部注册到环境对象中。

5.2.4 原子模板的嵌套组合

在日常运维中，网络配置经常会由众多配置项组合在一起。此时我们可以把配置拆解成比较小的原子模块，然后借助 Jinja2 的 include 语法对模板进行嵌套组合。假设有两个原子模板 A.j2 和 B.j2，便可以基于这两个原子模板的组合，构建出第三个模板 C.j2，然后在 C.j2 中直接使用 include 语法，声明包含原子模板文件的路径，参考如下示例：

```
我们来演示两个模板组合生成一个新的模板
这是第一个模板 A.j2 渲染的文本
{% include 'A.j2' %}
这是第二个模板 B.j2 渲染的文本
{% include 'B.j2' %}
```

include 语法非常简单，使用 include 标签加控制符，在 include 后面传入要嵌入的模板路径即可，模板路径是字符串类型，需要用单引号包裹。include 语法也无须使用 end 符号声明结束。在应用 C.j2 模板时，其效果直接等同于直接将 A、B 模板的内容复制并粘贴到对应位置。A 模板和 B 模板中定义的变量，也可以直接在 C 模板中使用。为了避免多个模板中的变量有冲突，本书建议读者将传入的变量定义为字典，并统一命名为 data。每个字典成员的 key 对应原子模板的名称，原子模板通过 key 访问自己的数据并完成渲染。

假设有一台网络设备要完成 hostname、ntp、interfaces 等配置项，我们先要设计出渲染模板所需的数据结构，这样才能更好地编写原子模板。基于配置项，我们可以设计出用于完成一次完整的网络配置所需的数据结构：

```
data = {
        'hostname': 'netdevops',
        'ntp': ['192.168.137.1'],
        'interfaces': [{'name': 'Eth1/1',
                        'desc': 'gen by jinja2',
                        'shutdown': 'yes'},
                       {'name': 'Eth1/2',
                        'desc': 'gen by jinja2',
                        'shutdown': 'no'}]
    }
```

我们将变量命名为 data，每个 key 对应一个配置项。接下来要编写原子模板，所有的原子配置项都被放置到 jinja2_templates 目录下的 huawei 文件夹中。此文件夹包含 3 个原子模板，hostname 原子模板 hostname.j2 如代码清单 5-8 所示，ntp 原子模板 ntp.j2 如代码清单 5-9 所示，interfaces 原子模板 interfaces.j2 如代码清单 5-10 所示，嵌套组合模板 config.j2 如代码清单 5-11 所示。

代码清单 5-8 hostname 原子模板 hostname.j2

```
hostname {{ data.hostname }}
```

代码清单 5-9 ntp 原子模板 ntp.j2

```
{% for server_ip in data.ntp -%}
ntp-service server {{ server_ip }}
{% endfor -%}
```

代码清单 5-10 interfaces 原子模板 interfaces.j2

```
{% for intf in data.interfaces -%}
interface {{ intf['name'] }}
 description {{ intf.desc }}
{% if intf.shutdown=='yes' -%}
shutdown
{% elif intf.shutdown=='no' -%}
```

```
undo shutdown
{% else -%}
请人工确认端口状态配置
{% endif -%}
{% endfor -%}
```

代码清单 5-11　嵌套组合模板 config.j2

```
system-view
{% include 'huawei/hostname.j2' %}
{% include 'huawei/ntp.j2' %}
{% include 'huawei/interfaces.j2' %}
commit
return
save
y
```

在代码清单 5-11 的嵌套组合模板 config.j2 中，使用 include 语法包含了 hostname.j2、ntp.j2
和 interfaces.j2 这 3 个原子模板。使用原子模板嵌套组合并进行渲染，如代码清单 5-12 所示。

代码清单 5-12　使用原子模板嵌套组合并进行渲染

```
from jinja2 import Environment, FileSystemLoader

# 通过目录创建加载器
loader = FileSystemLoader("jinja2_templates")
# 通过文件系统加载器创建环境
env = Environment(loader=loader)
# 获取指定 Jinja2 模板文件
template = env.get_template("huawei/config.j2")

data = {
    'hostname': 'netdevops',
    'ntp': ['192.168.137.1'],
    'interfaces': [{'name': 'Eth1/1',
                    'desc': 'gen by jinja2',
                    'shutdown': 'yes'},
                   {'name': 'Eth1/2',
                    'desc': 'gen by jinja2',
                    'shutdown': 'yes'}]
}
result = template.render(data=data)
print(result)
```

首先将网络配置模板拆解成众多原子模板，然后在不同场景中组合使用原子模板，这
样可以让运维工作更加高效。

5.3 结构化数据驱动的 Jinja2 实战详解

文件系统加载模板的方式使模板和代码完成了分离。本节将在此基础上进一步将数据与模板分离，同时将生成的配置输出到指定文件中。

5.3.1 利用表格承载数据并批量生成网络配置文件

表格是网络工程师最熟悉的数据承载格式，它可以承载众多同质化数据。假设在服务器批量上线或者有其他业务需求的场景下，需要对若干接入交换机的若干接入端口进行相关配置。这里我们借助 Python 脚本和 Jinja2 模板文件，利用表格文件承载数据，从而批量生成此类场景的网络配置文件。

基于原子模板和 Jinja2 的 include 语法，借助之前编写的原子模板创建一个名为 interfaces_config.j2 的模板，放置到 jinja2_templates 的 huawei 文件夹中，模板内容如下：

```
system-view
{% include 'huawei/interfaces.j2' %}
commit
return
save
y
```

由于此处的原子模板仅作演示，因此比较简单，读者可以根据自身情况丰富原子模板内容。准备好 Jinja2 模板之后，创建一个名为 jinja2_data 的文件夹，并在文件夹中创建一个表格，以设备的 IP 地址（192.168.135.201.xlsx）命名，然后根据 interfaces.j2 模板中对局部变量的引用要求，定义表格的表头（name、desc 和 shutdown），并将它们放置在第一个工作表中。用于渲染模板的端口列表内容如表 5-2 所示。此外，读者可以根据情况复制并粘贴出若干份 192.168.135.201.xlsx 中的内容，修改其中的 IP 地址和数据，从而轻松模拟出拥有多台设备的环境。

表 5-2 用于渲染模板的端口列表内容

name	desc	shutdown
Eth1/1	gen by jinja2	yes
Eth1/2	gen by jinja2	no

批量生成配置脚本代码的基本思路是：首先通过文件系统加载出 Jinja2 的模板对象，遍历指定目录中承载数据的表格文件；然后使用 pandas 读取其中的数据，调用模板对象的 render 方法渲染出配置文本，并将其写入文本文件中，文本文件的命名形式为"<IP 地址>.config"。当读者进行开发时，建议将一些功能比较明确的逻辑部分抽象并封装成函数，以提高代码可读性和

可维护性，提高开发效率。根据此思路，本书抽象出了以下 4 个函数。

- get_files：获取指定文件目录中的所有文件，以便读取表格文件。
- get_jinja2_templ：将指定目录的指定模板文件加载成 Jinja2 的模板对象。
- get_data_from_excel：将指定表格文件中的数据加载成 Python 字典的列表数据。
- gen_configs_by_excel：调用之前定义的所有函数，获取每台设备的配置数据，并借助 Jinja2 模板渲染，批量生成配置文件。

通过表格数据批量生成配置文件的通用脚本如代码清单 5-13 所示。

代码清单 5-13　通过表格数据批量生成配置文件的通用脚本

```python
from pathlib import Path
from jinja2 import Environment, FileSystemLoader
import pandas as pd

def get_files(folder_path):
    """获取指定文件目录中的所有文件，只遍历第一层"""
    files = []
    # 使用 pathlib 的 Path，调用 iterdir 获取所有文件
    folder = Path(folder_path)
    for file_path in folder.iterdir():
        if file_path.is_file():
            files.append(file_path)
    return files

def get_jinja2_templ(templ, dir='jinja2_templates'):
    '''将指定目录的指定模板文件加载成 Jinja2 的模板对象'''
    # 通过目录创建加载器
    loader = FileSystemLoader(dir)
    # 通过文件系统加载器创建环境
    env = Environment(loader=loader)
    # 获取指定的 Jinja2 模板文件
    template = env.get_template(templ)
    return template

def get_data_from_excel(file):
    '''使用 pandas 从表格文件中读取数据，加载成 Python 字典的列表数据'''
    df = pd.read_excel(file)
    data = df.to_dict(orient='records')
    return data

def gen_configs_by_excel(j2_file,
        j2_data_name,
        j2_data_path='jinja2_data',
        j2_templ_path='jinja2_templates',
        config_path='configs'):
```

```
    '''
    批量生成配置文件
    :param j2_file:Jinja2 模板名称
    :param j2_data_name:表格文件放置到 data 变量中的 key 名称
    :param j2_data_path:放置表格数据的目录
    :param j2_templ_path:放置 Jinja2 模板的目录
    :param config_path:文件输出的目录
    :return:None
    '''
    # 获取表格文件列表
    excel_files = get_files(j2_data_path)
    # 获取 Jinja2 模板对象
    template = get_jinja2_templ(j2_file, j2_templ_path)
    # 遍历表格文件，根据表格中的数据渲染出配置文件并输出到指定文件夹中
    for file in excel_files:
        # 从表格中获取单台设备的数据
        data_in_excel = get_data_from_excel(file)
        # 生成用于渲染模板的数据、字典的格式
        data = {j2_data_name: data_in_excel}
        # 渲染模板生成字配置文本
        config_text = template.render(data=data)
        # 生成输出的文件名称（含路径）
        output_file = '{}/{}'.format(config_path, file.name.replace('xlsx', 'config'))
        # 将配置写入指定文件
        with open(output_file, mode='w', encoding='utf8') as f:
            f.write(config_text)


if __name__ == '__main__':
    gen_configs_by_excel(j2_file='huawei/interfaces_config.j2',
                         j2_data_name='interfaces')
```

代码清单 5-13 看似很复杂，但在核心函数 gen_configs_by_excel 中实际只有 9 行代码，这是因为相关功能被抽象并封装到了函数中，再结合适当的注释，代码可读性很好。任何复杂的功能，只要梳理清楚其基本逻辑，将其拆解成小块的任务，即可简化问题。在编写每个函数的过程中，都可以借助 main 函数，测试编写的函数是否达到预期，并不断调整和优化函数。执行完代码清单 5-13 中的代码后，便可以在 configs 文件夹中找到对应的网络配置文件了。

5.3.2 利用 YAML 文件承载数据并批量生成网络配置文件

使用表格承载数据并批量生成网络配置文件，这种方式比较适合列表类的数据驱动场景。在一些场景下，网络配置整体是呈树状结构的，代码清单 5-12 中的数据便是典型的例子。针对

配置项比较多的网络配置批量生成场景，一般利用 YAML 文件来承载数据。

以代码清单 5-12 中的嵌套组合模板 config.j2 为例，假设要批量生成若干网络设备的配置文件。按照 5.3.1 节的基本思路，编写一个嵌套组合的配置模板并将其放置到 jinja2_templates 的 huawei 文件夹中，此处使用 5.2.4 节的配置模板 config.j2。按设备准备对应的 YAML 文件，用户承载生成配置的数据，并以设备 IP 地址将文件命名为 192.168.135.201.yml，其内容如下：

```
hostname: netdevops
ntp:
  - 192.168.137.1
interfaces:
  - desc: gen by jinja2
    name: Eth1/1
    shutdown: 'yes'
  - desc: gen by jinja2
    name: Eth1/2
    shutdown: 'no'
```

YAML 文件的编写可以参考本书的 3.3 节，需要注意的是，yes、no 在 YAML 中会被识别为布尔值，而在模板中会将其视为字符串进行判断，所以需要在 YAML 文件中用引号将其声明为字符串。借助代码清单 5-13 的思路，很快就可以写出使用 YAML 文件中的数据来批量生成网络配置文件的通用脚本，如代码清单 5-14 所示。

代码清单 5-14　使用 YAML 文件中的数据来批量生成网络配置文件的通用脚本

```
from pathlib import Path
from jinja2 import Environment, FileSystemLoader
import yaml


def get_files(folder_path):
    """获取指定文件目录内的所有文件，只遍历第一层"""
    files = []
    folder = Path(folder_path)
    for file_path in folder.iterdir():
        if file_path.is_file():
            files.append(file_path)
    return files


def get_jinja2_templ(templ, dir='jinja2_templates'):
    '''将指定目录的指定文件加载成为 Jinja2 的模板对象'''
    # 通过目录创建加载器
    loader = FileSystemLoader(dir)
    # 通过文件系统加载器创建环境
    env = Environment(loader=loader)
    # 获取指定的 Jinja2 模板文件
    template = env.get_template(templ)
```

```python
        return template


def get_data_from_yaml(file):
    '''使用 PyYAML 从 YAML 文件中读取数据'''
    with open(file, encoding='utf8') as f:
        data = yaml.safe_load(stream=f)
        return data


def gen_configs_by_yaml(j2_file,
                        j2_data_path='jinja2_data',
                        j2_templ_path='jinja2_templates',
                        config_path='configs'):
    '''
    批量生成配置文件
    :param j2_file:Jinja2 模板名称
    :param j2_data_path:放 YAML 数据的目录
    :param j2_templ_path:放置 Jinja2 模板的目录
    :param config_path:文件输出的目录
    :return:None
    '''
    # 获取文件列表
    yaml_files = get_files(j2_data_path)
    # 获取 Jinja2 模板对象
    template = get_jinja2_templ(j2_file, j2_templ_path)
    # 遍历表格文件，根据表格中的数据渲染出配置文件并输出到指定文件夹中
    for file in yaml_files:
        # 从 YAML 中获取单台设备的数据
        data_in_yaml = get_data_from_yaml(file)
        # 渲染模板生成字配置文本
        config_text = template.render(data=data_in_yaml)
        # 生成输出的文件名称（含路径）
        output_file = '{}/{}'.format(
                      config_path, file.name.replace('yml', 'config'))
        # 将配置写入指定文件
        with open(output_file, mode='w', encoding='utf8') as f:
            f.write(config_text)


if __name__ == '__main__':
    gen_configs_by_yaml(j2_file='huawei/config.j2')
```

　　相较于代码清单 5-13，代码清单 5-14 的主要改动如下：添加了 get_data_from_yaml 函数，使用 PyYAML 将 YAML 文件中的数据转换为字典数据，此数据可以直接用于渲染模板，无须转换；添加了 gen_configs_by_yaml 函数，与 gen_configs_by_excel 函数相比，去除了 j2_data_name 参数，并调用了 get_data_from_yaml 函数来获取数据，且无须转换。

5.4　小结

本章介绍了如何使用 Jinja2 实现网络配置的模板化管理，从而将网络配置的模板更加高效地组织起来，提高网络配置的标准化水平和准确性。利用表格和 YAML 文件中的结构化数据，再结合 Python 脚本的强大功能，Jinja2 能够批量生成标准化的网络配置，从而提高网络运维的效率，显著增强网络生产过程中的安全性。

第 **6** 章

Netmiko 详解与实战

在 Python 领域中，存在很多基于 CLI 模式与网络设备进行交互的工具包，而 Netmiko 是其中的佼佼者。Netmiko 不仅简化了 Python 代码与网络设备的交互过程，还支持众多网络厂商的设备，因此在 Python 网络运维自动化领域有着举足轻重的地位。本章将结合之前所介绍的知识，由浅入深地为读者介绍 Netmiko 及其使用。

6.1 Netmiko 快速上手

Netmiko 是一款由工程师 Kirk Byers 于 2015 年发布的工具，旨在简化与众多厂商网络设备 CLI 的连接过程。Netmiko 是一个基于 Paramiko 的 Python 库，用于简化与网络设备的 SSH 连接和管理，主要支持 SSH 协议。尽管 Netmiko 也支持少量网络设备的 Telnet 协议连接，但鉴于 Telnet 协议的不安全性，该协议逐渐被网络设备所淘汰。因此，在探讨 Netmiko 的相关连接时，本书将聚焦于更为安全的 SSH 协议。

6.1.1 Netmiko 简介及其使用

在早期的网络运维自动化开发中，开发人员利用 Paramiko，通过 SSH 协议登录网络设备并执行相关命令。在进行登录设备、执行命令、保存配置等行为时，需要编写很多代码以确保对应功能的顺利实现。为了提升效率、简化开发过程，Kirk Byers 研发出了 Netmiko。经过多年的迭代，Netmiko 已从 1.0 时代进入 4.0 时代。鉴于 Netmiko 4 系列在适配国产设备时存在若干影响正常使用的 bug（例如，命令执行成功却未能返回预期的回显信息），本书决定采用运行更稳定、应用更广泛的 3.4.0 版本来介绍 Netmiko。因此读者在使用 Netmiko 时，务必关注其版本号，以确保操作的顺利进行。

执行命令"pip install netmiko==3.4.0"即可成功安装 Netmiko 3.4.0。Netmiko 利用了面向对象

编程的方法，将与网络设备的 CLI 交互行为进行抽象并设计出基础的连接类（BaseConnection），各个厂商的网络设备的 CLI 交互类都继承了这个基础的连接类，并结合各自特性重写了部分方法。用户只需要指定对应网络设备的 device_type 值，而诸如登录设备、执行命令、推送配置、保存配置等行为调用的方法和返回的结果都是统一的。读者可以通过以下两段代码来感受这种统一与简化的效果。使用 Netmiko 登录网络设备并执行查询命令的方法如代码清单 6-1 所示，使用 Netmiko 登录网络设备、推送配置并保存配置的方法如代码清单 6-2 所示。

代码清单 6-1　使用 Netmiko 登录网络设备并执行查询命令的方法

```
from netmiko import ConnectHandler,Netmiko

ip = '192.168.137.202'
username = 'netdevops'
password = 'Admin123~'
device_type = 'huawei'

# 使用 Netmiko 登录设备并执行命令
conn = ConnectHandler(device_type=device_type, host=ip,
                      username=username, password=password)
# 执行查询命令
output = conn.send_command('display version')
print(output)
conn.disconnect()
```

代码清单 6-2　使用 Netmiko 登录网络设备、推送配置并保存配置的方法

```
from netmiko import ConnectHandler

ip = '192.168.137.201'
username = 'admin'
password = 'Admin123!'
device_type = 'huawei'

# 使用 Netmiko 登录设备、下发配置并保存
conn = ConnectHandler(device_type=device_type, host=ip,
                      username=username, password=password)
# 待下发的配置
configs = ['interface Eth0/1', 'desc configed by nemtiko', 'commit']
# 推送配置
output = conn.send_config_set(configs)
print(output)
# 保存配置
output = conn.save_config()
```

```
print(output)
# 断开连接
conn.disconnect()
```

从代码清单 6-1 和 6-2 中可以观察到，Netmiko 将登录网络设备、执行查询命令、推送配置、保存配置等操作都进行了统一，使用时只要调用函数或者方法，即可完成对应操作，无须过多判断交互中间的状态。例如 Netmiko 的连接类在创建连接时，会自动执行取消分页的命令，以便后续执行命令时不会产生 "more" 等提示符。虽然不同的厂商有不同的取消分页的命令，但用户无须关注这个命令是什么，因为这些都包含在了连接类的内部，连接类会在登录时帮用户自动执行这个操作。类似的例子还有很多，例如用户无须关注保存配置时的交互逻辑，仅需要执行 Netmiko 的 save_config 方法，就可以保存配置。这种设计可以屏蔽 CLI 层面的很多技术细节，通过简单而统一的方法，用户就可以专心与网络设备进行交互。

6.1.2 Netmiko 支持的网络设备及 device_type 值的选择

经过多年的发展和沉淀，Netmiko 从最初仅支持不到 10 个连接类，到今天已经支持超过 100 个连接类，并适配市面上主流的网络设备平台。在使用 Netmiko 创建 SSH 连接时，必须指定 device_type 值，它对应一个网络设备平台的连接类。对于 Netmiko 支持的网络设备平台的 device_type 值，可以通过如下代码获取：

```
from netmiko import platforms

for i in platforms:
    print(i)
```

在执行上述代码后，会返回 Netmiko 支持的所有 device_type 值，这些值的格式一般是 "<厂商>_<网络设备平台>"，例如思科的 Catalyst 系列对应的网络设备平台是 iOS，那么其 device_type 值为 cisco_ios。部分厂商设备的连接类具有一定通用性，网络设备平台的值为空，例如华为设备的通用连接类的 device_type 值是 huawei。

Netmiko 是面向 CLI 的工具包，其连接协议以 SSH 协议为主，即绝大部分连接类支持 SSH 协议，少量连接类支持 Telnet 协议。在 device_type 后面添加_ssh 或者_telnet，就可以使用对应的协议，默认的 device_type 是基于 SSH 协议来创建的，所以 cisco_ios 与 cisco_ios_ssh 是等价的，一般可以省略后面的_ssh。如果读者要使用 Telnet 协议，在确保此连接类支持 Telnet 协议的前提下，在 device_type 值的后面添加_telnet 即可。支持 Telnet 协议的连接类非常少，读者自行了解即可，本书主要讨论的是支持 SSH 协议的网络设备。

Netmiko 支持的网络设备平台有 100 多个。读者该如何选择对应的 device_type 呢？一般是通过厂商名称和对应的网络设备平台（或者操作系统名称）来确定 device_type 值，常用的 device_type 值及其对应的网络设备平台如表 6-1 所示。

表 6-1　常用的 device_type 值及对应的其网络设备平台

device_type 值	对应的网络设备平台
huawei	华为通用连接类，对华为 CE 交换机有较好的支持
huawei_smartax	华为的 SmartAX 系列产品
huawei_olt	华为的 OLT 系列产品
huawei_vrpv8	华为 VRP 平台的 V8 版本的网络设备
hp_comware	惠普 Comware 系统设备，也适用于华三设备
hp_procurve	惠普 Procurve 系统设备
cisco_ios	思科 Catalyst 系列产品
cisco_nxos	思科 Nexus 系列产品
cisco_asa	思科 ASA 系列防火墙
cisco_xr	思科 IOS XR 系统下的路由器
cisco_xe	思科 IOS XE 系统下的路由器
juniper、juniper_junos	Juniper 的 Junos 操作系统下的设备
juniper_screen	Juniper 的 ScreenOS 系统下的设备
ruijie_os	锐捷通用连接类，适用于锐捷的交换机，路由器等产品
linux	Linux 操作系统的通用连接类，适用于 Linux 操作系统下的设备

device_type 是 Netmiko 创建连接以登录设备的核心参数之一。Netmiko 支持自动探测网络设备的连接类，并返回一个相对可信的 device_type 值。然而，Netmiko 识别的设备非常有限，初学者还是要记住常用设备的 device_type 值。

6.2　Netmiko 的核心 API

代码清单 6-1 和 6-2 介绍了 Netmiko 的基本使用场景，包括登录网络设备、进行查询命令和配置推送与保存。初学者可以在测试环境中快速掌握 Netmiko 的基本使用，但在真实的网络环境中，情况往往会更加复杂，这两段代码可能会因为各种问题而执行失败。

解决这些问题的方法都在核心 API 的参数中。Netmiko 的核心 API 有着丰富的参数，以便应对网络运维自动化过程中出现的各种情况。本节将为读者详细讲解 Netmiko 的 5 个核心 API，分别是 ConnectHandler、send_command、send_command_timing、send_config_set 和 send_config_from_file，在讲解过程中还会引出 enable、config_mode 和 save_config 这 3 个简单而重要的 API。

本书对核心 API 的讲解结合了方法的文档字符串、核心 API 源代码和实战经验三方面的内容。读者在实践中遇到的一般问题，基本上都可以在本节中找到答案。本节部分内容涉及 Netmiko 内部的运行机制，读者不一定在第一次阅读时就理解所有概念，重点是掌握各个核心 API 的核心参数，这样就可以在 6.3 节的实战案例中进一步巩固和练习。

6.2.1 ConnectHandler 函数详解

ConnectHandler 函数用于创建到网络设备的连接，它会根据 device_type 值判断该使用哪个连接类，然后将所有参数传递给连接类的初始化方法__init__，创建到网络设备的连接，并将连接对象返回给调用方。

Netmiko 中所有的连接类都继承自 netmiko.base_connection 模块中的 BaseConnection 类。在初始化方法中，Netmiko 主要帮助用户创建到网络设备的 SSH 连接，执行取消分页的命令（保证查询命令中不会有分页提示），并发现当前状态的提示符（用于后续判断命令执行是否结束）。大部分网络设备的连接类都会结合自身特性重写 BaseConnection 类的初始化方法，例如在华为连接类的初始化方法中，在通过 Paramiko 创建 SSH 连接后，会执行 "screen-length 0 temporary" 命令取消分页。取消分页的操作是一个十分重要的环节，这样能够确保 Netmiko 在执行任务时，不会因为被 more 提示符卡住而导致回显信息缺失或者程序异常。因此，在使用 Netmiko 前，一定要确保当前用户具备执行取消分页命令的权限。

1．参数详解

读者了解 ConnectHandler 函数的底层逻辑即可，要重点掌握的是 ConnectHandler 函数的参数（实际上是 BaseConnection 类的初始化方法__init__的参数）。ConnectHandler 函数的核心参数及其说明如表 6-2 所示。

表 6-2　ConnectHandler 函数的核心参数及其说明

参数名	说明
device_type	字符串类型，Netmiko 中网络设备平台的类型
ip	字符串类型，设备的 IP 地址
host	字符串类型，设备的 host 名称，可以被代码执行的系统解析为 IP 地址，也可以直接使用 IP 地址为该参数赋值
username	字符串类型，登录设备时所需的用户名
password	字符串类型，登录设备时所需的密码
secret	字符串类型，提权时需要输入的密码
port	整数类型，连接目标设备的端口号，在使用 SSH 协议驱动时，会被自动赋值为 22，也可以由用户指定
conn_timeout	整数类型，连接超时时长，单位为秒，默认值为 5。
timeout	整数类型，执行命令的超时时长，单位为秒，默认值为 100，用户可根据执行命令的回显时长适当调整
session_log	字符串类型，会话日志的文件路径，默认值为 None，在赋值为文件路径后，会记录与设备的所有交互

续表

参数名	说明
session_log_file_mode	字符串类型，会话日志记录模式，覆盖模式为 write（默认值），追加模式为 append
global_delay_factor	整数类型，全局的延迟因子，默认值为 1
fast_cli	布尔类型，是否开启快速模式，默认值为 False（不开启快速模式）。开启快速模式后可以优化 Netmiko 的性能，提高获取回显的速度

接下来，将对表 6-2 中比较重要的核心参数进行详细说明。

device_type 代表网络设备平台的类型，常用的取值可以参考表 6-1。

ip 和 host 这两个参数本质上无任何差别，在初始化方法时，不论是选取给 ip 还是 host 参数赋值，结果都是一样的，最终都会赋值给连接对象的 host 属性。如果两个参数都被赋值，那么 ip 参数会被赋值给连接对象的 host 属性。建议读者将设备的 IP 地址赋值给 host 参数。

secret 是用于提权时输入的密码，类似思科防火墙中的 enable 密码。默认值为空字符串，如果后续代码要调用连接对象的 enable 方法进行提权，那么必须给 secret 赋值。

port 与所使用的连接协议紧密相关，如果用户修改了网络设备所使用的协议的端口号，那么可以根据实际情况对 port 进行赋值。如未修改，则无须设置此参数，Netmiko 会根据 device_type 值进行自动赋值：如果 device_type 值中没有 telnet 子串，则端口号默认为 22，否则将被设置为 23。

conn_timeout 是 ConnectHandler 创建连接的连接超时时长，如果网络条件不好，尤其是在广域网或者国际网络环境中，创建连接的耗时会稍微长一些，建议适当增加其值。

timeout 定义了后续调用 send_command 方法时，执行命令并等待回显的超时时长，默认值为 100 秒，要在其指定的时间内确保设备返回全部回显。在实际生产中，如果执行 "show running-config" 或者 "display current-configuration" 这种配置量比较大的命令时，send_command 方法会消耗大量时间去 SSH 隧道中读取设备的回显。如果 timeout 的值设置得较小，send_command 方法会因为在指定时间内未获取全部回显而抛出异常。如果用户在执行命令的过程中出现类似的情况，要将 timeout 调整为一个比较大的值。

session_log 记录登录设备之后的所有交互记录，用户可以查看与设备的所有交互，也可以在程序异常时根据此记录进行一定程度的 debug。

session_log_file_mode 参数的值决定交互记录是覆盖模式还是追加模式。

global_delay_factor 是全局的延迟因子，默认值为 1。此参数会影响 Netmiko 与设备交互获取回显的频率，当开启快速模式时，调小此值可以加快获取回显的频率，进而优化 Netmiko 的性能，同时加快登录的速度和获取命令执行回显的速度。

fast_cli 可以优化 Netmiko 的整体性能，加快回显的获取速度，并通过影响内部的一个系数进而影响登录和执行命令的速度。其默认值为 False，即不开启设备的加速模式。如果设备性能比较好，可以将其设置为 True。性能不佳的设备开启了 Netmiko 的加速模式，可能会导致设备宕机，用户设置此值时要考虑将其应用到现有网络环境中的风险。部分网络设备平台性能比较好，其对应的连接类在继承 BaseConnection 类后会将其置为 True，例如思科的 cisco_nxos、 cisco_asa 等。在 Netmiko 3.4.0 中，开启此参数也会因内部的设计导致 timeout 参数的失效，一种解决方案是将此参数显式地赋值为 True，确保最终的延迟因子是 1。对初学者而言，可以忽视此 bug，因为当前绝大多数网络设备的性能都比较强，即使是获取全量配置，默认的超时时间也是足够的，一般不会触发此 bug。然而如果是类似防火墙的设备，其配置量比较大，回显时间特别长，那么可以考虑采取上述解决方案规避这个 bug。

除 device_type 和 ip 以外的所有参数都在连接类中有同名属性，在一些特殊场景中可以访问其属性，从而进行对应逻辑的处理。对初学者而言，登录设备最重要的参数是 device_type、host、username 和 password。如果执行命令的耗时比较长，那么可以适当增加 timeout 的值，同时显式地将 fast_cli 的值设置为 False。在配置推送时，可以给 session_log 赋值，记录与网络设备的实际交互行为。

2. 最佳实践

执行 ConnectHandler 函数后会返回一个连接对象。在代码结束时，用户需要调用连接对象的 disconnect 方法，断开与设备的连接并释放相关资源。本书推荐使用 with 上下文管理器调用 ConnectHandler 函数以创建连接对象，这样在离开 with 管理的代码块时，Python 会调用 with 创建对象的 __exit__ 方法。在 Netmiko 中，此方法又会调用 disconnect 方法，进而自动断开连接。

在调用 ConnectHandler 函数时，用户可以对其参数一一赋值，也可以将相关参数封装到字典中。用户也可以借助 Python 解包的特性来简化函数的调用过程，解包允许我们将字典数据中的成员（键值对）作为关键字参数直接赋值给函数。

解包时在字典变量前添加两个星号，即可传入 ConnectHandler 函数。Python 会读取字典数据中的 key 与 value，将 value 赋值给函数中与 key 同名的参数。通过字典数据管理网络设备登录的基本信息，会使信息内容更集中、更统一，可读性更好，且更容易与其他代码集成。使用 ConnectHandler 函数创建到网络设备连接的最佳实践如代码清单 6-3 所示。

代码清单 6-3　使用 ConnectHandler 函数创建到网络设备连接的最佳实践

```
from netmiko import ConnectHandler

# 使用字典管理网络设备登录信息
dev = {'device_type': 'huawei', 'host': '192.168.137.201',
       'username': 'netdevops', 'password': 'Admin123~'}

# 使用 with 上下文管理器调用 ConnectHandler 函数并创建连接对象
with ConnectHandler(**dev) as conn:
    output = conn.send_command('display version')
    print(output)
```

6.2.2　send_command 详解

send_command 是 Netmiko 最核心的 API，它可以通过 SSH 隧道给网络设备发送命令，获取设备的回显。此方法一般用于执行查询类的命令。

1. 运行逻辑

脚本通过 SSH 协议与网络设备交互的基本逻辑是在创建的 SSH 隧道中发送命令，间隔一段时间后，从 SSH 隧道中读取设备执行命令后的回显。其中的难点在于如何判断回显结束。

send_command 的设计思路是通过提示符（prompt）的正则表达式来判断回显是否完全结束。所谓提示符就是用户输入命令之前的提示符号，最常见的是"device_name#"或者"device_name>"之类的提示符，还有一些输入密码、分页（more）等提示符。在登录阶段，Netmiko 会执行取消分页的命令，排除分页提示符的干扰，这样可以让回显源源不断地输出，而不会被分页提示符卡住。当再次出现指定提示符（通过正则表达式判断）时，就认为回显全部结束。send_command 的内部流程如图 6-1 所示。由于本文篇幅限制，因此图 6-1 中的流程仅对内部流程进行简单描述，实际的代码逻辑会更加复杂。

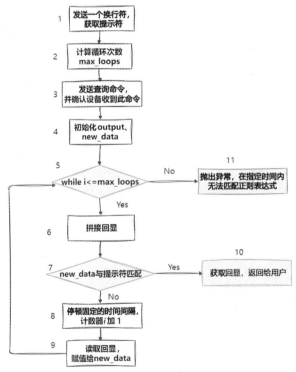

图 6-1 send_command 的内部流程

在图 6-1 中，各步骤的具体内容如下所示。

步骤 1，在发送查询命令前，默认情况下的 Netmiko 会发送一个换行符（相当于人工按下回车键），自动发现并获取当前的提示符。

步骤 2，计算循环次数 max_loops。

步骤 3，通过 SSH 隧道发送要执行的查询命令，并确认设备收到此命令。

步骤 4，初始化 output 和 new_data，用于接收设备后续返回的数据。

步骤 5，Netmiko 会开启一个 while 循环，并根据计数器 i 与 max_loops 的大小比较来判断指定时间内是否获取完整的回显。程序在刚开始时一般会进入步骤 6，从设备读取信息并将回显进行拼接。

步骤 7，通过正则表达式判断回显中的文本 new_data 是否与指定的提示符匹配，从而确定回显是否结束。如果匹配成功，那么回显结束时会进入步骤 10，将回显返回给用户。如果匹配失败，那么进入步骤 8，让程序停顿固定的时间间隔，计数器 i 加 1，在经过一定的时间间隔后，网络设备的回显才能被接收到。

步骤 9，停顿固定的时间间隔后，继续读取回显，并赋值给 new_data，然后进入步骤 5。一般经过多次循环后，在步骤 7 中，就会获取到完整的配置回显，并将其返回给用户。然而，如果 i 的值大于 max_loops 的值，说明未读到完整的配置，那么 Netmiko 会进入步骤 11，抛出异常，提示用户该方法在指定时间内无法匹配正则表达式。

以上流程只是对 send_command 的内部流程进行简单说明，读者理解这种正则表达式机制的原理即可，在初学阶段不必过分关注流程细节。在默认情况下，由 Netmiko 在执行命令前自动发现提示符并将其转换为正则表达式，用于判断回显是否完全结束。因为网络设备执行查询命令前后的提示符几乎不变，所以官方更推荐使用这种方法来执行查询命令。用户在熟练掌握 send_command 的运行逻辑后，也可以通过指定正则表达式来判断回显是否完全结束，这种情况多用于配置推送或者其他特殊场景。

2．参数详解

结合作者的使用经验，send_command 方法的核心参数及其说明如表 6-3 所示。

表 6-3 send_command 方法的核心参数及其说明

参数名	说明
command_string	字符串类型，要执行的命令
expect_string	字符串类型，默认值为 None，判断回显是否完全结束的正则表达式
delay_factor	整数类型，方法内的局部延迟因子，默认值为 1，单位为秒
auto_find_prompt	布尔类型，执行命令前是否自动发现提示符，默认值为 True，一般不做调整
normalize	布尔类型，是否将命令标准化，默认值为 True，去除 command_string 左右的空白符后添加换行符
cmd_verify	布尔类型，确认命令是否在回显中出现，默认值为 True
use_textfsm	布尔类型，是否使用 TextFSM 解析回显，默认值为 False
textfsm_template	字符串类型，默认值为空，解析回显使用的 TextFSM 模板路径

command_string 是发送给网络设备执行的命令，是单行的命令，禁止用任何方法传入多行命令。赋值时，命令行字符串中无须添加 "\n" 或者 "\r\n"，Netmiko 会自动去除命令左右的空白符，然后在其尾部添加对应平台的换行符（对应连接对象的 RETURN 属性）。这种对命令进行处理的机制是由 normalize 参数控制的，不建议读者修改此参数。

expect_string 是判断回显是否完全结束的正则表达式。初学者在使用 send_command 方法执行查询命令时，无须修改此参数。当读者执行的是"system-view"等会改变提示符的命令时，会因为前后提示符无法匹配而抛出异常。用户可以根据情况自行编写判断回显结束的正则表达式，并赋值给此参数，从而实现更加复杂的命令执行逻辑。使用 expect_string 参数，可以让 send_command 执行提示符变化的命令，如代码清单 6-4 所示，它演示了使用 send_command 进入设备配置模式的方法。

代码清单 6-4 让 send_command 执行提示符变化的命令

```
from netmiko import ConnectHandler

dev = {'device_type': 'huawei',
       'host': '192.168.137.201',
       'username': 'netdevops',
       'password': 'Admin123~'
       }

with ConnectHandler(**dev) as conn:
    # 发送命令 system-view，会导致返回提示符变化
    # 通过 expect_string 参数修改内部判断回显结束的正则表达式
    output = conn.send_command(command_string='system-view',
                              expect_string=r']')
    print(output)
```

按照这种方法，用 send_command 方法实现推送保存、配置等交互是完全没问题的，只要每次执行 send_command 方法时都赋值给 expect_string 正确的正则表达式即可。但不推荐读者使用此方法执行推送配置命令，读者可以使用 6.2.4 节介绍的 send_config_set 和 send_config_from_file 方法。

delay_factor 是 send_command 方法内的延迟因子，默认值为 1，方法内的延迟基数 loop_delay 是 0.2 秒。Netmiko 的连接对象有 select_delay_factor 方法，用于决定实际使用的延迟因子。如果开快速模式（将 fast_cli 赋值为 True），global_delay_factor 的值会变为 0.1，然后选择 delay_factor 和 global_delay_factor 中的较小者，这样会缩短停顿时间、提高速度。如果未开启快速模式，就会选择二者中的较大者，相对而言速度会有所降低。如果用户对时效比较敏感，且设备性能足够，可以在初始化的时候将连接类中的 fast_cli 赋值为 True，在调用 send_command 方法时调整 delay_factor 的值为一个比较小的值，例如 0.05，这样每次读取回显的时间间隔将会是 0.01 秒（0.2 秒乘以 0.05）。初学者要谨慎调整此参数，以免对设备造成性能上的压力。

cmd_verify 代表确认命令是否已经被设备接收到，就像使用 SSH 软件登录设备时，执行的命令会显示在窗口中。在默认情况下，只有 Netmiko 确定命令已经被设备接收到（在回显中可确认）时，才会开启循环读取回显，执行查询命令时无须修改此参数。但当使用 send_command 方法执行一些特定命令时，发送给设备的指令不会显示在 SSH 隧道中，例如在输入密码时，Netmiko 会因等待回显中出现发送的命令超时而报错。如果用 send_command 执行此类命令，需

要将 cmd_verify 的值设置为 False，这样才能开启 while 循环读取回显。

Netmiko 还提供了强大的配置解析功能，其中比较常用的是基于 TextFSM 的配置解析，它会内置 TextFSM 的功能，联动 ntc-templates 的模板库直接解析回显并返回给用户。如果将 use_textfsm 赋值为 True，Netmiko 就会根据执行的命令、设备的 device_type 值，到 ntc-templates 模板库中的 index 索引文件中进行匹配。如果找到了解析模板，则解析配置并返回字典列表结构化数据（需要注意的是，返回的数据中所有字典的 key 均被转换为小写）；如果找不到解析模板，就会返回回显文本（字符串类型）。用户也可以将解析模板的路径赋值给 textfsm_template，使用指定的解析模板解析执行命令的回显，本书更加推荐这种方法。send_command 方法调用 TextFSM 模板，可以将配置直接解析成结构化数据，如代码清单 6-5 所示。

代码清单 6-5　将配置直接解析成结构化数据

```
from netmiko import ConnectHandler

dev = {'device_type': 'huawei', 'host': '192.168.137.201',
       'username': 'netdevops', 'password': 'Admin123~'}

with ConnectHandler(**dev) as conn:
    data = conn.send_command('display version',
                       use_textfsm=True, # 使用 TextFSM 解析
                       textfsm_template='huawei_display_version.textfsm') #模板
    print(data)
```

在使用 send_command 方法时，最常见的一种错误是在指定时间内未检测到回显中有指定的正则表达式，报错信息如下：

```
OSError: Search pattern never detected in send_command: <netdevops>
```

发生这种情况有两种原因：一种是执行的命令，例如 system-view 或者 config 等命令，会导致提示符发生变化；另一种原因是执行的命令回显内容在指定时间内没有结束。针对第一种原因，建议使用 Netmiko 连接对象的 config_mode 等特殊方法，或者使用 send_command_timing 执行相关操作；针对第二种原因，建议在创建 Netmiko 连接对象时将 timeout 的值适当调大，如果不了解连接类的 fast_cli 默认值，可以将其显式赋值为 False。

除以上核心参数外，send_command 还有几个其他参数，但是其实际用处有限，几乎不会被使用或者在未来版本中被抛弃，因此本书不做赘述，有兴趣的读者可以查看 send_command 的文档字符串。

6.2.3　send_command_timing 详解

Netmiko 还提供了一种基于时间延迟机制的发送命令方法——send_command_timing。如果在实际使用中执行有交互的特定命令，那么官方推荐使用此方法。

1．运行逻辑

send_command_timing 方法的运行逻辑与 send_command 方法的运行逻辑十分相似，首先发送命令到设备后开启一个 while 循环，然后以固定时间间隔读取回显。二者的主要区别在于判定回显完全结束的逻辑。send_command_timing 方法是从设备读取回显后判断其内容是否为空，如果不为空，则认为后续仍有回显，在停顿指定的时间间隔后进入下一次循环；如果读取的回显内容为空，则会让程序再次停顿一个稍微长点的时间间隔（延迟时间），在这个延迟时间内仍无回显，Netmiko 则认为回显已经完全结束。停顿的延迟时间是方法内部的时间基数（2 秒）乘以延迟因子得到的。在全局和局部延迟因子使用默认参数的前提下，fast_cli 模式下的延迟时间是 0.2 秒，普通模式下是 2 秒。

send_command_timing 使用时间延迟机制的设计理念是：实际设备回显的时间间隔非常小，且会源源不断返回给调用方。当不再出现回显时，基本可以断定回显已经结束。此方法适合执行一些"短平快"的命令，例如 display version。如果部分设备在执行某些命令时会出现明显卡顿，那么不适合使用此方法。在每次循环中，Netmiko 都会拼接回显，在确认回显完全结束或者超时后，send_command_timing 都会将回显的处理结果返回给用户，不会抛出异常，这也是 send_command_timing 的特点之一。

2．参数详解

在了解了 send_command_timing 方法的基本逻辑之后，读者需要掌握这个方法的核心参数。send_command_timing 方法的核心参数及其说明如表 6-4 所示。

表 6-4　send_command_timing 方法的核心参数及其说明

参数名	说明
command_string	字符串类型，在网络设备上执行的命令
delay_factor	整数类型，方法内的局部延迟因子，默认值为 1，单位为秒
normalize	布尔类型，是否将命令标准化，默认值为 True，去除 command_string 左右的空白符后添加换行符
cmd_verify	布尔类型，确认命令是否在回显中出现，默认值为 True
use_textfsm	布尔类型，是否使用 TextFSM 解析回显，默认值为 False
textfsm_template	字符串类型，默认值为空，解析回显使用的 TextFSM 模板路径

send_command_timing 方法的主要核心参数与 send_command 方法的核心参数的重合度很高。在充分了解了 send_command 方法的参数以后，掌握 send_command_timing 方法的使用也就很容易。send_command_timing 的使用如代码清单 6-6 所示。

代码清单 6-6　send_command_timing 的使用

```
from netmiko import ConnectHandler
```

```
dev = {'device_type': 'huawei', 'host': '192.168.137.201',
       'username': 'netdevops', 'password': 'Admin123~'}

with ConnectHandler(**dev) as conn:
    data = conn.send_command_timing('display version',
                        use_textfsm=True,
                        textfsm_template='huawei_display_version.textfsm')
    print(data)
```

相较于 send_command 方法，send_command_timing 方法的核心参数的变化主要体现在两点：一点是与提示符相关的参数 expect_string 和 auto_find_prompt 消失；另一点是 delay_factor 会影响读取回显的时间间隔，还会影响延迟时间。如果用户为了提升效率，调小 delay_factor 的值，那么可能会影响延迟机制中的判断条件。因此，在调用 send_command_timing 方法时，本书并不建议调小 delay_factor。甚至在执行一些命令时，用户还需要调大延迟因子，也就是在确保关闭快速模式的前提下，调大 delay_factor 这个参数。例如思科的部分设备在执行 "show running-configuration" 命令时，回显可能会在 building configuration 阶段卡 2 秒以上，这就满足了延迟机制中回显结束的判断条件，方法会在执行结束后返回一段不完整的回显。在此类情况下才有必要调大 delay_factor 的值（同时配合调整 fast_cli 的值为 False），其他情况下不建议修改此参数的值。本书更推荐使用 send_command 方法执行常规的查询命令，从而确保回显是完整的，并不会因为特殊原因触发延迟机制而导致回显不完整。

由于 send_command_timing 方法并不会报错，且不依赖于提示符，因此它也适合处理提示符不断变化的配置场景。例如针对国产设备的提权，Netmiko 的连接类适配得并不完善，此时用户可以使用 send_command_timing 方法发送 super 等提权命令，发送密码时再适当将 cmd_verify 赋值为 False，便可以顺利提权。Netmiko 中很多方法的封装也使用了时间延迟机制（用的是其他内部方法，但原理基本一致），也充分印证了 send_command_timing 可以处理很多配置场景中的交互难题。使用 send_command_timing 完成网络设备账户提权，如代码清单 6-7 所示。

代码清单 6-7　使用 send_command_timing 完成网络设备账户提权

```
from netmiko import ConnectHandler

dev = {'device_type': 'huawei',
       'host': '192.168.137.201',
       'username': 'netdevops',
       'password': 'Admin123~',
       'secret': 'Admin123!',
       'session_log': 'netdevops.log'
       }

with ConnectHandler(**dev) as conn:
    # 发送提权命令
    output = conn.send_command_timing(command_string='super')
```

```
print(output)
# 通过连接对象的属性发送提权的密码，因为密码不会回显，所以将 cmd_verify 的值设置为 False
output = conn.send_command_timing(command_string=conn.secret,
                                        cmd_verify=False)
print(output)
```

在代码清单 6-7 中，第一次使用 send_command_timing 发送提权命令 super，基于时间延迟机制，代码不会报错并会返回输入密码的提示符；通过连接对象 conn 的 secret 属性获取提权密码，并第二次使用 send_command_timing 将提权密码发送给设备，此时需要将 cmd_verify 的值设置为 False，这是因为密码类的操作并不会显示在 SSH 隧道中。在等待短暂时间后，提权操作成功结束。使用 send_command 方法也可以实现提权操作，但是每次都需要输入命令对应的 expect_string，这就略显复杂。

6.2.4 send_config_set 和 send_config_from_file 详解

在 Netmiko 的设定中，send_command 和 send_command_timing 主要用于执行查询命令。对于网络配置命令的交互，Netmiko 提供了 send_config_set 和 send_config_from_file 两种方法。后一种方法是前一种方法的一个"变种"，可以从指定文件中读取待推送的配置命令，后一种方法的其他参数和逻辑与前一种方法完全一致，所以本节重点讲解 send_config_set 方法。

1. 运行逻辑

send_config_set 方法提供将若干配置命令推送到网络设备的功能，这里的配置命令为进入配置模式之后、保存配置命令之前执行的命令。以华为 CE 交换机为例，配置命令应为 system-view 和 save 之间的命令（不包含二者）。在推送配置命令前，send_config_set 方法内部会先调用连接对象的 config_mode 方法，帮助用户进入设备的配置模式；在推送完成后，send_config_set 方法会调用连接对象的 exit_config_mode 方法，帮助用户退出设备的配置模式。

如果部分网络设备需要提权才能进入配置模式，那么读者可以使用 Netmiko 连接对象的 enable 方法进行操作。如果在部分连接类中，此方法未实现或者与实际情况有出入，那么读者也可以借助代码清单 6-7 中的方法进行提权操作。

将配置推送到网络设备后，一定要保存配置，否则下次重启时会丢失配置。读者可以使用 Netmiko 连接对象的 save_config 方法保存配置。此方法适配绝大多数设备，用户可以放心调用。

send_config_set 方法内部会逐条将配置命令发送到网络设备。对于每次命令的执行完成情况，方法内部会有正则表达式和时间延迟两种判断机制。正则表达式机制会将登录设备时发现的基础提示符进行强化，生成一个更加通用的正则表达式以确定配置命令生效、回显结束。究竟使用哪种判断机制是由多个参数决定的，在实际使用中二者没有特别大的差别，读者不必了解细节，只要清楚如何通过参数调整从正则表达式机制切换到时间延迟机制，以便执行有交互类的配置，具体内容参考接下来的参数详解部分。

2．参数详解

send_config_set 方法的核心参数及其说明如表 6-5 所示。

表 6-5　send_config_set 方法的核心参数及其说明

参数名	说明
config_commands	推送给网络设备的配置命令，使用列表（或者元组）来承载命令，列表成员是单行配置命令
enter_config_mode	布尔类型，是否进入配置模式，默认值为 True（不建议修改）
exit_config_mode	布尔类型，将命令推送给网络设备后是否退出配置模式，默认值为 True
error_pattern	字符串类型，判断回显中是否有执行错误的正则表达式，默认值为空字符串。在推送配置的过程中，如果回显匹配到了此正则表达式，那么程序抛出异常，配置推送中止
delay_factor	数字类型，方法内部的延迟因子，不建议初学者修改
cmd_verify	布尔类型，是否确认回显中包含命令，默认值为 True

config_commands 是要推送给网络设备的配置命令，使用列表（或者元组）来承载命令。每行命令是列表的一个成员，命令的最后一定不要添加换行符。在默认情况下，执行的命令中不建议出现产生交互的命令，例如修改密码。因为 send_config_set 方法发送命令与设备交互默认采用的是正则表达式机制，处理普通的配置完全没有问题，但遇到有交互的命令时，就会因为提示符变化较大，无法获取指定的提示符而超时失败。如果配置命令中存在交互的配置，可以将 cmd_verify 的值设置为 False，这会将 send_config_set 方法内部的命令执行机制调整为时间延迟机制，按部就班输入配置命令（命令中包含对应的信息确认）即可。在 cmd_verify 的值设置为 False 后，也会规避密码等命令不显示在 SSH 隧道中的问题。使用 send_config_set 修改指定用户的密码，如代码清单 6-8 所示。

代码清单 6-8　使用 send_config_set 修改指定用户的密码

```
from netmiko import ConnectHandler

# 使用字典管理网络设备登录信息
dev = {'device_type': 'huawei', 'host': '192.168.137.201',
       'username': 'netdevops', 'password': 'Admin123~',
       'session_log': 'netdevops.log'}

# 有交互的命令，通过 splitlines 切割成字符串列表
change_password_cmds = """aaa
local-user netdevops password
Admin123~
Admin123!
Admin123!
```

```
commit
""".splitlines()

# 使用 with 上下文管理器调用 ConnectHandler 函数创建连接对象
with ConnectHandler(**dev) as conn:
    # 将 cmd_verify 的值设置为 False，触发时间延迟机制，并规避密码不回显的问题
    output = conn.send_config_set(change_password_cmds, cmd_verify=False)
    print(output)
    # 保存配置
    output = conn.save_config()
    print(output)
```

代码清单的输出如下所示：

```
system-view
Enter system view, return user view with return command.
[~netdevops01]aaa
[~netdevops01-aaa]local-user netdevops password
Please enter old password:
Please configure the password (8-128)
Enter Password:
Confirm Password:
[*netdevops01-aaa]commit
[~netdevops01-aaa]return
<netdevops01>
save
Warning: The current configuration will be written to the device. Continue? [Y/N]:y
Now saving the current configuration to the slot 17
Info: Save the configuration successfully.
<netdevops01>
```

error_pattern 主要用于执行配置命令的异常判断，它是一个正则表达式，每条命令的回显都会与此正则表达式匹配。若匹配成功，则代表出现错误，程序会抛出异常。error_pattern 默认是空字符，即不进行异常判断。用户可根据自己下发配置的场景决定是否启用此参数：如果期望在遇到异常情况下还是继续下发后续配置，就不要赋值此参数；如果期望在遇到异常情况下终止下发，就需要赋值此参数。以华为 CE 系列交换机为例，当配置命令执行异常时会回显 "Error: Wrong parameter found at '^' position"，可以简单将 error_pattern 赋值为 Error。在 send_config_set 方法中，可以使用 error_pattern 捕获设备执行命令的异常，如代码清单 6-9 所示，此处故意对一个不存在的端口进行配置以达到演示效果。

代码清单 6-9　使用 error_pattern 捕获设备执行命令的异常

```
from netmiko import ConnectHandler

dev = {'device_type': 'huawei',
       'host': '192.168.137.201',
```

```
                    'username': 'netdevops',
                    'password': 'Admin123~'
                    }

with ConnectHandler(**dev) as conn:
    # 故意对一个不存在的端口进行配置
    config_cmds = ['interface GE100/0/0',
                    'description cofiged by netmiko',
                    'commit']

    # 对 error_pattern 进行赋值，如果命令回显符合正则表达式，就会抛出异常，代码终止，配置不会继续下发
    config_output = conn.send_config_set(config_commands=config_cmds,
                                        error_pattern='Error')
    print('config_output:')
    print(config_output)

    save_output = conn.save_config()
    print('save_output:')
    print(save_output)
```

在这段代码中，若指定网络设备运行时抛出异常，异常内容如下：

```
raise ConfigInvalidException(msg)
netmiko.ssh_exception.ConfigInvalidException: Invalid input detected at command:
interface GE2/0/0
```

delay_factor 是 send_config_set 方法中的局部延迟因子，默认值为 1。该因子主要影响的是发送命令后获取回显的频率，对用户体验影响不大，因此不建议用户对其进行修改。

3. send_config_from_file 方法的使用

send_config_from_file 方法提供从文本文件中读取配置内容并推送到网络设备的功能。此方法的参数与 send_config_set 方法的参数几乎完全一致，唯一的区别是将第一个参数 config_commands 换成 config_file。config_file 参数的类型为字符串类型，是配置文本文件的路径。此方法可以将代码与配置文件分离。使用 send_config_from_file 发送配置命令到网络设备，如代码清单 6-10 所示。

代码清单 6-10　使用 send_config_from_file 发送配置命令到网络设备

```
from netmiko import ConnectHandler

dev = {'device_type': 'huawei',
        'host': '192.168.137.201',
        'username': 'netdevops',
        'password': 'Admin123~'
        }
```

```
with ConnectHandler(**dev) as conn:
    conn.config_mode()
    # 假设待推送的配置都在 config.txt 文件中
    config_output = conn.send_config_from_file(config_file='config.txt')
    print('config_output:', config_output)
    # 保存配置
    save_output = conn.save_config()
    print('save_output:', save_output)
```

send_config_set 和 send_config_from_file 这两个方法都是专门用于发送配置命令的方法,不建议读者使用这两个方法来执行多条查询命令,请务必注意。

以上便是 Netmiko 与网络设备交互的 5 个核心 API。这 5 个核心 API 都有着非常丰富的参数。网络设备和网络环境的复杂性,在 Netmiko 的实际使用过程中,用户总会遇到各种难题,只有充分了解核心 API 的核心参数,才能游刃有余地解决各类难题。

6.3　基于 Netmiko 的网络运维自动化实战

基于 Netmiko 的自动化脚本,可以有效减轻网络工程师因烦琐工作所带来的压力。本节将为读者介绍 3 个基于 Netmiko 的网络运维自动化实战案例,帮助网络工程师有效处理日常重复而机械的工作,包括网络设备的批量配置备份、网络设备的批量信息巡检和网络设备的批量配置推送。

6.3.1　网络设备的批量配置备份

网络设备的定时备份是一件很重要的事情,通过对配置的定时和批量备份,可以保证网络配置的可回溯,在一些紧急情况下,可以使用备份的配置快速恢复网络服务,减少停机时间。另外,变更前后执行配置备份,可以比对变更前后的配置变化,用于排除故障。

在实际生产中,我们的目标是要设计一个网络设备的批量配置备份脚本,需要对众多网络设备执行相应函数,从而实现批量配置备份。考虑多进程、多线程等并发技术对初学者而言有一定难度,我们先设计一个基于 for 循环的网络设备批量配置备份脚本,带领读者理清思路。在这个脚本中,主要设计以下 3 个函数。

- get_batch_backup_dev_infos:读取 Excel 表格,加载登录网络设备的信息。
- network_device_backup:登录设备,执行配置备份的命令,并将设备回显的配置写入名为<设备 IP>.txt 的文件中。
- batch_backup:调用 get_batch_backup_dev_infos 加载网络设备的信息,使用 for 循环读取

单台网络设备的信息，并调用 network_device_backup 函数，实现对单台网络设备的配置备份。

承载网络设备基本信息的表格主要包含使用 Netmiko 登录设备时必需的 host、device_type、username 和 password 字段，外加执行命令的超时时间 timeout（适当调大）字段和 SSH 登录的超时时间 conn_timeout 字段。表格内容如表 6-6 所示。

表 6-6　承载网络设备基本信息的表格内容

host	device_type	username	password	timeout	conn_timeout
192.168.137.201	huawei	netdevops	Admin123~	180	20
192.168.137.202	huawei	netdevops	Admin123~	180	20
192.168.137.203	cisco_ios	netdevops	admin123!	180	20

基于 for 循环的网络设备配置批量备份脚本如代码清单 6-11 所示。

代码清单 6-11　基于 for 循环的网络设备配置批量备份脚本

```
import traceback

import pandas as pd
from netmiko import ConnectHandler

# 各 device_type 对应的配置备份命令
BACKUP_CMDS = {
    'huawei': 'display current-configuration',
    'cisco_ios': 'show configuration',
}


def get_batch_backup_dev_infos(filename='inventory.xlsx'):
    '''
    读取 Excel 表格，加载登录网络设备的基本信息
    :param filename: 表格名称，默认值是 inventory.xlsx
    :return: 设备登录信息（字典）列表
    '''
    df = pd.read_excel(filename)
    devs = df.to_dict(orient='records')
    return devs


def network_device_backup(dev):
    """
    登录设备，执行配置备份的命令，并将设备回显的配置写入名为 <设备 IP>.txt 的文件中，
    :param dev: 设备的基础信息，字典类型，key 与创建 Netmiko 连接所需的参数对应
    :return: None 不返回，只打印
```

```
        """
        try:
            with ConnectHandler(**dev) as conn:
                # 通过设备的 device_type 匹配要执行的配置备份命令
                cmd = BACKUP_CMDS[dev['device_type']]
                output = conn.send_command(command_string=cmd)
                # 将配置写入配置备份文件
                file_name = '{}.txt'.format(dev['host'])
                with open(file_name, mode='w', encoding='utf8') as f:
                    f.write(output)
                    print('{} 执行备份成功'.format(dev['host']))
        except:
            print('{}的配置备份出现异常，请联系开发人员,错误堆栈如下：\n{}'.format(
                dev['host'], traceback.format_exc()))


def batch_backup(inventory_file='inventory.xlsx'):
    """
    读取表格中的网络设备进行批量配置备份
    :param inventory_file: 网络设备基本信息表格
    :return: None
    """
    # 通过函数获取设备列表
    dev_infos = get_batch_backup_dev_infos(inventory_file)
    # 使用 for 循环对每台网络设备实现配置备份
    for dev_info in dev_infos:
        network_device_backup(dev_info)


if __name__ == '__main__':
    batch_backup()
```

代码清单 6-11 定义了变量 BACKUP_CMDS，这种全大写的命名方式是 Python 静态变量约定俗成的写法，提示用户不要在程序中修改此变量值。BACKUP_CMDS 变量是一个字典，key 对应 device_type，value 对应此设备类型要执行的配置备份命令。它承载了各个 device_type 对应的配置备份命令。为了防止单台设备程序运行异常导致整个代码执行失败，在 network_device_backup 函数中添加了异常捕获机制，通过 try 和 except 捕获 try 包裹代码执行中的异常，捕获的异常不会造成程序的异常终止。为了便于排障，还调用了 Python 内置的 traceback 模块中的 format_exc 函数，它将以字符串的形式返回捕获的异常错误堆栈，这样在输出到控制台后，可以更加方便地排障。

因为此脚本使用的是 for 循环，需要依次完成各台网络设备的配置备份任务，任务的执行效率并不高。但是其逻辑比较清晰，没有高深的并发技术，所以对初学者而言比较友好。

随着读者学习和实践的不断深入，对任务的执行效率也有了一定要求，此时可以考虑使用多进程技术。基于多进程的网络设备批量配置备份脚本如代码清单 6-12 所示。

代码清单 6-12　基于多进程的网络设备批量配置备份脚本

```python
import traceback
from multiprocessing import Pool

import pandas as pd
from netmiko import ConnectHandler

# 各 device_type 对应的配置备份命令
BACKUP_CMDS = {
    'huawei': 'display current-configuration',
    'cisco_ios': 'show configuration',
}


def get_batch_backup_dev_infos(filename='inventory.xlsx'):
    '''
    读取 Excel 表格，加载登录网络设备的基本信息
    :param filename: 表格名称，默认值是 inventory.xlsx
    :return: 设备登录信息（字典）列表
    '''
    df = pd.read_excel(filename)
    devs = df.to_dict(orient='records')
    return devs


def network_device_backup(dev):
    """
    登录设备，执行配置备份的命令，并将设备回显的配置写入一个名为 <设备 IP>.txt 的文件中,
    :param dev: 设备的基础信息，字典类型，key 与创建 Netmiko 连接所需的参数对应
    :return: None 不返回，只打印
    """
    try:
        with ConnectHandler(**dev) as conn:
            # 通过设备的 device_type 匹配要执行的配置备份命令
            cmd = BACKUP_CMDS[dev['device_type']]
            output = conn.send_command(command_string=cmd)
            # 将配置写入配置备份文件
            file_name = '{}.txt'.format(dev['host'])
            with open(file_name, mode='w', encoding='utf8') as f:
                f.write(output)
                print('{} 执行备份成功'.format(dev['host']))
    except:
        print('{}的配置备份出现异常，请联系开发人员,错误堆栈如下: \n{}'.format(
            dev['host'], traceback.format_exc()))
```

```
def batch_backup(inventory_file='inventory.xlsx'):
    print("----批量配置备份开始----")

    # 创建进程池，进程数不宜过大，可以设置为 CPU 数量的整数倍
    pool = Pool(4)
    # 读取设备信息列表
    dev_infos = get_batch_backup_dev_infos(inventory_file)
    # 循环读取设备信息，放入进程池进行并行执行
    for dev_info in dev_infos:
        # 使用非阻塞的方法，并发执行函数，每次传入不同的参数，开启若干个进程
        pool.apply_async(network_device_backup, args=(dev_info,))
    # 关闭进程池，不再接收新的请求
    pool.close()
    # 阻塞主进程，等待进程池的所有子进程完成，再执行后续代码
    pool.join()
    print('----全部任务执行完成----')


if __name__ == '__main__':
    batch_backup()
```

multiprocessing 是 Python 内置的标准模块，用于实现多进程功能。代码清单 6-12 中使用了 multiprocessing 模块的 Pool 类来创建多进程的资源池（进程池）。循环读取设备信息的部分代码不变，在调用单台设备配置备份时，使用了进程池对象 pool 的 apply_async 方法，它可以创建出多个子进程来执行指定的函数，从而实现多进程的并发功能。apply_async 方法具有两个参数。

- func：被调用的函数，由于是第一个参数，所以此处省略了参数名，直接按位置赋值为函数 network_device_backup。
- args：被调用函数的参数，以列表或者元组方式按顺序传入多个参数，此处代码中使用了元组形式，并传入了设备登录信息。

多进程版本使用 multiprocessing 模块的 Pool 类创建了进程池，通过 for 循环创建多个子进程，并发执行 get_batch_backup_dev_infos 函数。在创建完众多子进程后，执行进程池对象 pool 的 close 方法和 join 方法，实现进程池的关闭和主进程的阻塞。在创建众多子进程时，使用了 pool 对象的 apply_async 方法，指定了要执行的函数和对应参数。这些都是多进程的固定"套路"，读者可以根据此脚本了解、学习多进程的开发方式，用于提高批量执行操作的效率。在后续的实战案例中，可以直接使用多进程版本实现批量功能。

至此，网络设备的批量配置备份功能已初步实现，读者也可以根据自己的实际情况去扩展此脚本，例如使用 Python 的内置模块 ftplib 将配置备份文件推送到指定的 FTP 服务器等。第 9 章会给出一种更加高效的网络运维自动化开发框架 Nornir，帮助读者循序渐进地按照 for 循环无并发、多进程并发、基于 Nornir 的批量自动化并发的学习路线逐步掌握这部分知识。

6.3.2　网络设备的批量信息巡检

网络工程师的日常工作离不开相关结构化数据的收集，这些数据会被用于统计或者决策。本节将为读者介绍一种网络设备的批量信息巡检实战案例，在本案例中，支持批量登录网络设备，执行相关命令并使用指定的 TextFSM 解析模板解析出结构化数据，并将结构化数据保存到表格文件中。本案例中，将延续代码清单 6-12 的设计思路，编写以下 3 个函数。

- get_batch_collect_dev_infos：读取 Excel 表格，加载登录网络设备的基本信息，表格内容可参考表 6-6。
- network_device_info_collect：登录网络设备并执行命令，将解析出来的格式化数据写入指定表格。
- batch_info_collect：创建进程池，调用 get_batch_collect_dev_infos 函数循环读取设备信息，使用多进程并发技术为每台设备创建子进程，并执行 network_device_info_collect 函数，实现批量信息巡检。

网络设备的批量信息巡检代码编写思路是：首先设计静态变量 INFO_COLLECT_INFOS，然后针对每种 device_type，需要定义其巡检项列表，每个巡检项中需要定义巡检项名称、执行的命令、对应解析模板的路径。network_device_info_collect 函数解析的结构化数据要写入指定文件的以巡检项名称命名的页签中，巡检结果的文件都以设备 IP 为前缀来命名。基于多进程的网络设备批量信息巡检脚本如代码清单 6-13 所示。

代码清单 6-13　基于多进程的网络设备批量信息巡检脚本

```python
import traceback
from multiprocessing import Pool

import pandas as pd
from netmiko import ConnectHandler

# 各 device_type 对应的巡检项
INFO_COLLECT_INFOS = {
    'huawei': [{'name': 'version',
                'cmd': 'display version',
                'textfsm_file': 'huawei_version.textfsm'},
               {'name': 'interface_brief',
                'cmd': 'display interface brief',
                'textfsm_file': 'huawei_interface_brief.textfsm'}
               ],
    'cisco_ios': [{'name': 'version',
                   'cmd': 'show version',
                   'textfsm_file': 'ciso_ios_version.textfsm'}],
}
```

```python
def get_batch_collect_dev_infos(filename='inventory.xlsx'):
    '''
    读取 Excel 表格，加载登录网络设备的基本信息
    :param filename: 表格名称，默认值是 inventory.xlsx
    :return: 设备登录信息（字典）列表
    '''
    df = pd.read_excel(filename)
    devs = df.to_dict(orient='records')
    return devs


def network_device_info_collect(dev):
    """
    登录网络设备并执行命令，解析出格式化数据，并将其写入指定表格
    :param dev: 设备的基础信息，字典类型，key 与创建 Netmiko 连接所需的参数对应
    :return: None 不返回，只打印
    """
    try:
        with ConnectHandler(**dev) as conn:
            # 通过设备的 device_type 匹配巡检的相关信息
            collections = INFO_COLLECT_INFOS[dev['device_type']]
            # 创建表格 writer，用于持续写入数据
            writer = pd.ExcelWriter('{}.xlsx'.format(dev['host']),
                                    engine='openpyxl')

            # 循环采集解析并写入数据
            for collection in collections:
                # 获取命令和巡检项名称、解析模板
                cmd = collection['cmd']
                name = collection['name']
                textfsm_file = collection['textfsm_file']

                # 采集并解析
                data = conn.send_command(command_string=cmd,
                                         use_textfsm=True,
                                         textfsm_template=textfsm_file)
                # 判断 data 数据类型，如果是列表，那么代表解析成功
                if isinstance(data, list):
                    # 构建 DataFrame 数据
                    df = pd.DataFrame(data)
                    # 将数据写入指定的页签
                    df.to_excel(writer, sheet_name=name, index=False)
                    print('{}的{}巡检项巡检成功'.format(dev['host'], name))
                else:
```

```python
                    print('{}的{}巡检项内容为空，请确认解析模板无误'.format(
                        dev['host'], name))
            # 调用 writer 的 close 方法，关闭并保存表格文件
            writer.close()
        except:
            print('{}的巡检出现异常，请联系开发人员,错误堆栈如下: \n{}'.format(
                dev['host'], traceback.format_exc()))


def batch_info_collect(inventory_file='inventory.xlsx'):
    print("----批量信息巡检开始----")

    # 创建进程池，进程数不宜过大，可以设置为 CPU 数量的整数倍
    pool = Pool(4)
    # 读取设备信息
    dev_infos = get_batch_collect_dev_infos(inventory_file)
    # 循环读取设备信息，放入进程池中并行执行
    for dev_info in dev_infos:
        # 使用非阻塞的方法，并发执行函数，每次传入不同的参数，开启若干个进程
        pool.apply_async(network_device_info_collect, args=(dev_info,))
    # 关闭进程池，不再接收新的请求
    pool.close()
    # 阻塞主进程，等待进程池的所有子进程完成，再继续执行接下来的代码
    pool.join()
    print('----全部任务执行完成----')


if __name__ == '__main__':
    batch_info_collect()
```

代码清单 6-13 的核心部分是 network_device_info_collect 函数，这个函数聚焦于一台网络设备巡检过程的实现。通过设备的 device_type 匹配巡检的相关信息，通过 Netmiko 登录设备，借助巡检信息执行指定命令并解析为结构化数据，借助 pandas 将数据写入 Excel 表格。在代码清单 6-13 中使用了一个 pandas 的小技巧，用 pandas 的 ExcelWriter 向一个表格文件中写入多个页签。ExcelWriter 对象可以被视为一个 Excel 的文件对象，可以作为 Dataframe 对象 to_excel 方法的第一个参数。在这个实战案例中，将第 3 章的 pandas、第 4 章的 TextFSM 和本章的 Netmiko 相结合，三者都被统一在网络设备的批量信息巡检场景中。此场景还可以有更多的变化，可以再编写一个函数对巡检项进行判断得出结论，例如端口的使用率、软件版本是否符合基线，CPU、内存等是否超阈值。将结构化的数据写入数据库，这里的数据库可以是传统的 SQL 数据库，也可以是 NoSQL 数据库。数据的采集、解析、收集只是起点，而非终点，读者一定要结合日常运维的需求对结构化数据进行二次消费，从而产生更大的价值。

6.3.3 网络设备的批量配置推送

　　网络设备的批量配置推送也是网络运维自动化中十分常见的一个需求。本书强烈建议初学者在学习本章节时使用测试环境，在风险可控的前提下逐步推广和使用。本节给出一个基于多进程的网络设备批量配置推送脚本，在这个函数中，网络设备的配置存放在<IP 地址>.config 格式的文本文件中，首先创建连接并调用 send_config_from_file 函数读取对应的配置文件，然后下发配置文件，最后调用 save_config 方法保存配置。

　　部分网络设备需要先提权才能进入配置模式，并根据不同网络设备的 device_type 进行判断，相关信息放置在字典变量 ENABLE_INFOS 中，key 为 device_type 的值，value 为是否进行提权操作。由于部分设备需要进行提权，所以在设备登录的基本信息中还要包含 secret 这个参数。用于网络设备批量配置推送的表格内容如表 6-7 所示。

表 6-7　用于网络设备批量配置推送的表格内容

host	device_type	username	password	secret	timeout	conn_timeout
192.168.137.201	huawei	netdevops	Admin123~	—	180	20
192.168.137.202	huawei	netdevops	Admin123~	—	180	20
192.168.137.203	cisco_ios	netdevops	admin123!	admin123!	180	20

　　基于多进程的网络设备批量配置推送脚本如代码清单 6-14 所示。

代码清单 6-14　基于多进程的网络设备批量配置推送脚本

```
import traceback
from multiprocessing import Pool

import pandas as pd
from netmiko import ConnectHandler

# 各 device_type 对应设备是否进入 enable 模式
ENABLE_INFOS = {
    'huawei': False, 'cisco_ios': True, 'cisco_asa': False
}


def get_batch_config_dev_infos(filename='config_inventory.xlsx'):
    '''
    读取 Excel 表格，加载登录网络设备的基本信息
    :param filename: 表格名称，默认值是 inventory.xlsx
    :return: 设备登录信息（字典）列表
    '''
    df = pd.read_excel(filename)
```

```python
    # 将表格中未填写的单元格全部用 None 代替
    df = df.replace({pd.NA: None})
    devs = df.to_dict(orient='records')
    return devs


def network_device_config(dev):
    """
    登录设备推送配置并保存
    :return: None 不返回, 只打印
    """
    # 重新给 session_log 参数赋值, 与设备 IP 关联
    session_log = '{}-session.log'.format(dev['host'])
    dev['session_log'] = session_log
    try:
        with ConnectHandler(**dev) as conn:
            print('{}的配置推送开始'.format(dev['host']))
            # 根据 device_type 判断是否进行提权操作
            enable = ENABLE_INFOS.get(dev['device_type'], False)
            if enable:
                conn.enable()
            # 获取配置下发文件并推送到网络设备保存配置
            config_file = '{}.config'.format(dev['host'])
            conn.send_config_from_file(config_file=config_file)
            conn.save_config()
            print('{host}的配置推送结束, 详见{session_log}'.format(
                    host=dev['host']), session_log=session_log)
    except:
        print('{}的配置推送出现异常, 请联系开发人员,错误堆栈如下: \n{}'.format(
            dev['host'], traceback.format_exc()))


def batch_config(config_inventory_file='config_inventory.xlsx'):
    print("----批量配置推送开始----")

    # 创建进程池, 进程数不宜过大, 可以设置为 CPU 数量的整数倍
    pool = Pool(4)
    # 读取设备信息
    dev_infos = get_batch_config_dev_infos(config_inventory_file)
    # 循环读取设备信息, 放入进程池进行并行执行
    for dev_info in dev_infos:
        # 使用非阻塞的方法, 并发执行函数, 每次传入不同的参数, 开启若干个进程
        pool.apply_async(network_device_config, args=(dev_info,))
    # 关闭进程池, 不再接收新的请求
    pool.close()
    # 阻塞主进程, 等待进程池的所有子进程完成, 再继续执行接下来的代码
```

```
pool.join()
print('----全部任务执行完成----')


if __name__ == '__main__':
    batch_config()
```

　　表 6-7 只存放要下发配置的网络设备清单，无法与 6.6.1 节和 6.6.2 节中的脚本共用设备清单 inventory.xlsx，所以函数的参数和实际文件都要做相关调整，表明它是专门用于配置推送的网络设备清单。当 pandas 读取表格中数据时，未填写的单元格会被赋值为 pd.NA（pandas 中表示空值的特殊对象）。为了方便处理，函数会使用 Dataframe 对象的 replace 方法将之替换为 None。为了方便追溯配置下发的过程，根据设备的 IP 地址，可以在设备登录信息中添加记录会话日志的 session_log 参数，保证每次推送的过程都有迹可循。读者也可以结合自己的实际生产环境，将相关过程推送到指定的消息队列或者数据库。

　　network_device_config 是代码清单 6-14 的核心，可以实现单台网络设备的配置推送功能。通过静态变量 ENABLE_INFOS 决定是否调用 enable 方法。当对当前用户进行提权时，一定要确保对应网络设备的信息中填充了 secret 字段。通过设备的 host 拼接存放配置的文件，调用 send_config_from_file 方法将待推送配置文件进行下发。一定要注意，待推送的配置文件中只保留进入配置模式后和保存配置前的命令。在配置发送给网络设备之后，调用连接对象的 save_config 方法保存配置。batch_config 函数负责实现多进程的网络配置批量推送，通过 get_batch_config_dev_infos 函数读取待下发配置的网络设备清单，启用多进程方式，批量并发执行 network_device_config 函数，实现网络设备的批量配置推送。

　　在本节的 3 个实战案例中，将 Netmiko 与本书第 3 章～第 5 章的内容进行了整合，也与网络工程师的日常工作关系紧密。这 3 个案例都是最基础的脚本，读者可以根据这 3 个脚本衍生出更多的场景。读者在进行配置推送类的自动化开发过程中一定要牢记风险可控，同时也不要忽略信息收集类自动化场景的更多可能性，很多需求存在的前提都是有优质的结构化数据，且这类场景风险更加可控。

6.4　小结

　　在网络运维自动化领域，Netmiko 有着举足轻重的地位，读者可以将之前章节内容充分整合起来，实现各种网络运维自动化的需求。同时它也可以充分和后续章节中出现的工具结合，实现更加复杂的场景需求。Netmiko 入门的关键在于了解其核心 API 及其对应参数，而精通 Netmiko 的关键在于不断实践。读者在实践的过程中一定要循序渐进，同时注意风险可控。

第 **7** 章

模型驱动的新网络管理方式及实践

随着云计算技术的不断发展与业务量的不断增长，网络运维的体量也在不断增加，这也促使网络的管理方式产生了新的变化，更多的网络设备开始注重自身的网络可编程能力，模型驱动的新网络管理协议——NETCONF 协议和 RESTCONF 协议也应运而生，本章将为读者介绍这两种协议及其实际应用。本章的代码都是在测试环境中运行的，读者在学习过程中也尽量在测试环境中进行。在实际生产中，建议读者优先执行获取数据等低风险的操作，谨慎使用修改配置的操作。

7.1 新一代网络管理协议的诞生

在过去很长的一段时间内，CLI 和 SNMP 在网络管理中占据了主导地位。然而，随着云计算时代的到来和网络运维自动化实践的不断深入，CLI 和 SNMP 的局限性逐渐凸显出来。为了满足云计算时代人们对网络管理的新需求，模型驱动的新网络管理协议——NETCONF 协议与 RESTCONF 协议相继诞生。

7.1.1 CLI 与 SNMP 的局限性

CLI 是一种交互方式，而不是一种网络管理协议，它并非专为网络运维自动化而设计，而是网络工程师在长期自动化实践中探索出的一条道路。在网络运维自动化领域，CLI 存在以下 6 个问题。

- 厂商之间的命令集存在巨大差异，不同厂商、不同型号、不同软件版本的命令集都会有很大差异，因此在自动化开发的适配过程中要耗费大量人力。
- 不强制要求传输协议，部分设备还运行 Telnet 这种不安全的协议，存在生产安全风险。
- 缺少数据建模，需要网络工程师根据自身经验创建模型。
- 解析配置与模板化管理配置过程需要经历长时间的积累与沉淀，且没有官方维护。

- 配置下发没有事务性，可能导致部分配置生效，部分配置不生效。
- 没有自动化的检查机制，只有将配置推送给设备时，才可以确认语法和数据是否有错误。

SNMP 是专门为网络管理而生的协议，由一组网络管理的标准组成，包含一个应用层协议、数据库模式和数据对象。SNMP 用于管理网络设备的配置，包含结构化配置的获取和生效，在实际使用过程中逐渐演变成网络监控的实施标准。SNMP 针对网络设备进行了标准的数据建模，将网络配置以结构化数据进行描述，但是在使用中并不尽如人意，主要因为 SNMP 存在以下 6 个问题。

- SNMP 内容可读性低，返回结果冗长，结构化表达偏弱。
- SNMP 的数据模型可读性低，且数据模型数量偏少。
- 安全性受限，SNMP 有 v1、v2c、v3 共 3 个版本，安全性依次提高。其中 v1 版本毫无安全性可言；目前比较流行的 v2c 版本的安全性有限；v3 版本安全且可靠，但配置参数冗长，对于用户并不友好。
- 配置无备份、恢复、回滚等机制，SNMP 只能读取配置的某个叶子节点或者众多叶子节点的数据，无法获取配置的全貌，也无法使用它进行配置备份。
- 支持的写操作功能非常有限，在实际生产中无法作为修改配置的工具。
- 性能有瓶颈，采集数据量有上限，高频率采集信息会对设备造成压力，在采集数量比较大的时候，时延问题比较严重。

本节只是列举了 CLI 与 SNMP 的部分问题，但这并不代表要全盘否定二者的存在价值，更多的是要阐述新一代网络管理协议诞生的背景。对网络工程师而言，在复杂网络环境中，采用基于 CLI 方式的 Netmiko 工具实现网络运维自动化，仍然是当前的最优解。

7.1.2 NETCONF、RESTCONF 协议与 YANG 建模语言的诞生

面向下一代网络，用户究竟需要什么样的网络管理协议呢？这个问题的答案便在 5 个 RFC 文档中，它们分别是 RFC3535、RFC4741、RFC6020、RFC6241 和 RFC8040。

1. RFC3535，一场关于网络管理协议的讨论

IETF 下属的因特网架构委员会（Internet Architecture Board，IAB）于 2002 年组织了一场会议来讨论网络管理，会议主要参与人员是网络运维人员和协议开发人员，旨在指导 IETF 组织在未来管理网络上的发展方向。这场会议的产物就是 2003 年 5 月发布的 RFC3535，它是一个类似于会议纪要的存在。RFC3535 审视了 SNMP 的不足和使用 CLI 管理网络的一些缺陷，并提出了很多诉求、建议和结论，特别是以下 8 条重要的内容。

- 要创建一种标准化的新网络配置管理机制。
- 提供可编程接口且覆盖全面，规避使用 CLI 进行网络管理的局限性。
- 要为所有的可编程接口提供统一的数据建模语言，要有标准的数据模型。

- 网络配置管理标准化的数据载体是 XML 文档，要有统一的控制和数据格式。
- 要区分配置数据和状态数据。
- 要支持配置的备份和回滚恢复。
- 要支持多个配置集，并能加以区分并轻松激活。
- 要支持网络级的配置校验，可以实现网络级配置的事务性处理。

2. RFC4741，新一代网络配置管理协议 NETCONF1.0 的诞生

针对 RFC3535 提出的问题，2006 年 12 月，IETF 发表了 RFC4741，给出了第一份"答卷"。这份"答卷"便是 NETCONF 协议（Network Configuration Protocol）。NETCONF 协议定义了一种网络配置管理的机制，用户可以通过程序去访问网络设备所提供的全面且标准化的应用程序编程接口（application programming interface，API）。程序可以使用这种 API 直接发送、接收全量或者部分的网络配置数据。这是一种远程调用机制（remote procedure call，RPC），控制层和数据交换层都使用 XML 数据格式，且数据要遵循厂商定义的数据模型。遗憾的是，RFC4741 并未给出建模语言的解决方案，最终结果是由厂商自行决定数据建模的语言和方式，从部分厂商的早期 NETCONF 文档中也可以发现，之前是使用内部的 Schema 模式去定义数据模型。即使如此，NETCONF1.0 的诞生仍然有着很重要的意义，很多厂商立刻进行了跟进，于是NETCONF1.0 被逐渐推广开来。

3. RFC6020，下一代网络建模语言 YANG 的诞生

随着对 RFC3535 相关问题的深入研究和各厂商对 RFC4741 的实际应用，人们逐渐认识到RFC4741 存在建模语言不一致的问题。

2010 年 10 月，IETF 发表了 RFC6020，它定义了 YANG 建模语言，用于指导 NETCONF 协议的数据建模。YANG（Yet Another Next Generation）是针对 NETCONF 协议的一种建模语言，专为网络设备的管理定义数据模型。

4. RFC6241，NETCONF1.1 指定 YANG 为建模语言

RFC6020 只制定了建模语言，并未将 YANG 与 NETCONF 协议的结合使用方法描述清楚。2011年 6 月，IETF 发布了 RFC6241，这代表了 NETCONF 协议来到了 1.1 时代。除了对 NETCONF 本身协议的修正和补充，该文档还正式确认了 YANG 作为 NETCONF 协议中唯一指定的建模语言的地位。

5. RFC8040，顺应 RESTful API 的迅猛发展，RESTCONF 1.0 诞生

随着技术的不断发展，RESTful API 逐渐流行。为了顺应时代潮流，2017 年，RESTCONF 1.0 诞生。它为网络设备的配置管理提供了一种遵循 REST 原则、基于 HTTP（HTTPS）协议的远程调用机制。该协议借助了 RESTful API 和 JSON 数据结构的优势，结合 NETCONF 协议的理

念和 YANG 定义的数据模型，进一步将网络配置管理向下一个时代推进。

至此，5 个 RFC 文档的发布确定了以 YANG 为建模语言、NETCONF 协议为主、RESTCONF 协议为辅的下一代网络配置管理架构。在这些 RFC 文档的中间及后续也都有相关的 RFC 文档发布，但大多是对 NETCONF 协议和 YANG 的修订与补充。

网络设备厂商对于网络设备的配置管理也遵循了以 YANG 为建模语言、NETCONF 协议为管理协议的设计原则。尤其是在 SDN 网络环境中，控制器对所辖网络设备的自动化操作大都基于 NETCONF 协议。模型驱动的网络设备管理架构如图 7-1 所示。

作为新一代的网络配置管理协议，NETCONF 协议提供了一种在客户端（Client）和服务端（Server）之间进行 RPC 通信的机制。客户端可以是用户写的脚本、NMS（网络管理系统）和 SDN 控制器，服务端是支持 NETCONF 协议的网络设备。网络设备的配置已采用严谨的模型设计，网络配置管理协议变得更加全面、严谨、安全，网络管理系统的开发成本降低，这都表明网络运维自动化也迈入了一个新的时代。新时代的网络管理架构如图 7-2 所示。

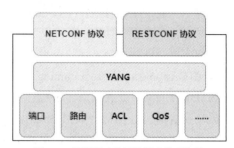

图 7-1 模型驱动的网络设备管理架构

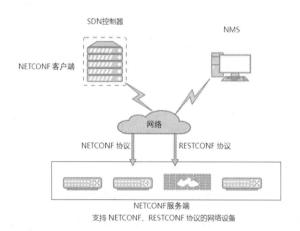

图 7-2 新时代的网络管理架构

目前，NETCONF 协议的用户一般是云平台、SDN 控制器的开发人员，他们将用户的常规操作封装成 Web 界面。用户在 Web 表单中填写相关信息，通过程序转换为对应的 NETCONF 协议操作并发送给指定的网络设备，从而实现对应资源的创建和修改，例如 VPC、VXLAN、BGP 对等体和云专线等的创建。网络运维自动化开发人员应该了解 NETCONF 协议和 RESTCONF 协议，这将帮助他们加深对网络运维自动化的理解，并在特定场景下，通过这两种协议降低开发的难度（例如更容易获取结构化数据、更容易利用已有云平台或者适用 SDN 控制器的 API 编排复杂场景）。

7.2　NETCONF 协议入门

NETCONF 协议是一个严谨且设计完备的协议。随着 NETCONF 协议的不断普及，它也成为下一个时代的首选网络管理协议。

7.2.1　NETCONF 协议的框架

NETCONF 协议有着非常优秀的分层设计理念。NETCONF 协议的框架如图 7-3 所示。

NETCONF 协议框架有 4 层，自下向上分别是安全传输层、消息层、操作层和内容层，每层的功能都非常明确。

安全传输层为客户端和服务端提供一个安全的信道。NETCONF 协议支持众多安全协议信道，在实际生产中，SSH 协议信道的使用最为广泛。

消息层用于传输所有的信令报文，它提供了一种独立于传输层的 RPC 和消息通知框架，主要包含了两种类型的消息传输——RPC 调用

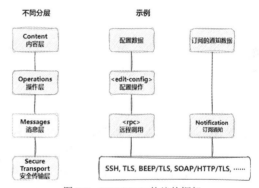

图 7-3　NETCONF 协议的框架

类信息和订阅通知类信息，实际使用中以前者居多。在 RPC 远程调用时，客户端把要执行的操作和参数放置到 XML 报文的 rpc 元素内，发送给服务端（网络设备）；服务端的网络设备对请求进行处理并返回一个应答信息，应答信息被封装在 XML 报文的 rpc-reply 元素内。消息层中的<rpc>标签主要用于声明这是一个 RPC 远程调用，同时通过 id 等属性维系会话，实际的操作和操作内容都在 rpc 元素中。

操作层指定了要执行的操作，实现对配置的增删查改。内容层声明了要增删查改的具体数据内容。NETCONF 协议中最基础且常见的操作有 get、get-config、edit-config、delete-config，分别用于获取运行态数据、获取配置数据、创建或者编辑配置数据、删除配置数据。内容层的数据都是基于 YANG 模型编写的 XML 数据。操作层可以被视为一个函数，而内容层是对这个函数参数的具体赋值。

7.2.2　NETCONF 协议的交互流程

在与网络设备进行 NETCONF 协议的交互前，用户需要先为设备开启 NETCONF 协议的服务，为华为 CE 交换机创建 netconf 用户并开启 NETCONF 服务的配置，如代码清单 7-1 所示。

代码清单 7-1　为华为 CE 交换机创建 netconf 用户并开启 NETCONF 服务的配置

```
#
aaa
 local-user netconf password cipher Admin123~
 local-user netconf service-type ssh
 local-user netconf level 3
#
ssh user netconf
ssh user netconf authentication-type password
ssh user netconf service-type snetconf
#
netconf
 protocol inbound ssh port 830
```

客户端与服务端的交互是一个基于会话机制的请求和响应的过程，NETCONF 协议的交互过程如图 7-4 所示，大体可分为以下 4 个步骤。

（1）在 830 端口创建 SSH 连接。

（2）双方交换能力集（capabilities），表明双方支持的功能。

（3）中间进行多次 RPC 请求与应答。

（4）由客户端发起关闭会话的操作请求（kill-session），服务端返回"OK"的应答，客户端关闭会话。

客户端通过 SSH 协议在 830 端口与网络设备完成认证，创建 SSH 连接。服务端的网络设备会发送给客户端一个 hello 报文，同时携带服务端设备支持的能力集；客户端会也会发送给服务端一个 hello 报文，携带客户端支持的能力集。服务端网络设备的能力集主要包括了网络设备支持的 NETCONF 协议的版本、基础操作、厂商自定义的操作和此

图 7-4　NETCONF 协议的交互过程

网络设备支持的 YANG 模型等。客户端的能力集主要是自己支持的 NETCONF 协议版本及操作。服务端网络设备发送的 hello 报文如代码清单 7-2 所示，客户端发送给服务端网络设备的 hello 报文如代码清单 7-3 所示。在这两个示例中，读者可以发现 NETCONF 协议的所有报文都以 "]]>]]>" 结尾。

代码清单 7-2　服务端网络设备发送的 hello 报文

```
<?xml version="1.0" encoding="UTF-8"?>
<hello xmlns="urn:ietf:params:xml:ns:netconf:base:1.0">
  <capabilities>
    <capability>urn:ietf:params:netconf:base:1.0</capability>
    <capability>urn:ietf:params:netconf:base:1.1</capability>
    <capability>urn:ietf:params:netconf:capability:writable-running:1.0</capability>
 ...
```

```
       <capability>urn:ietf:params:xml:ns:yang:ietf-ip?module=ietf-ip&amp;revision=2014-
06-16&amp;deviations=huawei-ietf-ip-deviations-s6800</capability>
       ...
   </capabilities>
   <session-id>94</session-id>
</hello>
]]>]]>
```

代码清单 7-3　客户端发送给服务端网络设备的 hello 报文

```
<?xml version="1.0" encoding="UTF-8"?>
<hello xmlns="urn:ietf:params:xml:ns:netconf:base:1.0">
   <capabilities>
       <capability>urn:ietf:params:netconf:base:1.0</capability>
       <capability>urn:ietf:params:netconf:base:1.1</capability>
       ...
       <capability>huawei.com/netconf/capability/action/1.0</capability>
       <capability>huawei.com/netconf/capability/active/1.0</capability>
       <capability>huawei.com/netconf/capability/discard-commit/1.0</capability>
       <capability>huawei.com/netconf/capability/exchange/1.0</capability>
   </capabilities>
</hello>]]>]]>
```

在完成能力集的交换之后，正式建立会话，客户端就可以向服务端发送 RPC 请求了。客户端发送的获取配置的 XML 报文如代码清单 7-4 所示。

代码清单 7-4　客户端发送的获取配置的 XML 报文

```
<?xml version="1.0" encoding="UTF-8"?>
<rpc xmlns="urn:ietf:params:xml:ns:netconf:base:1.0" message-id="urn:uuid:21a12e75-
9cc9-4409-9e0a-6d66bb01c182">
     <get-config>
         <source>
             <running/>
         </source>
     </get-config>
</rpc>]]>]]>
```

在代码清单 7-4 中，通过<rpc>标签声明这是 RPC 请求。rpc 元素中会有命名空间 xmlns 的属性，主要用于声明这个 rpc 元素遵循的能力集。rpc 元素中还会有一个 message-id 的属性，这是由客户端决定的字符串，一般是数字类型的，示例中华为网络设备采用的是 "uuid"（可转化为整数），用于标记请求消息，相当于一个序列号。服务端网络设备接收到请求后，会响应一个 rpc-reply 的消息，它也会携带同样的 message-id，代表它们是一组成对的请求与响应。如此反复执行若干次请求，每次客户端发送的 message-id 都会自增。

rpc 元素中还包含了操作层的内容，get-config 代表获取配置的操作，即发起了一次查询配置的请求。get-config 元素内是查询配置的参数，即内容层的主体。代码清单 7-4 中的内容层是 source 元素，声明查询的是 running 配置，即正在运行使用的配置。

在发送完请求之后，服务端网络设备会根据客户端的要求获取对应 YANG 模型的数据，并返回相同协议架构的报文。服务端返回的配置响应报文如代码清单 7-5 所示。

代码清单 7-5　服务端返回的配置响应报文

```
<?xml version="1.0" encoding="UTF-8"?>
<rpc-reply message-id="urn:uuid:21a12e75-9cc9-4409-9e0a-6d66bb01c182" xmlns="urn:
ietf:params:xml:ns:netconf:base:1.0" set-id="36">
    <data>
        <system xmlns="huawei.com/netconf/vrp" format-version="1.0" content-version=
"1.0">
            <systemInfo>
                <sysName>netdevops01</sysName>
                <sysContact>R&amp;D Beijing, Huawei Technologies co.,Ltd.</sysContact>
                <sysLocation>Beijing China</sysLocation>
                <sysObjectId>1.3.6.1.4.1.2011.2.62.2.3</sysObjectId>
                <sysGmtTime>1679490851</sysGmtTime>
                <sysUpTime>3098</sysUpTime>
                ...
            </systemInfo>
        </system>
        ...
    </data>
</rpc-reply>]]>]]>
```

在代码清单 7-5 中，rpc 调用对应的响应是 rpc-reply，所以报文的消息层标签是<rpc-reply>。如果远程调用有异常，那么消息层的标签是<rpc-error>。读者也可以观察到<rpc-reply>的属性 message-id 的值与代码清单 7-4 中的一致。响应的内容都是放在 data 元素中，以 XML 的数据格式返回给用户，用户可以借助 xmltodict 工具包将其转换为 Python 字典对象，从而进行一些加工处理。如果用户的 RPC 请求中是无返回数据的操作，那么 RPC 响应元素中只会包含 ok 元素。

当客户端完成相关远程调用后，如果想要关闭会话，那么只需要在 RPC 操作中调用 close-session 操作即可，服务端会返回一个响应报文，客户端收到响应后就可以关闭连接了。客户端发送关闭会话的 RPC 请求，如代码清单 7-6 所示，服务端返回可以关闭会话的 RPC 响应，如代码清单 7-7 所示。

代码清单 7-6　客户端发送关闭会话的 RPC 请求

```
<rpc message-id="urn:uuid:21a12e75-9cc9-4409-9e0a-6d66bb01c183" xmlns="urn:ietf:
params:xml:ns:netconf:base:1.0">
    <close-session/>
</rpc>]]>]]>
```

代码清单 7-7　服务端返回可以关闭会话的 RPC 响应

```
<rpc-reply message-id="urn:uuid:21a12e75-9cc9-4409-9e0a-6d66bb01c183" xmlns="urn:
ietf:params:xml:ns:netconf:base:1.0">
    <ok/>
</rpc-reply>]]>]]>
```

从报文的角度去了解 NETCONF 协议的整个交互过程，有助于加深读者对 NETCONF 协议框架的理解。以上交互过程都是通过 ncclient 脚本执行并捕获的，读者仅作了解即可。

7.2.3　NETCONF 协议的配置数据及常见配置操作

在了解了 NETCONF 协议的框架与交互流程之后，读者需要进一步了解如何使用 NETCONF 协议对指定的配置数据进行操作。NETCONF 协议对配置的增删查改操作都是基于 YANG 模型的配置数据进行的。这些 YANG 模型及其数据统一存放在配置数据存储（datastore）中，读者可以将其理解为配置数据库。RPC 请求中的操作都是针对配置数据库的相关操作。

NETCONF 协议规定，网络设备可以有一个或者多个配置数据库供操作，这些配置数据库分为以下 3 种类型。

- candidate，候选配置数据库，用户可以存放一份或者多份候选数据库，在对网络设备调整配置时，可以先对指定的候选数据库操作，再提交覆盖到运行数据库。
- running，正在生效的运行配置数据库，该类配置数据库有且只有一份。
- startup，设备启动时加载的启动配置数据库，该类配置数据库有且只有一份。

3 种配置数据库之间可以通过指定的操作进行迁移，配置数据库的迁移关系如图 7-5 所示。

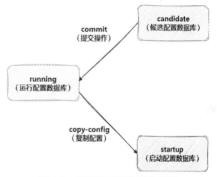

图 7-5　配置数据库的迁移关系

图 7-5 中的 commit 和 copy-config 都属于操作层针对配置数据库的操作。NETCONF 协议中的常见操作及其说明如表 7-1 所示。

表 7-1　NETCONF 协议中的常见操作及其说明

操作名称	说明
get-config	获取指定配置数据库的全部或者部分配置
edit-config	对指定配置数据库的目标配置项进行修改
copy-config	使用源配置数据库替换目标配置数据库，如果不存在目标配置数据库，就创建一个目标配置数据库
delete-config	删除指定的配置数据库，运行配置数据库无法被删除
get	获取设备的运行配置数据库和设备的状态数据

操作名称	说明
lock	锁定某配置数据库（多为运行配置数据库），同时锁定设备的整个配置管理系统
unlock	解锁之前处于锁定状态的配置数据库
close-session	优雅地关闭会话，并释放所有"锁"和关联的连接
kill-session	立刻终止所有正在执行的操作，并释放所有锁定的配置、资源、会话等

表 7-1 是 NETCONF 协议中常见的操作，很多厂商也会根据自身需求设计一些新的操作，具体的操作可以在与设备创建连接交换能力集的阶段获取，也可以参考网络设备厂商的官方文档。

操作相当于一个函数，在执行时可能涉及相关参数，例如 get-config 操作用于获取指定配置数据库的配置数据，对应的 source 参数要指定源配置数据库。如果要在配置数据库中筛选某配置子树，就需要传入 filter 参数指定筛选的配置项，这个配置项要符合 YANG 模型的定义。所有这些操作的参数就是 NETCONF 协议的内容层。获取指定配置数据库的指定配置项的请求报文，如代码清单 7-8 所示。

代码清单 7-8　获取指定配置数据库的指定配置项的请求报文

```xml
<?xml version="1.0" encoding="UTF-8"?>
  <rpc message-id="101" xmlns="urn:ietf:params:xml:ns:netconf:base:1.0">
    <get-config>
      <source>
        <running/>
      </source>
      <filter type="subtree">
        <top xmlns="huawei.com/schema/1.2/config">
          <users/>
        </top>
      </filter>
    </get-config>
  </rpc>]]>]]>
```

在代码清单 7-8 中，rpc 是消息层的元素，get-config 是操作层的元素，get-config 元素内的 source 和 filter 是 get-config 操作的参数，属于内容层的元素。基于 NETCONF 协议的网络运维自动化主要就是发送此类 XML 报文，对指定的配置数据库进行相关配置操作。

7.3　基于 ncclient 的 NETCONF 配置操作

使用 NETCONF 协议进行网络运维自动化的实践，最简单的方法是使用 ncclient 包。本节会从原始报文和 Python 代码两个角度，讲解并演示基于 ncclient 包的 NETCONF 配置操作，方便读者进一步了解 NETCONF 协议的实践应用。

7.3.1 ncclient 简介

ncclient 是一个第三方的 Python 工具包，用于开发 NETCONF 协议中的客户端。它针对网络设备的 NETCONF 协议交互的特点，基于 Paramiko 进行了封装，并优化了很多参数，添加了很多便捷的功能，从而提高了开发效率。本书使用的是 0.6.13 版本，使用如下命令来安装：

```
pip install ncclient==0.6.13
```

安装成功之后就可以编写 ncclient 的脚本，用于创建到网络设备的 SSH 连接（基于 NETCONF 子系统）。通过 ncclient 创建到网络设备的 SSH 连接并打印交换的能力集，如代码清单 7-9 所示。

代码清单 7-9　通过 ncclient 创建到网络设备的 SSH 连接并打印交换的能力集

```
from ncclient import manager

import logging

logging.basicConfig(level=logging.INFO)

if __name__ == '__main__':
    '''
    使用 ncclient 的 manager 模块中的 connect 函数来创建 NETCONF 的连接
    常用参数可以参考设备信息
    '''
    dev = dict(username='netdevops',  # 用户名
               password='Admin123~',  # 密码
               host='192.168.137.201',  # 网络设备 IP 地址
               port=830,  # 端口号
               hostkey_verify=False,# 取消 hostkey 的验证
               manager_params={'timeout': 180},  # 超时时间
               # 加入设备的厂商类型，可以优化客户端，使其携带更多有针对性的能力集
               device_params={'name': 'huawei'})
    # 创建 NETCONF 会话
    with manager.connect(**dev) as m:
        '''调用连接的字段属性 server_capabilities 和 client_capabilities
            分别获取服务端和客户端的能力集
        '''
        server_capabilities = m.server_capabilities
        client_capabilities = m.client_capabilities

        print('server_capabilities are:')
        for i in server_capabilities:
            print(i)
        print('client_capabilities are:')
```

```
for i in client_capabilities:
    print(i)
```

代码清单 7-9 先引入了 ncclient 的 manager 模块，调用其中的 connect 函数，即可创建到网络设备的连接。创建连接时推荐使用 with 上下文管理器，从而保证连接能自动关闭。为了更直接观察到 NETCONF 协议的交互过程，代码中将日志级别调整为 debug，这样与设备的交互信息都会详细输出到控制台，方便读者进一步学习和了解 NETCONF 协议。在生产中，读者可以注释掉相关代码。

connect 函数的参数可以参考设备信息中的字段，基本参数包含 username（用户名）、password（密码）、host（网络设备 IP 地址）和 port（NETCONF 子系统的对应端口号，需要显式赋值）。将 hostkey_verify 的值设置为 False，可以防止因为验证 hostkey 而导致登录失败。除了以上基本参数，读者需要注意的两个高阶参数是 manager_params 和 device_params。

manager_params 是创建连接的参数，属于字典类型。普通用户仅需要关注这个参数中的 timeout 字段，即 RPC 调用的超时时间，可以根据实际情况调整时间长短。

device_params 参数在实际使用中相当于 Netmiko 的 device_type，它是字典类型的参数。读者仅需关注这个字典的 name 字段即可，可以赋值为 ncclient 支持的厂商平台。网络设备厂商都会针对自己的平台添加一些 NETCONF 协议的扩展操作。当用户赋值为对应厂商平台名称时，ncclient 客户端会加载这些厂商的扩展能力集，进而调用一些厂商特有的操作。ncclient 0.6.13 版本支持的厂商型号的扩展能力集参考 ncclient.device.__init__ 模块，其内容如下：

```
supported_devices_cfg = {'junos':'Juniper',
                         'csr':'Cisco CSR1000v',
                         'nexus':'Cisco Nexus',
                         'iosxr':'Cisco IOS XR',
                         'iosxe':'Cisco IOS XE',
                         'huawei':'Huawei',
                         'huaweiyang':'Huawei',
                         'alu':'Alcatel Lucent',
                         'h3c':'H3C',
                         'hpcomware':'HP Comware',
                         'sros':'Nokia SR OS',
                         'default':'Server or anything not in above'}
```

变量 supported_devices_cfg 成员的 key 便是 ncclient 支持的厂商平台，value 是其说明。用户可以根据具体厂商的具体平台使用对应的 key，将其赋值给 device_params 中的 name 字段。因为本书所使用的设备是华为的 CE 交换机，所以代码清单中 device_params 的 name 字段被赋值为 huawei。

创建好 NETCONF 的连接会话之后，就可以使用 ncclient 的脚本向服务端网络设备发送 RPC 请求了。

7.3.2　get-config 操作

get-config 操作用于获取指定配置数据库的全部或者部分配置，包含以下两个参数。

- source：要查询的配置数据库的名称，例如 running、startup 和 candidate。
- filter：配置数据库的过滤条件，这是基于 YANG 模型的过滤条件。

如下是 RFC6241 中给出的 get-config 操作的 XML 报文示例：

```
<rpc message-id="101"
       xmlns="urn:ietf:params:xml:ns:netconf:base:1.0">
    <get-config>
      <source>
        <running/>
      </source>
      <filter type="subtree">
        <top xmlns="huawei.com/schema/1.2/config">
          <users/>
        </top>
      </filter>
    </get-config>
  </rpc>]]>]]>
```

在 rpc 元素的消息层内是操作层，此处使用了 get-config 操作。get-config 元素之内是内容层，示例的内容层中指定了 source 为 running。配置数据库的配置项是树状结构，在默认情况下，get-config 操作获取的是全量的配置数据。如果用户想要指定配置项的数据，那么需要对树状结构的配置数据库进行过滤。其方法是给 filter 参数赋值，将其属性指定为 subtree，代表用户希望获取配置子树，filter 内部是配置项子树的路径，示例中是对 top/users 这个配置项进行过滤。针对华为的 CE 交换机，假设用户想要获取 ifm 模型的配置，可以使用 ncclient 发起 get-config 操作请求，如代码清单 7-10 所示。

代码清单 7-10　使用 ncclient 发起 get-config 操作

```python
from ncclient import manager
import logging

logging.basicConfig(level=logging.INFO)

if __name__ == '__main__':
    device = {
        "host": "192.168.137.201",
        "port": 830,
        "username": "netconf",
        "password": "Admin123~",
```

```
            "hostkey_verify": False,
            "device_params": {'name': 'huawei'}
    }

    dev = dict(username='netconf',  # 用户名
               password='Admin123~',  # 密码
               host='192.168.137.201',  # 网络设备 IP 地址
               port=830,  # 端口号
               manager_params={'timeout': 180},  # 超时时间
               device_params={'name': 'huawei'},
               # 针对 SSH 连接优化一些参数，防止建连接失败
               hostkey_verify=False )

    # 创建 filter，对华为的 ifm 模型进行配置查询
    filter  = """<filter>
                    <ifm xmlns="huawei.com/netconf/vrp"
                    content-version="1.0" format-version="1.0">
                    </ifm>
                </filter>"""
    # 创建 NETCONF 会话
    with manager.connect(**dev) as m:
        # 调用 get_config 方法（对应 get-config 操作），赋值 source 和 filter，发起请求
        response = m.get_config(source='running',filter=filter)
        xml_str = response.xml
        print(xml_str)
```

ncclient 创建的 NETCONF 连接对象可以与操作层名字相对应，只需要将中横线换成下画线，调用对应方法即可完成对应操作。get-config 对应的方法便是 get_config，将此方法的 source 参数赋值为 running，并准备好要筛选的配置子树的过滤条件，以 XML 数据格式的字符串赋值给 filter。每家设备厂商都会有自己的数据模型，在对指定配置选项进行操作时可能会有自己独特的要求。华为的设备一般需要在对应模型的属性中添加 format-version 和 content-version，并将两个参数设置为 1.0。读者可以登录厂商的官网查看相关文档并确定细节。因为有 OpenConfig、IETF 和厂商私有的 3 种 YANG 模型，所以在实际生产中一般都会指定模型的命名空间。

ncclient 会将请求封装成一个完整的 NETCONF 协议报文，通过 SSH 连接发送给网络设备，网络设备会将配置数据以 XML 数据格式返回给用户。ncclient 会将返回数据封装成一个响应对象，访问其 xml 属性就可以获取返回的 XML 报文，其内容如下：

```
<?xml version="1.0" encoding="UTF-8"?>
<rpc-reply message-id="urn:uuid:017417d2-3a9a-4e83-b87e-f270b8cc2f05" xmlns="urn:
ietf:params:xml:ns:netconf:base:1.0" set-id="295">
  <data>
    <ifm xmlns="huawei.com/netconf/vrp" format-version="1.0" content-version="1.0">
      <interfaces>
        <interface>
```

```
                <ifName>GE1/0/0</ifName>
                <ifIndex>2</ifIndex>
                <ifPhyType>GEBrief</ifPhyType>
                <ifPosition>1/0/0</ifPosition>
                <ifParentIfName></ifParentIfName>
                <ifNumber>1/0/0</ifNumber>
                <ifDescr/>
                <ifTrunkIfName/>
                <isL2SwitchPort>true</isL2SwitchPort>
                <ifAdminStatus>down</ifAdminStatus>
                <ifLinkProtocol>ethernet</ifLinkProtocol>
                <ifRouterType>Broadcast</ifRouterType>
                <ifDf>false</ifDf>
                <ifTrapEnable>true</ifTrapEnable>
                <ifMtu>1500</ifMtu>
                <ifMac>709a-6eac-2702</ifMac>
                ...
            </interface>
<!--            此处省略若干端口的配置        -->
        </interfaces>
    </ifm>
  </data>
</rpc-reply>]]>]]>
```

代码清单 7-10 是针对 ifm 模型获取其全量数据，即获取端口配置模型数据的列表。如果用户想查询 ifm 模型的某棵子树，即一个具体端口的配置项，只需要在 XML 树形结构中继续添加筛选条件即可，这里可以结合 pyang 的可视化结果构建筛选条件的 XML 报文。如果想获取 GE1/0/3 的配置选项，那么需要了解 ifm\interfaces\interface\ifName 的树形结构。构建筛选条件的 XML 报文，其内容如下：

```
<filter>
    <ifm xmlns="huawei.com/netconf/vrp" content-version="1.0" format-version="1.0">
        <interfaces>
            <interface>
                <ifName>GE1/0/3</ifName>
            </interface>
        </interfaces>
    </ifm>
</filter>
```

如果将这个 filter 替换为代码清单 7-10 中的 filter，就可以得到指定端口的配置，其返回的报文内容如下：

```
<?xml version="1.0" encoding="UTF-8"?>
<rpc-reply message-id="urn:uuid:58fa1ad0-9333-497d-bfcc-603be33e00bc" xmlns="urn:
ietf:params:xml:ns:netconf:base:1.0">
```

```
<data>
  <ifm xmlns="huawei.com/netconf/vrp" format-version="1.0" content-version="1.0">
    <interfaces>
      <interface>
        <ifName>GE1/0/3</ifName>
        <ifIndex>5</ifIndex>
        <ifPhyType>GEBrief</ifPhyType>
        <ifPosition>1/0/3</ifPosition>
        <ifParentIfName></ifParentIfName>
        <ifNumber>1/0/3</ifNumber>
        <ifDescr/>
        <ifTrunkIfName/>
        <isL2SwitchPort>true</isL2SwitchPort>
        <ifAdminStatus>down</ifAdminStatus>
        <ifLinkProtocol>ethernet</ifLinkProtocol>
        ...
      </interface>
    </interfaces>
  </ifm>
</data>
</rpc-reply>]]>]]>
```

用户也可以筛选若干端口，只需要在 interfaces 元素内添加若干想要筛选的端口对象来构建筛选条件的 XML 报文即可，参考如下报文：

```
<filter>
  <ifm xmlns="huawei.com/netconf/vrp" content-version="1.0" format-version="1.0">
    <interfaces>
      <interface>
        <ifName>GE1/0/3</ifName>
      </interface>
      <interface>
        <ifName>GE1/0/4</ifName>
      </interface>
    </interfaces>
  </ifm>
</filter>
```

在日常使用中，读者也可以使用 xmltodict 将服务端返回的 XML 转换为 Python 的字典数据，从而进行加工处理。

7.3.3　edit-config 操作

edit-config 操作用于实现对指定配置数据库中指定配置项的增删改操作，如果 edit-config 操作的配置项数据存在，则对其修改；如果不存在，则会使用配置数据创建一个新的配置项。

从函数的角度来看,edit-config 操作有以下 5 个参数。

- target:操作的目标配置数据库,可以是 running 或者 candidate,但不能使用 startup。
- config:要操作的配置项数据。
- default-operation:数据集生效的默认操作模式,有 4 种模式。第一种是 merge,合并模式,也是默认的模式,将用户指定的配置和目标数据的配置合并处理,用户指定的配置优先级为高;第二种是 replace,替代模式,会将目标数据的配置清空,只保留用户指定的配置数据;第三种是 create,创建模式,创建目标数据,如果目标数据存在,则报错;第四种是 delete,删除模式,删除用户指定的配置项。default-operation 参数是用于全局的配置项,针对特定的配置项可以添加 operation 属性,为其赋值以上模式,局部的默认模式的优先级高于全局的默认模式。
- error-option:配置数据出错时的策略选项,此参数只有在扩展能力集支持的前提下才可以使用,代表的是发生错误操作时的处理方式。可以将 error-option 设置为 stop-on-error(停止配置修改,此为默认值)、continue-on-error(继续后续的数据配置)、rollback-on-error(回滚配置)。
- test-option:测试选项,此参数必须在扩展能力集支持的前提下才可以使用,它有两个值可选,一个值是 test-then-set(测试配置项),若正确则应用配置,若测试未通过则不应用配置;另一个值是 test-only,仅测试配置项,无论测试是否通过,均不应用配置。

如下是一个稍微复杂、带有异常回滚和覆盖替换配置的 XML 报文示例:

```
<rpc message-id="101"
       xmlns="urn:ietf:params:xml:ns:netconf:base:1.0">
    <edit-config>
      <target>
        <running/>
      </target>
      <error-option>rollback-on-error</error-option>
      <config>
        <top xmlns="huawei.com/schema/1.2/config">
          <interface operation="replace">
            <name>Ethernet0/0</name>
            <mtu>1500</mtu>
          </interface>
        </top>
      </config>
    </edit-config>
  </rpc>]]>]]>
```

这个报文添加了出错时的策略选项,其策略为回滚策略,对端口的配置使用的也是 merge 模式(实际上默认也是此模式,此处仅为演示),实际效果为只将 mtu 调整为 1500。读者可以根据实际情况使用 replace,如果是创建或者删除 VLAN,那么需要使用 create 或者 delete。以上报文如果调用和配置都成功,其应答报文内容如下:

```
<rpc-reply message-id="101"
           xmlns="urn:ietf:params:xml:ns:netconf:base:1.0">
    <ok/>
</rpc-reply>]]>]]>
```

edit-config 操作在 ncclient 的连接对象中有 edit_config 方法与之对应，它的参数也可以与 edit-config 操作的参数基本对应，要将参数名的中横线替换为下画线。

- config：待修改的配置数据的 XML 报文。
- target：目标配置数据库，默认值是 candidate，如果要修改运行配置数据库，那么需要显式赋值为 running。
- default_operation：默认值为 None，采用合并机制。
- test_option：默认值为 None，当设备的能力集支持的时候，用户可按需设置。
- error_option：默认值为 None，当设备的能力集支持的时候，用户可按需设置。

使用 ncclient 发起 edit-config 操作，修改 ifm 模型的数据，如代码清单 7-11 所示。

代码清单 7-11 修改 ifm 模型的数据

```python
from ncclient import manager
import logging

logging.basicConfig(level=logging.INFO)

if __name__ == '__main__':
    dev = {
        "host": "192.168.137.201",
        "port": 830,
        "username": "netconf",
        "password": "Admin123~",
        "hostkey_verify": False,
        "device_params": {'name': 'huawei'}
    }

    # 创建 config，对华为的 ifm 模型的数据进行修改
    config = """<config>
<ifm xmlns="huawei.com/netconf/vrp" content-version="1.0" format-version="1.0">
    <interfaces >
        <interface>
            <ifName>GE1/0/3</ifName>
            <ifDescr> configed by ncclient in netconf protocol</ifDescr>
        </interface>
        <interface>
            <ifName>GE1/0/4</ifName>
            <ifDescr> configed by ncclient in netconf protocol</ifDescr>
        </interface>
```

```
            </interfaces>
        </ifm>
</config>"""
    # 创建 NETCONF 会话
with manager.connect(**dev) as m:
        # 调用 lock 方法（对应 lock 操作），锁定运行配置数据库，读者仅作了解即可
        m.lock(target='running')
        # 调用 edit_config 方法发起 edit-config 操作的 RPC 请求
        response = m.edit_config(config=config,
                                 target='running',
                                 default_operation=None,
                                 test_option='test-then-set',
                                 error_option='stop-on-error')
        xml_str = response.xml
        print(xml_str)
        # 调用 unlock 方法（对应 unlock 操作），解锁运行配置数据库，读者仅作了解即可
        m.unlock(target='running')
```

设备接收到 RPC 请求之后，便会进行配置数据的校验，若校验通过，则配置数据并返回给客户端的成功报文。当然，读者也可以将端口改为一个不存在的端口来测试代码清单 7-11 中的代码，这种情况下，请求会因测试失败而报错，并立刻停止动作。在代码清单 7-11 中，调用了 lock 和 unlock 方法进行锁定配置，防止因多程序发起修改配置的请求而产生冲突。这方面的内容读者仅作了解即可。

7.3.4 get 操作

get 操作用于获取网络设备正在运行的配置数据和运行态数据，它只有一个参数 filter，这个参数用于过滤用户想要获取的系统的配置和状态数据。filter 元素中可以选填一个属性 type，一般为 subtree，接着就可以在 filter 参数中添加筛选条件了。用户也可以不添加 filter 参数，从而获取全量的配置和运行态数据，但在实际生产中，这个数据的体量可能会比较大，会需要很长的时间，有的设备甚至会对配置数据切片，并通过扩展集能力分段获取配置。

get 与 get-config 的操作差异有两处：一是 get 只能获取 running 配置数据库中的配置；二是 get 还可以获取运行态、非配置类的数据，如端口的一些计数器。get 操作可以在一定程度上替代 Netmiko 与 TextFSM 的组合，从而更好地获取结构化数据，更值得读者在实际生产中探索与使用。获取端口状态和配置的 XML 报文示例如下：

```
<rpc message-id="101"
        xmlns="urn:ietf:params:xml:ns:netconf:base:1.0">
    <get>
      <filter type="subtree">
        <top xmlns="huawei.com/schema/1.2/stats">
          <interfaces>
```

```
                    <interface>
                        <ifName>eth0</ifName>
                    </interface>
                </interfaces>
            </top>
        </filter>
    </get>
</rpc>]]>]]>
```

ncclient 中提供了 get 方法，用于获取配置数据和运行态数据，用户只需要关注 filter 参数即可。使用 ncclient 发起 get 操作，从而获取配置数据和运行数据，如代码清单 7-12 所示。

代码清单 7-12　获取配置数据和运行数据

```python
from ncclient import manager
import logging

logging.basicConfig(level=logging.INFO)

if __name__ == '__main__':
    dev = {
        "host": "192.168.137.201",
        "port": 830,
        "username": "netconf",
        "password": "Admin123~",
        "hostkey_verify": False,
        "device_params": {'name': 'huawei'}
    }
    # 用于过滤筛选的 XML 报文
    filter = """<filter type="subtree">
<system xmlns="huawei.com/netconf/vrp" format-version="1.0" content-version=
"1.0"></system>
</filter>"""

    # 创建 NETCONF 会话
    with manager.connect(**dev) as m:
        # 过滤和筛选指定配置项的数据
        response = m.get(filter=filter)
        xml_str = response.xml
        print(xml_str)
```

在代码清单 7-12 中，filter 添加一个属性 type 并将其赋值为 subtree，在 filter 元素内添加 system 元素，代表用户要筛选 system 的配置和状态数据。在 system 中一定要添加命名空间 xmlns，命名空间可以参考对应 YANG 文件中的声明。调用 ncclient 连接对象的 get 方法，即可发起 get 操作的 RPC 请求，获取的报文为指定模型下指定配置数据项的配置态和运行态数据，内容如下：

```
<?xml version="1.0" encoding="UTF-8"?>
```

```
<rpc-reply message-id="urn:uuid:13d3010c-6ff2-4989-87f5-91f36a65b0c1" xmlns="urn:
ietf:params:xml:ns:netconf:base:1.0">
    <data>
        <system xmlns="huawei.com/netconf/vrp" format-version="1.0" content-version="1.0">
            <systemInfo>
                <sysName>netdevops01</sysName>
                <sysContact>R&amp;D Beijing, Huawei Technologies co.,Ltd.</sysContact>
                <sysLocation>Beijing China</sysLocation>
                <sysDesc>Huawei Versatile Routing Platform Software &#13;
VRP (R) software, Version 8.180 (CE12800 V200R005C10SPC607B607) &#13;
Copyright (C) 2012-2018 Huawei Technologies Co., Ltd. &#13;
HUAWEI CE12800 &#13;</sysDesc>
                <sysObjectId>1.3.6.1.4.1.2011.2.62.2.3</sysObjectId>
                <sysGmtTime>1679667953</sysGmtTime>
                <sysUpTime>5008</sysUpTime>
                <sysService>78</sysService>
                <platformName>VRP</platformName>
                <platformVer>V800R018C10SPC607</platformVer>
                <productName>CE12800</productName>
                ...
            </systemInfo>
        </system>
    </data>
</rpc-reply>]]>]]>
```

7.3.5　解锁更多的 ncclient 操作方法

ncclient 支持的操作方法特别多，限于篇幅，本书只介绍了常用的查询配置和编辑配置方法。
ncclient 对应的操作方法可以在 ncclient.manager 模块的 OPERATIONS 变量中找到，它是一个字
典变量，内容如下：

```
OPERATIONS = {
    "get": operations.Get,
    "get_config": operations.GetConfig,
    "get_schema": operations.GetSchema,
    "dispatch": operations.Dispatch,
    "edit_config": operations.EditConfig,
    "copy_config": operations.CopyConfig,
    "validate": operations.Validate,
    "commit": operations.Commit,
    "discard_changes": operations.DiscardChanges,
    "cancel_commit": operations.CancelCommit,
    "delete_config": operations.DeleteConfig,
    "lock": operations.Lock,
```

```
        "unlock": operations.Unlock,
        "create_subscription": operations.CreateSubscription,
        "close_session": operations.CloseSession,
        "kill_session": operations.KillSession,
        "poweroff_machine": operations.PoweroffMachine,
        "reboot_machine": operations.RebootMachine,
        "rpc": operations.GenericRPC,
    }
```

这个字典的 key 是 ncclient 连接对象中调用的"方法",真正在执行的代码实际是 value 中对应类的 request 方法。以 operations.CopyConfig 类为例,它的源代码如下:

```
class CopyConfig(RPC):
    "`copy-config` RPC"

    def request(self, source, target):
        """Create or replace an entire configuration datastore with the contents
of another complete
        configuration datastore.

        *source* is the name of the configuration datastore to use as the source
of the copy operation or `config` element containing the configuration subtree to copy

        *target* is the name of the configuration datastore to use as the destination
of the copy operation

        :seealso: :ref:`srctarget_params`"""
        node = new_ele("copy-config")
        node.append(util.datastore_or_url("target", target, self._assert))

        try:
            # datastore name or URL
            node.append(util.datastore_or_url("source", source, self._assert))
        except Exception:
            # `source` with `config` element containing the configuration subtree
to copy
            node.append(validated_element(source, ("source", qualify("source"))))

        return self._request(node)
```

ncclient 连接对象先通过用户调用的方法名 copy_config(OPERATIONS 字典中的 key)找到对应的操作类 CopyConfig,然后创建一个对象并调用对象的 request 方法,发起一次 RPC 请求。每个方法的实际参数都放在 request 方法中,并且都有非常详尽的说明。一些第三方厂商扩展的操作也可以在 ncclient.operations.third_party 模块中找到对应的操作类。读者可以按照这个思路解锁更多的 ncclient 操作方法。

7.4　RESTCONF 协议入门

随着互联网技术的不断发展，RESTful API 逐渐成为 RPC 远程调用机制的一种主流方式，它使用 HTTP 实现对资源的访问，被广泛使用在众多主流的编程语言和网管平台中。在这种趋势之下，IETF 的 NETCONF 工作组最终决定基于 RESTful API 对 NETCONF 协议进行改造，并于 2017 年 1 月发表了 RFC8040，提出了 NETCONF 协议的"变体"——RESTCONF 协议。从协议名称上可以清晰地发现，RESTCONF 协议是 NETCONF 协议与 REST 的结合。

RESTCONF 协议是一种基于 RESTful API 的网络配置协议，它使用 YANG 模型来描述网络设备的配置和运行状态信息，大量借鉴 NETCONF 协议的概念，并将 HTTP 的各种方法与 NETCONF 协议操作层的操作映射，以 XML 或者 JSON 格式来承载数据，通过 RESTful API 去获取或者修改网络设备的数据配置项。与 NETCONF 协议相比，RESTCONF 协议具备以下 4 点优势。

- 基于 HTTP 或 HTTPS 请求的方式实现网络配置的管理。
- 摒弃了多个配置数据库的概念，可以简单认为只有一个运行配置数据库。
- 摒弃了锁的机制，但如果要操作的配置数据被 NETCONF 协议锁定，RESTCONF 协议的操作仍会失败。
- 遵循 RESTful API 的设计原则，摒弃了 session 的会话机制。

虽然功能的缩减导致 RESTCONF 协议存在一定的局限性，但在实际使用中更适合获取结构化数据。本节仅对 RESTCONF 协议做简单介绍和操作演示，旨在让读者了解 RESTCONF 协议。

7.4.1　了解 REST

表述性状态转移（Representational State Transfer，REST）是 2000 年 Roy Thomas Fielding 的博士论文中提出的概念，它具有 HTTP（HTTPS）API 的设计风格，要求所有 HTTP 请求的都应该在一种有约束的规范下进行。随着软件工程师的不断实践，REST 也逐渐具体起来。有关它的一些核心思想和实践指导，本书将其归纳为如下 7 点。

- REST 是一种风格、约束、指导、原则，帮助用户设计更优秀的、基于 HTTP 的网络应用沟通方式。
- 网络中可访问的每种资源都有唯一的标识符（URI）。资源可以是图片、音乐等，实际应用中多为一组数据，通常会与数据库有所关联。
- REST 使用 HTTP 的交互方法来实现对资源的 CRUD（Create/Read/Update/Delete）操作。
- 对资源操作的响应通过状态码表示，例如状态码 200 代表 OK，201 代表创建成功，401 代表认证失败，404 代表未发现资源。

- 它强调无状态（stateless），即每次请求的交互都是独立的，没有上下文状态的概念，也不使用会话机制。
- 它请求的数据格式和返回的数据格式多以 JSON 为主，实际使用中有部分系统支持 XML 数据格式。
- 它没有以书面形式成为一种严格的规范，而是在人们的实际使用中成为一种事实存在的、比较宽泛的原则。符合 REST 设计风格的 API 被称作 RESTful API。

读者可以借助一些示例了解 RESTful API 的具体表现形式。例如统一资源定位符（URL）以名词为主，有的系统中会在 URL 中添加 API，以比较清晰的层次结构表示资源的位置；再比如版本号，有的系统会在 URL 中添加，有的会在请求的头部（header）中添加。参考如下示例：

```
# 设备列表的 API
api/cmdb/devices
# 端口列表的 API
api/cmdb/interfaces
# 版本号为 1 的 API
api/v1/cmdb/interfaces
```

RESTful API 通过标准的 HTTP 方法实现对资源的 CRUD，它们基本的对应关系如下：

- GET（对应 READ），从服务器中读取资源，支持通过条件筛选，相当于 NETCONF 协议的 get-config 和 get 操作。
- POST（对应 CREATE），在服务器中新建一个资源，相当于 NETCONF 协议的 edit-config 操作，operation 属性为 create。
- PUT（对应 UPDATE），在服务器中更新资源，需提交一个全量的数据，后台重新全部赋值，相当于 NETCONF 协议的 edit-config 操作，operation 属性为 replace。
- PATCH（对应 UPDATE），在服务器中更新资源，仅需提交数据的待修改部分，不在数据中的字段不会被更新，相当于 NETCONF 协议的 edit-config 操作，operation 属性为 merge。
- DELETE（对应 DELETE），从服务器中删除资源，相当于 NETCONF 协议的 edit-config 操作，operation 属性为 delete。

对于任何操作，服务端均需要告知客户端结果，RESTful API 返回的结果包含状态码和数据两部分，其中数据可为空。状态码在实际使用中主要包含以下 3 大类：

- 2*XX*，代表操作成功，比较有代表性的有：200 代表操作成功，并返回数据；201 代表创建成功，并返回数据；204 代表服务器处理成功，但响应体中无数据，多用于删除某资源。
- 4*XX*，代表的是客户端引发的错误，例如 400 代表用户发出的请求有误，服务器无法进行合理响应；401 代表用户认证失败或者权限不足；403 代表用户访问的数据是禁止被访问的；404 代表用户访问的资源不存在。
- 5*XX*，代表的是服务器内部发生错误，无法响应用户的请求。

RESTful API 返回的结果多为 JSON 数据格式，少量为 XML 数据格式，有的会根据用户的请求返回对应格式的数据。

7.4.2 Postman 简介及其安装

读者在学习 RESTCONF 协议过程中，需要先将网络设备的 RESTCONF 协议功能开启。为华为 CE 交换机创建 restconf 用户并开启 RESTCONF 服务的配置，如代码清单 7-13 所示。

代码清单 7-13 为华为 CE 交换机创建 restconf 用户并开启 RESTCONF 服务的配置

```
#
aaa
 local-user restconf password cipher Admin123~
 local-user restconf service-type http
 local-user restconf level 3
#
http
 service restconf
  server enable
```

另外，读者还需要一款工具，用于发起 HTTP 请求并进行 RESTCONF 操作，本书推荐使用 Postman。Postman 是一款用于构建和测试 API 的工具，它可以管理 API 的全生命周期以及协作、开发、测试。因为它有着良好的交互界面和强大的功能，所以深受广大开发者喜爱。Postman 是跨平台的，主流操作系统都有对应的安装包。虽然它是一款商业软件，但是对个人而言，它是完全免费的，读者可以登录 Postman 官网下载其安装包。Postman 官网的下载界面如图 7-6 所示。

图 7-6 Postman 官网的下载界面

读者可以根据自己的操作系统下载对应的安装包，只需要双击安装包即可完成安装。Postman 界面布局如图 7-7 所示，不同的版本存在些许差异，本书使用的版本号是 10.24.16。

图 7-7   Postman 界面布局

打开软件之后，可以观察到 Postman 的界面整体被分为两块区域：左侧是历史请求记录，按日期进行排列；右侧是具体请求的编辑界面。在图 7-7 中，标号 1 处可以编辑请求的方法和 URL。标号 2 处可以编辑请求的参数（Params）、认证（Authorization）、头部（Headers）、请求体（Body）等。标号 3 处可以将对应的请求导出为代码（包括第 8 章介绍的基于 requests 的 Python 代码）。编辑好请求后，单击"Send"按钮之后就可以发送请求。标号 4 处会展示服务端的响应。

7.4.3   RESTCONF 协议的认证与资源导览

RESTCONF 协议的认证是基于 HTTP 协议的认证，网络设备开启 RESTCONF 服务的认证方式几乎采用的都是 HTTP 的 Basic Authentication 的认证方式。Postman 为用户提供了非常便捷的认证填写方法，如图 7-8 所示。用户在创建一个请求后，单击 Auth 选项卡，在 TYPE 下拉框中选择 Basic Auth，在右侧填入用户名和密码即可。在 HTTP 请求头中还要添加 Accept 字段，在图 7-8 所示的 Headers 选项卡的表单中添加即可，赋值为 application/xrd+xml，通知服务端的内容为客户端希望获取到此类格式的报文。Postman 会在请求时帮助用户自动完成用户名和密码的编码和头部的赋值。

在完成以上准备后，用户就可以发起 HTTP 请求，从而获取网络设备的 RESTCONF 服务资源的根路径。根据 RESTCONF 协议的实践经验，建议用户在客户端使用 GET 方法访问服务端的 ".well-known/host-meta"，获取资源的根路径。使用 Postman 发起请求时，HTTP 的请求内容如下：

```
GET /.well-known/host-meta HTTP/1.1
```

```
Host: 192.168.137.201
Accept: application/xrd+xml
Authorization: Basic cmVzdGNvbmY6QWRtaW4xMjN+
```

图 7-8 Postman 的认证填写方法

服务端收到请求后，返回给客户端访问 RESTCONF 服务资源的根路径。用户在返回的 XML 数据中获取 Link 元素的 href 属性。虽然每家厂商返回的路径都可能不相同，但用户通过这种方式可以获取准确的访问地址。

7.4.4 基于 RESTCONF 实现模型数据的查询和更新

在用户获取到 RESTCONF 服务资源的根路径后，就可以根据此路径通过 RESTCONF 协议访问和修改网络设备的 YANG 模型数据。现阶段，结合 RESTCONF 进行网络运维自动化并不广泛，更多的是作为获取结构化数据的一种手段，所以本书仅作查询和更新的演示。

RESTCONF 协议通过 GET 方法获取网络设备的配置数据和运行态数据。如果用户在 RESTCONF 资源根路径后追加 data、yang 文件名称、module 名称、module 中的模型名称，就可以访问对应的 YANG 模型数据。路径的拼接规则如下：

```
http://{设备地址}:{RESTCONF 服务端口}/restconf/data/{yang文件名称}:{module名称}/{模型名称}
```

其中 restconf 为通过图 7-8 发起的请求查询到 RESTCONF 服务资源的根路径。假如用户要获取端口列表的信息，就可以根据 huawei-ifm.yang 文件的描述拼接出端口列表的 URL，如下所示：

```
http://192.168.137.201/restconf/data/huawei-ifm:ifm/interfaces
```

通过此 URL 发送 GET 请求时，头部中除添加认证信息，还要添加 Accept 字段，并赋值为 application/yang-data+json，这样服务端才会返回 JSON 数据。网络设备的服务端支持 XML 与 JSON 两种数据格式，用户也可以把 application/yang-data+json 替换为 application/yang-data+xml，这样服务端返回的端口列表数据就是 XML 格式。借助 Postman 发起获取端口列表的 RESTCONF 请求，服务端返回的数据是 JSON 数据，其内容如下：

```
{
    "huawei-ifm:interfaces" : {
      "interface" : [{
        "ifName" : "GE1/0/0",
        "ifIndex" : "2",
        "ifPhyType" : "GEBrief",
        "ifPosition" : "1/0/0",
        "ifNumber" : "1/0/0",
        ....
        "ifDynamicInfo" : [{
          "ifOperStatus" : "down",
          "ifPhyStatus" : "down",
          "ifLinkStatus" : "down",
          "ifOpertMTU" : "1500",
          "ifOperMac" : "708b-726f-bc82",
          "isOffline" : "false"
        }],
        ...
      }]
    }
}
```

通过 HTTP 请求的 PATCH 方法，用户可以对指定的数据进行修改。例如用户想修改某端口的描述信息，可以通过对端口管理的 URL 发出 PATCH 请求，在请求体中添加 JSON 数据，包含要修改的端口及其描述。在配置修改的过程中，头部中的 Accept 被指定为 application/yang-data+json，告知服务端期望其返回 JSON 格式的数据；在头部中需要指定 Content-Type 为 application/yang-data+json，告知服务端发送的数据是 JSON 格式。以上配置均可以在 Postman 的 Headers 标签中修改。请求体中使用的 JSON 数据指定要修改的端口及修改的内容。用户可以一次性修改若干端口的信息，参考如下请求体：

```
{
    "huawei-ifm:interfaces" : {
      "interface" : [
        {
        "ifName" : "GE1/0/0",
        "ifDescr": "configed by restconf in postman"
        },
        {
        "ifName" : "GE1/0/1",
        "ifDescr": "configed by restconf in postman"
        },
        {
        "ifName" : "GE1/0/2",
        "ifDescr": "configed by restconf in postman"
```

```
            }
          ]
        }
      }
```

首先选中 Postman 请求页的 Body 选项卡，然后选择 raw 选项，将以上内容复制并粘贴到文本框，选择请求方法为PATCH，最后单击"Send"按钮发送请求。操作成功后，系统只返回204 的状态码，无数据内容，此时登录设备可以查看端口描述的配置：

```
Interface           PHY     Protocol Description
GE1/0/0             *down    down     configed by restconf in postman
GE1/0/1             *down    down     configed by restconf in postman
GE1/0/2             *down    down     configed by restconf in postman
```

使用 Postman 发送 RESTCONF 协议的配置更新操作，如图 7-9 所示。

图 7-9　使用 Postman 发送 RESTCONF 协议的配置更新操作

7.5　小结

NETCONF 协议的意义在于提供了一种标准化的、安全的和可编程的方式，以此来配置和管理网络设备，从而简化了配置管理过程，并提高了网络管理的效率和可靠性。它是网络运维自动化和 SDN 的基础之一，对于构建可靠、安全和可扩展的网络环境具有重要意义。建议读者在学习掌握了本书之前章节的内容后，进一步学习并了解 NETCONF 协议，以便更好地掌握未来网络管理的方式。与 NETCONF 协议相比，RESTCONF 协议仅是一个子集，功能并不完备，例如无法实现配置数据库的迁移、无法实现配置的锁定等。另外，RESTCONF 协议出现的时间远晚于 NETCONF 协议，所以在实际的 SDN 控制器和网络管理系统中都未被广泛使用。读者对 RESTCONF 协议仅作初步了解即可，但要理解 RESTful API 和掌握 Postman 的基本使用方法。

第 *8* 章

网络管理工具集

本章将为读者介绍 3 款开源网络管理工具，它们可以有效地解决网络管理的一些难题，也被网络运维自动化开发人员广泛使用。

8.1 IP 地址管理工具包 netaddr

在网络运维工作中，IP 地址的管理和计算是不可或缺的一环。本书推荐一款开源的网络地址管理工具包 netaddr，它主要用于表示和处理 IP 地址，能够为网络运维工作提供极大的便利。

8.1.1 netaddr 简介及基本使用

netaddr 是一个可以处理二层 MAC 地址和三层 IP 地址的工具包，本书仅介绍它对三层 IP 地址的处理。Python 内置了 IP 地址模块 ipaddress，同时 Python 也有其他的第三方 IP 地址工具包 python-ipy，但是 netaddr 的使用方法更加简洁，底层代码逻辑更加严谨，功能更加强大，因此本书推荐 netaddr。本书使用的是 netaddr 的 1.2.1 版本，使用以下命令即可安装：

```
pip install netaddr ==1.2.1
```

netaddr 支持创建 IP 地址对象和 IP 网络对象，分别使用 IPAddress 类和 IPNetwork 类，它们是 netaddr 最核心的两个类，且都支持 IPv4 和 IPv6 两个版本。

1．IP 地址的创建

IP 地址的创建使用 IPAddress 类，在 netaddr 中直接传入 IPv4 或者 IPv6 格式的地址字符串即可。IPv6 的地址支持简写，netaddr 会根据用户传入的字符串识别出版本并自动构建对象。如果给定的 IP 地址非法，程序在创建对象时会报错。网络工程师可以利用这个特性校验给定的

IPv6 地址是否合法。本书主要演示 IPv4 地址及其操作，IPv6 的代码和 IPv4 是完全一致的。使用 netaddr 的 IPAddress 类创建 IP 地址对象，如代码清单 8-1 所示。

代码清单 8-1　使用 netaddr 的 IPAddress 类创建 IP 地址对象

```
from netaddr import IPAddress

ipaddr_v4 = IPAddress('192.168.137.200')
print(ipaddr_v4) # 输出 192.168.137.200

ipaddr_v6 = IPAddress('2001:da8:215:3c01::83bb')
print(ipaddr_v6) # 输出 2001:da8:215:3c01::83bb
```

IPAddress 对象提供了将 IP 地址转为整数的方法。直接使用 Python 内置的对象 int、bin，即可将 IP 地址转换为十进制或者二进制的数字。IPAddress 也支持通过整数创建对象。可以使用 netaddr 将 IP 地址与数字进行转换，如代码清单 8-2 所示。

代码清单 8-2　使用 netaddr 将 IP 地址与数字进行转换

```
from netaddr import IPAddress

ipaddr_v4 = IPAddress('192.168.137.200')
# 转换为十进制的字符串
ipaddr_v4_int = int(ipaddr_v4)
print(ipaddr_v4_int) # 输出 3232270792 ，类型为整数

# 转换为二进制的字符串
ipaddr_v4_bin = bin(ipaddr_v4)
# 通过内置方法转换为二进制的字符串
# ipaddr_v4_bin = ipaddr_v4.bin
print(ipaddr_v4_bin,type(ipaddr_v4_bin))
# 输出 0b11000000101010001000100111001000 <class 'str'>

# 通过整数创建 IP 地址对象
ipaddr = IPAddress(3232270792)
print(ipaddr) #输出 192.168.137.200
```

在网络运维场景中，经常会涉及 IP 地址和网络的归属问题。如果网络可以被视为一个数字区间，IP 地址和网络的关系就可以转换为某数字是否落在给定的数字区间内。将网络信息的起止数字存储到数据库中，借助数据库的 SQL 查询语句，可以快速锁定一个 IP 地址在已有的规划网络中所属的区间，代码清单 8-2 介绍的方法主要针对这种情况。

2．IP 网络对象的创建

netaddr 还支持创建 IP 网络对象，使用 IPNetwork 类传入网络的两种写法，即可创建网络对象。使用 netaddr 的 IPNetwork 类创建网络对象，如代码清单 8-3 所示。

代码清单 8-3　使用 netaddr 的 IPNetwork 类创建网络对象

```
from netaddr import IPNetwork

ip_network = IPNetwork('192.168.137.0/24')
print(ip_network) # 输出 192.168.137.0/24

ip_network = IPNetwork('192.168.137.0/255.255.255.0')
print(ip_network) # 输出 192.168.137.0/24
```

netaddr 支持多种 IP 网络的写法，代码清单只是展示了常用的两种方式，以此来演示网络对象的创建。当用户规划 IP 网络时，给定的地址中含有主机位，那么可以在创建网络对象时将 flags 参数赋值为 NOHOST（或者 4），这样创建网络对象的时候就会自动剔除主机位。对这一内容读者了解即可，参考如下代码：

```
from netaddr import IPNetwork,NOHOST
# 如果网络的地址中含有主机，可以将 flags 赋值为 NOHOST(或者 4)
ip_network = IPNetwork('192.168.137.100/24',flags=NOHOST)
# 创建的网络对象中就不再包含主机位信息
print(ip_network)# 输出 192.168.137.0/24
```

IPNetwork 对象有很多用于获取网络基本信息的方法和属性，其中很多方法也都被包装成为属性。用户可以按照对象属性的访问方式调用这些方法。初学者可以简单认为这些都是 IPNetwork 对象的属性，本书也简单将其视为属性。例如 network 用于获取网络地址（IPAddress 对象），netmask 用于获取掩码（IPAddress 对象），prefixlen 用于获取掩码长度，ip 用于获取主机地址（IPAddress 对象），first 用于获取网络的第一个地址（整数类型），last 用于获取网络的最后一个地址（整数类型），broadcast 用于获取网络的广播地址（IPAddress 对象）。IPNetwork 的部分常用属性如代码清单 8-4 所示。

代码清单 8-4　IPNetwork 的部分常用属性

```
from netaddr import IPNetwork

ip_network = IPNetwork('192.168.137.1/24')

# 获取网络地址，返回结果是 IPAddress 对象，根据需要可以强制转为 str
ip_network_addr = ip_network.network
print(ip_network_addr, type(ip_network_addr))
# 输出 192.168.137.0 <class 'netaddr.ip.IPAddress'>

# 获取掩码，返回结果是 IPAddress 对象，根据需要可以强制转为 str
ip_network_netmask = ip_network.netmask
print(ip_network_netmask, type(ip_network_netmask))
# 输出 255.255.255.0 <class 'netaddr.ip.IPAddress'>
```

```
# 获取掩码长度的表示方法，输出为整数
ip_network_netmask_length = ip_network.prefixlen
print(ip_network_netmask_length) # 输出 24

# 获取主机地址,返回结果是 IPAddress 对象，根据需要可以强制转为 str
ip_network_host = ip_network.ip
print(ip_network_host, type(ip_network_host))
# 输出 192.168.137.1 <class 'netaddr.ip.IPAddress'>

# 获取网络的第一个地址（整数格式）
first_ip = ip_network.first
print(first_ip) # 输出 3232270592

# 获取网络的最后一个地址（整数格式）
last_ip = ip_network.last
print(last_ip) # 输出 3232270847

# 获取网络的广播地址（IPAddress 对象）
broadcast_ip = ip_network.broadcast
print(broadcast_ip) # 输出 192.168.137.255
```

8.1.2　网络展开及包含关系计算

用户可以使用 list 将 IPNetwork 对象强制转换为列表，进而访问其中的 IPAddress 对象成员。当网络地址空间比较大的时候，建议使用 for 循环读取 IPNetwork 对象的成员。for 循环会调用 IPNetwork 对象内部的一个特殊方法，每次只返回一个 IPAddress 对象。这样操作可以节约内存资源，毕竟地址空间很大的时候，强制转换成列表会消耗大量内存空间。访问 IPNetwork 对象成员的两种方式如代码清单 8-5 所示。

代码清单 8-5　访问 IPNetwork 对象成员的两种方式

```
from netaddr import IPNetwork

ip_network = IPNetwork('192.168.137.0/24')
for host in ip_network:
    print(host, type(host))
# 输出 192.168.137.0 <class 'netaddr.ip.IPAddress'>
#     ...
#     192.168.137.255 <class 'netaddr.ip.IPAddress'>

# 当地址空间比较小的时候，可以考虑使用 list 强制转换为列表
ip_network = IPNetwork('192.168.137.0/24')
hosts = list(ip_network)
```

```
print(hosts, type(hosts))
# 输出 [IPAddress('192.168.137.0'),..., IPAddress('192.168.137.255')] <class
'list'>
```

用户可以使用 in 运算符判断一个网络地址（IPAddress 对象）或者网络（IPNetwork 对象）是否属于另一个网络（IPNetwork 对象）。当属于另一个网络（IPNetwork 对象）时，返回值为 True；否则，返回值为 False。使用 in 判断网络地址与网络的关系以及网络与网络的关系，如代码清单 8-6 所示。

代码清单 8-6　使用 in 判断网络地址与网络的关系以及网络与网络的关系

```
from netaddr import IPAddress, IPNetwork

ipaddr_1 = IPAddress('192.168.137.1')
ipaddr_2 = IPAddress('192.168.1.1')

ip_network_1 = IPNetwork('192.168.137.0/24')
ip_network_2 = IPNetwork('192.168.0.0/16')

# 判断 192.168.137.1 是否在网络 192.168.137.0/24
addr_in_network = ipaddr_1 in ip_network_1
print(addr_in_network)  # 输出 True

# 判断 192.168.1.1 是否在网络 192.168.137.0/24
addr_in_network = ipaddr_2 in ip_network_1
print(addr_in_network)  # 输出 False

# 判断网络 192.168.137.0/24 是否在网络 192.168.0.0/16
network_in_network = ip_network_1 in ip_network_2
print(network_in_network)  # 输出 True

# 判断网络 192.168.0.0/16 是否在网络 192.168.137.0/24
network_in_network = ip_network_2 in ip_network_1
print(network_in_network)  # 输出 False
```

网络地址与网络的关系可以用于判断是否命中路由，网络与网络的关系可以用于判断某些网络策略是否有冗余。读者要将这些方法与网络运维中的实际场景灵活映射。

8.1.3　网络的划分与合并

netaddr 的一大特色是提供了针对网络规划的众多方法，可以实现对网络的划分与合并。IPNetwork 类提供了 subnet 方法，用于将网络对象进行切割，划分出指定大小的若干个网络。在 subnet 方法中，最重要的参数是第一个参数 prefixlen，即切分的子网掩码长度。subnet 方法的返回结果是一个生成器，用户可以使用 for 循环访问这个生成器，进而访问其中划分的子网成员。如果子网个数不是特别巨大，也可以将子网成员强制转换为列表。使用 subnet 方法将掩 16 的地址空间划分为若干个掩 24 的子网，如代码清单 8-7 所示。

代码清单 8-7　使用 subnet 方法将掩 16 的地址空间划分为若干个掩 24 的子网

```python
from netaddr import IPNetwork

ip_network = IPNetwork('192.168.1.0/16')

subnets = ip_network.subnet(prefixlen=24)
# subnets 仍是一个生成器，用户可以通过 for 循环访问，也可以强制转换为列表
print(subnets)
# 输出 <generator object IPNetwork.subnet at 0x0000027E44531E40>

for subnet in subnets:
    print(subnet, type(subnet))
# 输出内容如下：
# 192.168.0.0/24 <class 'netaddr.ip.IPNetwork'>
# ...
# 192.168.255.0/24 <class 'netaddr.ip.IPNetwork'>
```

subnet 默认返回全部子网，用户也可以指定返回的子网个数。如果用户只想要前 3 个子网，则将 subnet 方法的 count 参数赋值为 3 即可，参考如下代码（读者仅作了解即可）：

```python
from netaddr import IPNetwork

ip_network = IPNetwork('192.168.1.0/16')

# count 赋值为 3，只返回前 3 个子网
subnets = ip_network.subnet(prefixlen=24, count=3)

for subnet in subnets:
    print(subnet, type(subnet))
# 输出内容如下：
# 192.168.0.0/24 <class 'netaddr.ip.IPNetwork'>
# 192.168.1.0/24 <class 'netaddr.ip.IPNetwork'>
# 192.168.2.0/24 <class 'netaddr.ip.IPNetwork'>
```

在日常运维中，有时要将一些相近但离散的地址空间或者若干个离散的 IP 地址合并成一个大小适中的网络，这种操作的需求多见于路由汇总或者地址规划。此时可以使用 netaddr 的 spanning_cidr 函数，它可以接受若干个 IPNetwork 对象和 IPAddress 对象，并为其创建一个大小适中的 IPNetwork 对象，能恰好"装"下给定的网络和地址。使用 netaddr 的 spanning_cidr 函数合并网络和 IP 地址，如代码清单 8-8 所示。

代码清单 8-8 使用 netaddr 的 spanning_cidr 函数合并网络和 IP 地址

```
from netaddr import IPNetwork, spanning_cidr

ip_network_1 = IPNetwork('192.168.1.0/16')
ip_network_2 = '192.168.2.0/16'
ipaddr = '192.168.3.1'
items = [ip_network_1, ip_network_2, ipaddr]
# 调用 spanning_cidr 方法，传入要合并的地址和网络的列表
merge_net = spanning_cidr(items)

print(merge_net, type(merge_net))
# 输出 192.168.0.0/22 <class 'netaddr.ip.IPNetwork'>
```

在代码清单 8-8 中，把待合并的网络、地址写到了一个列表中，网络与地址可以是字符串类型，也可以是 IPNetwork 对象或者 IPAddress 对象。调用 spanning_cidr 函数，将待合并的数据传入即可，spanning_cidr 函数会给用户返回一个 IPNetwork 对象。

以上就是 netaddr 的基本介绍。本书仅把日常运维中使用频率比较高的类、函数、方法进行了介绍，更多详细的用法，读者可以参考官方文档。

8.2 HTTP 请求工具包 Requests

Requests 是一个 Python 库，用于发送和接收 HTTP 请求。它提供了简单而优雅的 API，让用户可以方便地发送各种 HTTP 请求。第 7 章中所有通过 Postman 发送的请求都可以通过 Requests 工具包实现。本节演示的代码中使用的地址仅为示意地址，如果读者要进行实践操作，那么需要部署具备 RESTful API 功能的 Web 服务，或者选择安全的互联网服务进行替换。

8.2.1 Requests 简介

Requests 的目标是使用极简的方法发送 HTTP 请求以及处理响应，用户无须关注和处理一些"细枝末节"，它是目前 Python 中最常用、最受欢迎的 HTTP 工具包之一。如下代码是 Requests 官网给出的一个示例：

```
>>> import requests
>>> r = requests.get('http://192.168.137.100:8000/basic-auth/user/pass', auth=('user',
'pass'))
>>> r.status_code
200
>>> r.headers['content-type']
'application/json; charset=utf8'
```

```
>>> r.encoding
'utf-8'
>>> r.text
'{"authenticated": true, ...'
>>> r.json()
{'authenticated': True, ...}
```

在请求过程中，函数名与 HTTP 请求方式名一致，认证处理也非常简单。在处理响应结果时，返回的结果被封装到一个对象中，该对象有着丰富的属性和方法。用户直接访问返回结果对象的属性或方法，就可以获取状态码、头部的信息、返回的文本，也可以将返回的 JSON 数据直接转换为 Python 对象。

本书使用的 Requests 版本是 2.31.0，可以使用如下命令进行安装：

```
pip install requests==2.31.0
```

Requests 工具包在网络运维自动化开发中主要被用于向网络管理平台或者 SDN 控制器发起 HTTP 请求、调用 RESTful API 获取信息或者触发自动化操作。它也被用于向网络设备发起 RESTCONF 请求、查询或者修改网络配置数据。

8.2.2　发送 GET 请求

Requests 的 get 函数用于发送 GET 请求查询信息，并将服务端返回的响应封装成 Requests 内的 Response 对象。get 函数主要包含以下两个参数。

- url：字符串类型，请求的 URL 地址。
- params：GET 请求携带的参数，字典类型，key 为调用的 RESTful API（后简称 API）的参数名称，value 为对应参数的赋值。

Requests 可以将参数自动拼接到实际请求的 URL 中，并对一些特殊字符进行编码处理，用户对这些处理都是无感知的。Requests 会将 HTTP 请求后的响应结果封装到 Response 对象中。用户通过访问 Response 对象的属性和方法就可以获取和处理响应数据。表 8-1 展示了 Response 对象的常用属性和方法（假设返回的数据对象赋值给 response 变量）。

表 8-1　Response 对象的常用属性和方法

属性或方法	说明
response.status_code	响应的状态码，整数类型
response.headers	响应的头部信息，字典类型
response.text	响应的文本内容，字符串类型
response.content	响应的二进制内容，多用于处理图片、音频、文件等，读者仅作了解即可
response.url	请求实际访问的 URL
response.json()	如果返回的响应是 JSON 数据，那么可以调用此方法将其转成 Python 对象；如果响应不是有效的 JSON 数据，那么可以调用此方法并抛出异常

通过 Requests 的 get 函数发送请求并访问其响应对象，如代码清单 8-9 所示，其中演示了 get 函数不带参数和带参数的两种调用方式。

代码清单 8-9　通过 Requests 的 get 函数发送请求并访问其响应对象

```python
import requests

api_url = 'http://192.168.137.100:8000/cmdb/devices'
# 第一个参数 url，要请求的地址
response = requests.get(url=api_url)

# 如果访问的 API 有参数，可以将 Python 字典数据赋值给 params
dev = {'name': 'netdevops01', 'ip': '192.168.137.1'}
response = requests.get(url=api_url, params=dev)

# 查看实际访问的 URL
print(response.url)
# 输出 http://192.168.137.100:8000/get?name=netdevops01&ip=192.168.137.1"

# 查看状态码 status_code 属性
print(response.status_code)   # 输出 200

# 查看返回的文本 text 属性
print(response.text)

# 尝试将返回的 JSON 字符串转换为 Python 对象，若转换失败，则会报错
print(response.json())
```

8.2.3　发送 POST 请求

Requests 的 post 函数通过 POST 请求向服务器发送数据，该函数通常用于创建或更新资源（不同 RESTful API 的实际效果会有一定差异，以服务端的 API 说明文档为准）。

在 POST 请求体中，数据的传输有表单数据和 JSON 数据两种主要形式。表单数据是用户在 Web 页面上填写相关表单后，单击"提交"按钮提交的数据，多见于比较传统的网站或者系统平台。这种方式在当今的系统对接中几乎不会出现，此处仅作演示，读者了解即可，可参考如下代码：

```python
import requests

api_url = 'http://192.168.137.100:8000/cmdb/devices'
dev = {'name': 'netdevops01', 'ip': '192.168.137.1'}

# 通过 data 参数，不做任何处理发送表单数据
response = requests.post(url=api_url, data=dev)
# 请求的头部中指定了'Content-Type': 'application/x-www-form-urlencoded'
print(response.text)
```

Python 的字典数据对象直接赋值给 post 方法的 data 参数,这种情况默认是以表单方式将数据发给服务端。Requests 会对 Python 对象进行编码,同时在请求的 headers 中将 Content-Type 字段赋值为 application/x-www-form-urlencoded。

Requests 的 post 方法提供了一种发送 JSON 数据的简洁方式。用户只需要将可以转换为 JSON 数据的 Python 对象(字典或者列表类型)赋值给 post 函数的 json 参数即可。Requests 在 post 方法内部帮助用户把请求的数据转换为 JSON 数据,并调整 headers 的赋值,从而简化了操作流程。Requests 的 post 函数发送请求传输 JSON 数据,如代码清单 8-10 所示,读者务必掌握此方法。

代码清单 8-10 Requests 的 post 函数发送请求传输 JSON 数据

```
import requests

api_url = 'http://192.168.137.100:8000/cmdb/devices'
dev = {'name': 'netdevops01', 'ip': '192.168.137.1'}

# 通过 json 参数,发送 JSON 数据
# 请求的头部当中指定了 'Content-Type': 'application/json'
response = requests.post(url=api_url, json=dev)
```

8.2.4 发送 PUT、PATCH、DELETE 请求

GET 请求与 POST 请求是两种最常见的请求,此外,用户还可能使用到 PUT 请求、PATCH 请求和 DELETE 请求。PUT 请求与 PATCH 请求在 RESTful API 中多用于更新资源。PUT 请求用于某资源条目的全量更新,即每次请求都要包含全部的字段;PATCH 请求用于资源条目的局部更新,即每次请求可以只更新部分字段。在 RESTful API 中,多在 URL 中指定要更新资源的 ID,然后调用 PUT 或者 PATCH 请求进行数据更新,在每次更新成功后,就会返回更新后资源的 JSON 数据。

Requests 中有 put 函数和 patch 函数对应上述两种请求,其使用方法与 post 函数完全一致,此处仅作简单的代码展示。利用 Requests 的 put 和 patch 函数发送 PUT 请求和 PATCH 请求,如代码清单 8-11 所示。

代码清单 8-11 利用 Requests 的 put 和 patch 函数发送 PUT 请求和 PATCH 请求

```
import requests

api_url = 'http://192.168.137.100:8000/cmdb/devices/1'
# PUT 请求的资源字段是全量
dev = {'name': 'netdevops01', 'ip': '192.168.137.1'}
response = requests.put(url=api_url,json=dev)

api_url = 'http://192.168.137.100:8000/cmdb/devices/2'
# PATCH 请求的资源字段是部分
```

```
dev = {'name': 'netdevops01'}
response = requests.patch(url=api_url,json=dev)
```

在 RESTful API 中，DELETE 请求用于删除资源。通常来说，如果想在 URL 中删除指定资源的 ID，只需要直接向此 URL 发送 DELETE 请求即可。成功后返回的结果状态码多为 204，返回体中的内容多为空。通过 Requests 中的 delete 函数，就可以发送 DELETE 请求，如代码清单 8-12 所示。

代码清单 8-12   Requests 的 delete 函数发送 DELETE 请求

```
import requests

api_url = 'http://192.168.137.100:8000/cmdb/devices/2'
response = requests.delete(url=api_url)
```

在 RESTCONF 协议中，删除资源时需要添加待删除的配置数据，所以也可以在 delete 方法中添加 json 参数。当然，一切以服务端的 API 使用手册为准。

8.2.5   HTTP 请求的认证及自定义认证类

在系统之间的对接过程中，为保障数据安全，RESTful API 普遍采用认证机制。这种机制旨在验证应用程序或服务是否具备访问另一应用程序或服务的权限，从而确保数据传输的合法性与安全性。

API 认证是一种验证用户身份的机制，通常需要提供用户名和密码以及其他凭证。Requests 提供了两种 API 认证方式，可以方便地与不同的服务端进行交互并完成认证：第一种是基本认证（basic authentication），通过用户名和密码进行认证，将它们以 Base64 编码的形式放在请求头中；第二种是摘要认证（digest authentication），通过用户名和密码进行认证，但是不直接发送它们，而是根据服务器返回的随机数和其他信息计算哈希值后将其放在请求头中。使用 Requests 进行 API 认证的过程非常简单，只需要在发送请求的方法中传入一个 auth 参数，并指定相应的认证对象即可，本书以基本认证为例进行演示，参考如下代码：

```
import requests
from requests.auth import HTTPBasicAuth,

# 基本认证，创建 HTTPBasicAuth 对象，赋值给 auth 参数
response = requests.get('http://192.168.137.100:8000/auth',
                        auth=HTTPBasicAuth('username', 'password'))
```

在实际的 API 对接中，认证方式可能多种多样。如果 Requests 中的认证类不能满足用户的需求，用户也可以基于 requests.auth.AuthBase 类去编写自己的认证类。用户需要先继承这个基类，自定义初始化函数所需的参数，然后编写__init__方法创建自定义认证对象的参数。自定义类要实现__call__方法，此方法的参数是固定的，只有一个 r，代表待发送的请求对象。在__call__方法内部，用户要编写逻辑去完成认证所需的物料，例如 Basic Auth 是按一定规则拼凑一个字符串，将其放置到请求的头部（r 变量的 headers）中。在实际发送请求时，Requests 的方法会

实例化这个认证对象并调用它的__call__方法，当物料都准备好之后才会真正发送出一个请求。自定义认证类实现 Basic Auth 的认证方式如代码清单 8-13 所示。

代码清单 8-13　自定义认证类实现 Basic Auth 的认证方式

```
import requests
from requests.auth import AuthBase
import base64


class MyAuth(AuthBase):
    def __init__(self, username, password):
        """
        此处的参数与逻辑，用户可以根据需求自行设计
        """
        self.username = username
        self.password = password

    def __call__(self, r):
        '''
        requests 在发送请求之前会调用此对象的__call__方法
        r 代表此次要发送的请求
        按照认证接口要求，通过自定义的参数进行数据加工
        在 r 的 headers 中赋值指定的 key 和对应的 value
        返回待发送的请求 r 即可
        '''
        # 将用户名和密码组合编码
        s = ":".join((self.username, self.password))
        b = base64.b64encode(s.encode('utf8'))
        authstr = "Basic " + b.decode()
        # 将认证信息添加到请求的头部
        r.headers["Authorization"] = authstr
        return r


api_url = 'http://192.168.137.100:8000/cmdb/devices/'
# 使用自己创建的认证类构建认证对象，并赋值给调用方法的 auth 参数
auth_obj = MyAuth(username='user', password='passwd')
response = requests.get(url=api_url, auth=auth_obj)
```

代码清单 8-13 只是一个简单演示。在实际生产中，读者要根据服务端的 API 手册编写认证的逻辑，例如使用指定的用户名和密码发送请求获取 token，并将 token 放置到请求头当中。

以上就是 Requests 的基本使用方法，本节仅演示了常见的请求方式、认证方式和自定义认证方式。在实际使用中，读者可能会遇到一些其他问题，可以参考官方手册来解决。

Requests 工具包主要有两种使用场景，一种是向网络设备发送 RESTCONF 请求，另一种是

调用网络管理平台的 RESTful API。网络运维自动化的需求层出不穷，现有的网络管理平台可能在功能或者数据内容上无法满足读者的需求，但是借助于平台提供的 RESTful API，读者相当于拥有了原子操作，通过对原子操作的组装与编排就可以实现复杂的逻辑与功能，进而满足需求。随着技术的不断发展，厂商的平台都非常重视 RESTful API，一般都配有详尽的官方手册，如华为、思科等规模比较大的公司。

8.3 网络抽象工具包 NAPALM

随着网络运维自动化实践的不断深入，读者会发现自己花费了很多时间去处理不同厂商的不同系列的网络设备的操作差异。是否存在一种方式，能够实现对不同网络设备的操作统一化？

答案就是网络抽象工具包 NAPALM。

8.3.1 NAPALM 简介

NAPALM 是 Network Automation and Programmability Abstraction Layer with Multivendor 的缩写，即多厂商的网络自动化与可编程抽象层。NAPALM 是一个用于网络运维自动化和配置管理的开源 Python 工具包，它可以让用户轻松地与不同厂商和不同平台的网络设备进行交互。NAPALM 主要有以下 5 个特点。

- 提供了统一的 API，让用户无须关心底层的协议和命令，只需要调用方法，就可以获取和修改网络设备的状态和配置。
- 支持多种网络设备，包括 Cisco IOS、Cisco IOS XR、Cisco NX-OS、Juniper JUNOS、Arista EOS、Fortinet FortiOS 等。
- 可扩展性强，用户可以根据自己的需求支持更多的网络设备，且有官方的开源社区提供第三方的设备驱动。
- 为用户提供了很多高级功能，例如配置管理、配置合规性检查、配置差异比较、配置回滚等，让用户可以更方便地控制和维护网络设备的配置。
- 与其他流行的网络自动化工具（如 Nornir、Ansible、SaltStack）相比，NAPALM 具备良好的集成性和兼容性，可以利用其他工具的优势，实现复杂而灵活的网络运维自动化方案。

为了确保稳定性，本书选择 NAPALM 3.4.1 版本，此版本的 NAPALM 使用的 Netmiko 的版本是 3.4.0，功能更加稳定。NAPALM 的安装可以通过如下命令完成：

```
pip install napalm==3.4.1
```

Netmiko 是对各厂商基于 SSH 协议的高阶 CLI 封装，在用户发送命令行中，它能够实现不同厂商的统一处理。相较于 Netmiko，NAPALM 进行了更高层次的封装，它与设备的交互不局限于 CLI 这一种方式，对用户暴露的接口比 CLI 更加高阶。在与设备的交互层面，它设计了一个驱动的概念，为网络设备设计专门的驱动，这些驱动与设备的连接方式可以基于 SSH 协议、NETCONF 协议，也可以是设备的 RESTful API。驱动层向用户提供了近乎统一的 API 接口，这些 API 接口在不同厂商间的表现形式保持一致。举例来说，为了获取基本信息，用户只需要直接调用 get_facts 这个方法即可，而无须关注各种设备之间在获取方法上的差异。

以 NAPALM 的一个脚本为例：

```
from napalm import get_network_driver
driver = get_network_driver('eos')
with driver('127.0.0.1', 'vagrant', 'vagrant',
            optional_args={'port': 12443}) as device:
    print(device.get_facts())
```

在 NAPALM 的代码中，用户只需要做 3 件事情：一是获取指定的驱动，二是使用指定的驱动创建到设备的连接，三是调用连接对象的方法完成自动化操作。如果想获取设备的基本信息，除了驱动名称不同，代码几乎完全一致，返回的数据结构也几乎完全一致，例如 get_facts 方法基本都遵循如下结构：

```
{'os_version': '4.15.2.1F-2759627.41521F', 'uptime': 2010,
'interface_list': ['Ethernet1', 'Ethernet2', 'Management1'],
'vendor': 'Arista', 'serial_number': '', 'model': 'vEOS',
'hostname': 'NEWHOSTNAME', 'fqdn': 'NEWHOSTNAME'}
```

NAPALM 尝试构建一个网络自动化功能的抽象层，针对不同场景、不同型号的设备编写对应的驱动类，这些驱动都继承自 napalm.base.base.NetworkDriver 类，并且要覆盖此类中指定的 40 多个方法（例如 get_interfaces、get_lldp_neighbors 等），返回结果也要遵循方法中的示例，以此实现数据结构的统一。通过设计这样的一个抽象层来实现统一的 API。NAPALM 的架构如图 8-1 所示。

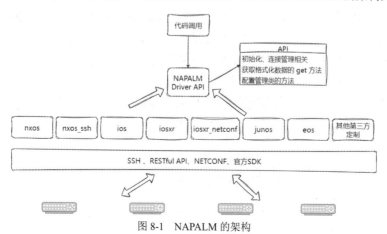

图 8-1　NAPALM 的架构

NAPALM 内置了 7 个驱动，覆盖了 5 个产品系列，其中思科的 Nexus 有 nxos 和 nxos_ssh 两种驱动，Cisco IOS XR 有 iosxr 和 iosxr_netconf 两种驱动。不同的驱动和网络设备进行交互的方式不一样，例如 nxos 驱动使用的是设备自带的 RESTful API，借助了 Requests 包；nxos_ssh 是通过 SSH 协议与设备进行交互，借助了 Netmiko 包。其他的驱动部分是基于 SSH 协议，借助了 Netmiko 包；部分是基于 NETCONF 协议，借助了 ncclient 包；部分是靠官方的 SDK 包，例如 Juniper 使用了 junos-eznc 包与设备进行交互。

在与网络设备进行交互方面，NAPALM 表现出了很大的开放性，充分利用了各种已有的成果、通信协议。在对用户暴露的 API 方面，NAPALM 设计了统一的方法和返回结果，让官方和社区的开发人员聚焦于每个方法的兼容实现，从而提升了开发效率，同时保证了开发的质量和结果，最终为用户提供了非常好的体验，让用户聚焦于自己的自动化意图，用少而统一的代码实现功能需求。

各类驱动因为设备类型等原因，并未完全实现全部的方法，具体情况可以参考厂商的官方手册，查看支持的驱动以及每个驱动的能力矩阵。实例化驱动时的参数与 Netmiko 的参数比较相似，主要有 hostname（设备 IP 地址或者 FQDN）、username（用户名）、password（登录密码）、timeout（超时时间）、optional_args（选填参数）。由于 NAPALM 底层使用了各种方式与设备进行交互，因此每种方式可能涉及个性化连接参数，这些参数都被放置在 optional_args 中。个性化参数的具体使用方法可以查看驱动的初始化方法的使用说明。

8.3.2 网络设备结构化配置数据的获取

在了解了基本的参数后，用户就可以创建到设备的连接并实现自动化功能，本节简单演示如何通过 NAPALM 获取结构化配置数据。本次演示的网络设备是华为的 CE 交换机，NAPALM 默认的驱动中并不支持华为的 CE 交换机，读者需要安装第三方的 NAPALM 驱动来实现对此系列交换机的支持。相关第三方驱动包可以在 GitHub 的 napalm-automation-community 中进行查找。本书选择 napalm-ce 这个驱动包（读者也可以选择 napalm-huawei-vrp），其对应的驱动名称是 ce，它借助 Netmiko 实现了众多功能。NAPALM 在底层内置了一套基于 Netmiko 的通用方法，用于提高开发人员的适配效率。安装此驱动包需要执行以下命令：

```
pip install napalm-ce==0.2.0
```

读者可以按照 3 个步骤（获取驱动、实例化连接、执行方法）来写一段获取基本信息的代码：

```
from napalm import get_network_driver

# 通过 get_network_driver 函数获取驱动
driver = get_network_driver('ce')
# 通过驱动创建连接对象
with driver('192.168.137.201', 'netdevops', 'Admin123!') as device:
    # 调用连接对象的 get 方法获取对应的结构化数据
```

```
data = device.get_facts()
# data = device.get_interfaces()
# data = device.get_get_users()
# data = device.get_config()
# data = device.get_vlans()
# data = device.get_bgp_neighbors()
# data = device.get_lldp_neighbors()
print(data)
```

其运行结果如下：

```
{'uptime': 480, 'vendor': 'Huawei', 'os_version': 'V200R005C10SPC607B607', 'seria
l_number': 'CE6800', 'model': 'CE6800', 'hostname': 'netdevops01', 'fqdn': 'Unknown',
 'interface_list': ['GE1/0/0', 'GE1/0/1', ... 'MEth0/0/0', 'NULL0']}
```

读者也可以执行 device 的 get_interfaces、get_users、get_vlans 等众多方法，获取的都是结构化数据，例如调用 get_interfaces 方法后的运行结果如下：

```
{'GE1/0/0': {'description': 'configed by restconf', 'is_enabled': False, 'is_up':
False, 'last_flapped': -1.0, 'mac_address': '70:8B:72:6F:BC:82', 'speed': 0, 'mtu': 9
216}, ... 'MEth0/0/0': {'description': '', 'is_enabled': True, 'is_up': True, 'last_fla
pped': -1.0, 'mac_address': '70:8B:72:6F:BC:81', 'speed': 0, 'mtu': 1500}, 'NULL0': {
'description': '', 'is_enabled': True, 'is_up': True, 'last_flapped': -1.0, 'mac_addre
ss': '', 'speed': 0, 'mtu': 1500}}
```

NAPALM 提供的用于获取设备结构化信息的 API 如图 8-2 所示。部分特定方法的驱动目前暂未得到支持，图中以“×”标记。

	EOS	IOS	IOSXR	IOSXR_NETCONF	JUNOS	NXOS	NXOS_SSH
get_arp_table	✓	✓	✗	✗	✗	✗	✓
get_bgp_config	✓	✓	✓	✓	✓	✗	✗
get_bgp_neighbors	✓	✓	✓	✓	✓	✓	✓
get_bgp_neighbors_detail	✓	✓	✓	✓	✓	✗	✗
get_config	✓	✓	✓	✗	✓	✓	✓
get_environment	✓	✓	✓	✓	✓	✓	✓
get_facts	✓	✓	✓	✓	✓	✓	✓
get_firewall_policies	✗	✗	✗	✗	✗	✗	✗
get_interfaces	✓	✓	✓	✓	✓	✓	✓
get_interfaces_counters	✓	✓	✓	✓	✓	✗	✓
get_interfaces_ip	✓	✓	✓	✓	✓	✓	✓
get_ipv6_neighbors_table	✗	✓	✗	✗	✓	✗	✗
get_lldp_neighbors	✓	✓	✓	✓	✓	✓	✓
get_lldp_neighbors_detail	✓	✓	✓	✓	✓	✓	✓
get_mac_address_table	✓	✓	✓	✓	✓	✓	✓
get_network_instances	✓	✓	✗	✗	✓	✓	✓
get_ntp_peers	✗	✓	✓	✓	✓	✓	✓
get_ntp_servers	✓	✓	✓	✓	✓	✓	✓
get_ntp_stats	✓	✓	✓	✓	✓	✓	✗
get_optics	✓	✓	✗	✗	✓	✗	✓
get_probes_config	✗	✓	✓	✓	✓	✗	✗
get_probes_results	✗	✗	✓	✓	✓	✗	✗
get_route_to	✓	✗	✗	✗	✗	✗	✗
get_snmp_information	✓	✓	✓	✓	✓	✓	✓
get_users	✓	✓	✓	✓	✓	✓	✓
get_vlans	✓	✓	✗	✗	✓	✓	✓
is_alive	✓	✓	✓	✓	✓	✓	✓
ping	✓	✓	✗	✗	✓	✓	✓
traceroute	✓	✓	✓	✓	✓	✓	✓

图 8-2 NAPALM 提供的用于获取设备结构化信息的 API

相对于使用 Netmiko 和 TextFSM 相结合获取结构化数据的方式，使用 NAPALM 获取结构化数据的封装程度更高，开箱即用。虽然 NAPALM 只支持 20 多个获取结构化数据的方法，但是基于面向对象的开发方式，可以让用户根据自己的需求定制驱动类，从而实现更多获取结构化数据的方式。

NAPALM 的 get 类方法调用简便，返回结果形式比较统一，其设计理念值得读者深入学习和借鉴。该方法通过构建统一的抽象层，有效屏蔽了底层差异，为用户提供了统一的 API，从而实现了结构化数据返回的统一化。这种设计不仅极大地提高了开发效率，还有助于提升代码的规范性和可读性。

8.4 小结

随着云计算和 DevOps 技术的不断发展，很多开源的网络管理工具也如雨后春笋般出现，小到 IP 地址的处理，大到一些开源的网络运维自动化框架、网络系统管理平台的开发。由于篇幅有限，本章只介绍了与网络管理相关的一部分 Python 第三方工具，读者可以去开源社区自行探寻并实践更多工具。

第 **9** 章

网络自动化框架 Nornir

本章将介绍网络运维自动化框架——Nornir，该框架旨在提高网络运维自动化的开发效率和执行效率。

9.1 Nornir 简介

随着网络运维自动化技术的不断发展，网络工程师借鉴开源自动化框架的设计思想，结合网络运维自动化的痛点及已有工具体系，开发出了基于 Python 的网络运维自动化开发框架——Nornir。因其卓越的性能，Nornir 受到很多网络运维开发者的喜爱。

9.1.1 Nornir 介绍及安装

相较于 Ansible、Puppet 等主要面向系统应用的自动化框架，Nornir 是完全面向网络运维的自动化框架，旨在让网络运维更加简单、高效、可扩展。它基于 Python 开发，接口和标准相对简单，更容易被网络工程师所掌握，且实现了网络资产管理、网络连接管理、批量执行等核心功能。用户基于这套框架，结合已有的网络运维自动化工具，可以通过很少的 Python 代码实现复杂的业务逻辑。

本书使用的 Nornir 版本是 3.4.1，同时结合了 nornir_netmiko 插件以连接网络设备，并运用 nornir_utils 插件来输出结果。所需的 Python 包有 nornir、nornir_netmiko 和 nornir_utils。以上 3 个 Python 包对应的版本信息如下：

```
nornir==3.4.1
nornir_netmiko==0.1.2
nornir_utils==0.2.0
```

将以上包含 Python 包名和版本号的信息放到名为 requirements.txt 的文件中，再使用 pip 命令，通过参数-r 指向此文件，即可批量安装 Python 包。参考如下命令：

```
pip install -r requirements.txt
```

9.1.2 快速上手 Nornir

Nornir 执行的整体思路是创建 Nornir 对象，每次对若干网络设备执行同一任务。在这个过程中，会涉及三类文件：网络设备清单（指定 Nornir 对象管理的网络设备）、配置文件（指定创建 Nornir 对象的配置参数）和 runbook（对网络设备清单中的指定对象执行自动化任务的脚本）。Nornir 项目的文件结构示例如图 9-1 所示。

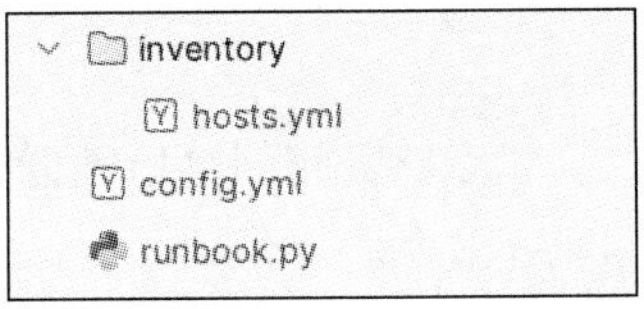

在图 9-1 中，hosts.yml 文件记录用户所管理的网络设备信息，在很多自动化框架中它们也被称为 inventory，本书将其称为网络设备清单。它是用 YAML 数据格式编写的，一般放在 inventory 文件夹内，会被命名为 hosts.yml。网络设备信息主要包括网络主机名称、IP 地址、用户名、密码、连接端口、设备平台等。在 Nornir 项目中，hosts.yml 的文件内容示例如下：

图 9-1　Nornir 项目的文件结构示例

```
---
netdevops01:
  hostname: 192.168.137.201
  username: netdevops
  password: Admin123~
  port: 22
  platform: huawei

netdevops02:
  hostname: 192.168.137.202
  username: netdevops
  password: Admin123~
  port: 22
  platform: huawei
```

config.yml 文件记录加载 Nornir 对象的相关参数，文件内容示例如下：

```
---
inventory:
  plugin: SimpleInventory
  options:
    host_file: "inventory/hosts.yaml"

runner:
```

```
plugin: threaded
options:
  num_workers: 50
```

初学者应主要关注网络设备清单的路径 host_file 和并发数 num_workers，并根据实际情况来修改路径 host_file，在实际生产中，并发数 num_workers 不宜设置过大，本书的推荐值为 50，否则会导致部分设备的网络连接出现问题。

runbook.py 是用户基于 Nornir 为实现特定功能而编写的 Python 脚本，它根据配置文件和网络设备清单创建 Nornir 对象，对网络设备清单中的指定设备批量执行自动化任务。根据已有的配置文件和网络设备清单，读者可以编写一个让所有网络设备执行 display version 命令的 runbook。使用 Nornir 对网络设备批量执行查询命令，如代码清单 9-1 所示。

代码清单 9-1　使用 Nornir 对网络设备批量执行查询命令

```
from nornir import InitNornir
from nornir_utils.plugins.functions import print_result
from nornir_netmiko import netmiko_send_command

nr = InitNornir(config_file="config.yaml")
results = nr.run(task=netmiko_send_command, command_string='display version')
print_result(results)
```

runbook 的编写思路比较固定：首先使用 InitNornir 函数指定通过配置文件创建 Nornir 对象；然后调用 Nornir 对象的 run 方法，对选定的网络设备（默认是对全部网络设备）执行自动化任务。在调用 run 方法时，传入要执行的自动化任务函数（本书将其称为 task 函数）及其相关参数。在代码清单 9-1 的 run 方法调用中，使用了 nornir_netmiko 插件的 netmiko_send_command 函数，它会根据用户定义的网络设备信息创建 Netmiko 连接并执行命令。在实际执行过程中，command_string 及其赋值会被传入 netmiko_send_command 函数（task 函数）的同名参数中。print_result 函数负责输出结果。通过 print_result 函数输出 Nornir runbook 的执行结果，如图 9-2 所示。

```
netmiko_send_command*********************************************************
* netdevops01 ** changed : False *****************************************
vvvv netmiko_send_command ** changed : False vvvvvvvvvvvvvvvvvvvvvvvvvvvvvv INFO
Huawei Versatile Routing Platform Software
VRP (R) software, Version 8.180 (CE12800 V200R005C10SPC607B607)
Copyright (C) 2012-2018 Huawei Technologies Co., Ltd.
HUAWEI CE12800 uptime is 0 day, 0 hour, 27 minutes
SVRP Platform Version 1.0
^^^^ END netmiko_send_command ^^^^^^^^^^^^^^^^^^^^^^^^^^^^^^^^^^^^^^^^^^^^^
* netdevops02 ** changed : False *****************************************
vvvv netmiko_send_command ** changed : False vvvvvvvvvvvvvvvvvvvvvvvvvvvvvv INFO
Huawei Versatile Routing Platform Software
VRP (R) software, Version 8.180 (CE12800 V200R005C10SPC607B607)
Copyright (C) 2012-2018 Huawei Technologies Co., Ltd.
HUAWEI CE12800 uptime is 0 day, 0 hour, 27 minutes
SVRP Platform Version 1.0
^^^^ END netmiko_send_command ^^^^^^^^^^^^^^^^^^^^^^^^^^^^^^^^^^^^^^^^^^^^^
```

图 9-2　通过 print_result 函数输出 Nornir runbook 的执行结果

print_result 函数的输出在样式上模仿了 Ansible 等自动化框架，一层层展开每个任务和每台设备的执行结果，并通过相关颜色和字段给用户提示任务执行的详尽细节。

9.2 Nornir runbook 的编写

Nornir runbook 本质上是一个 Python 脚本。它结合了 Nornir 的相关设计，包含网络设备清单的相关文件和配置文件，再结合执行自动化任务的 task 函数，可以编排出非常灵活的网络运维自动化任务代码。本节将从细节入手，一步步讲解如何编写完整的 Nornir runbook，读者也会从中体会到 Nornir 的灵活与强大。

9.2.1 网络设备清单

编写 Nornir runbook 时，首先要掌握的是网络设备清单相关文件的编写。Nornir 内置了 SimpleInventory 类，可通过 YAML 文件对网络设备进行管理。读者必须掌握如何编写 hosts.yml、groups.yml 和 defaults.yml 这 3 个文件，其中 hosts.yml 是最为重要的文件。这 3 个 YAML 文件一般被放置在 inventory 目录下。

1．hosts.yml 文件

hosts.yml 文件用于定义网络设备。网络设备可以对应 Python 的字典数据。字典的 key 为 host 网络设备的名称，该名称必须是全局唯一的。value 为 host 网络设备的详细信息，主要包含以下 7 个部分。

- hostname：网络设备的 IP 地址或 FQDN 域名，对应 Netmiko 中的 host 字段（等同于 ip 字段）。
- username：登录设备所需的用户名，对应 Netmiko 中的 username 字段。
- password：登录设备所需的密码，对应 Netmiko 中的 password 字段。
- port：登录设备的端口，对应 Netmiko 中的 port 字段。
- platform：网络设备的平台，对应 Netmiko 中的 device_type 字段。
- connection_options：各个 connection 插件的参数，字典格式。Nornir 本身不提供到网络设备的连接功能，要靠各类插件来完成相关功能，需在此参数中指定使用的插件及其额外的参数。connection_options 的 key 为 connection 插件名称，value 是字典数据。value 字典数据的 key 被固定为 extras，extras 对应的 value 为此插件的参数及其赋值。
- data：用户自定义的数据，字典数据类型。data 的 key 为自定义数据的名称，value 为自定义数据的值。

hosts.yml 文件的文件内容如代码清单 9-2 所示，它是比较全面的 hosts.yml 文件，包含了

Netmiko 连接参数和若干自定义字段，读者可以在实际使用中按需增删字段。

代码清单 9-2 hosts.yml 文件的文件内容

```
---
netdevops01:
  hostname: 192.168.137.201
  username: netdevops
  password: Admin123~
  port: 22
  platform: huawei
  connection_options:
    netmiko:
      extras:
        timeout: 120
        conn_timeout: 20
    data:
    cmds:
      - display version
      - display current-configuration
    series: CE6800

netdevops02:
  hostname: 192.168.137.202
  username: netdevops
  password: Admin123~
  port: 22
  platform: huawei
  connection_options:
    netmiko:
      extras:
        timeout: 120
        conn_timeout: 20
    data:
    cmds:
      - display version
      - display current-configuration
    series: CE6800
```

2. groups.yml 文件

groups.yml 用于定义若干个网络分组 group，每个分组中有若干属性，网络设备 host 可以归属于若干个网络分组 group，并自动继承所属网络分组的属性。如果属性有冲突，那么 host 属性的优先级最高；如果多个 group 之间的属性有冲突，那么排在前面的 group 的属性优先级最高。groups.yml 中的数据可以被视为字典，key 为分组名称，value 为此分组的若干信息。对于每个分组的 value，其定义的字段和内容与 host 网络设备完全一致（但一般不会配置 hostname 属性）。

　　在实际使用中，读者可以从多个维度进行分组，例如同一个网络设备厂商的 username、password、platform、netmiko 等参数的基本信息一致，配置备份命令一致，可以将它们放到同一个分组中；再如隶属于同一个城市的网络设备可以放到同一个分组中，添加自定义的 data。分组创建完成后，便可以在 hosts.yml 中引用，为网络设备 host 添加 groups 字段，其值为列表，赋值为若干个所属分组。groups.yml 文件的定义分组如代码清单 9-3 所示。

代码清单 9-3　groups.yml 文件的定义分组

```
---
huawei:
  platform: huawei
  username: netdevops
  password: Admin123~
  port: 22
  connection_options:
    netmiko:
      extras:
        timeout: 120
        conn_timeout: 20
  data:
    backup_cmds:
      - display version
      - display current-configuration


beijing:
  data:
    city: beijing
```

在代码清单 9-3 中，定义了 huawei 和 beijing 两个分组。这两个分组可以在 hosts.yml 文件中被 host 引用，网络设备 host 也会自动继承分组的信息。引用 groups.yml 中创建的分组的示例代码如代码清单 9-4 所示。

代码清单 9-4　引用 groups.yml 中创建的分组的示例代码

```
---
netdevops01:
  hostname: 192.168.137.201
  groups:
    - huawei
    - beijing


netdevops02:
  hostname: 192.168.137.202
  groups:
```

```
    - huawei
    - beijing
```

按照这种方式，一台网络设备的基本信息只需要填写 hostname，其他字段信息都可以从 groups 中继承，从而降低了用户编写网络设备清单的强度，同时也提高了 hosts.yml 文件的可读性。在网络运维管理当中，涉及的网络设备一般都比较多，使用这种分组的方法，可以更加高效地管理网络设备。

3．defaults.yml 文件

defaults 相当于全局变量，它一般被记录在名为 defaults.yml 的文件中。全局默认的信息与网络设备 host 的信息字段相同，读者需要结合自己的运维情况，把全局统一的信息写在 defaults.yml 文件中，例如用户名、密码、默认的 SSH 端口号、设备的 domain 配置等。编写完之后无须引用，每个网络设备都会自动继承这些数据。如果这些数据与 host、group 中的数据有冲突，那么 defaults.yml 中的数据优先级是最低的。defaults.yml 文件支持定义全局默认数据，如代码清单 9-5 所示。

代码清单 9-5　defaults.yml 文件支持定义全局默认数据

```
---
username: netdevops
password: admin123!
port: 22
data:
  domain: netdevops
```

如果读者要编写 hosts.yml 文件，那么需要重点掌握网络设备 host 包含的字段、Netmiko 连接参数和自定义字段的编写。对于 groups.yml 和 defaults.yml 文件的编写，读者知晓即可。在本书第 9.3.2 节中，将介绍另一种通过表格管理网络设备清单的方式，它适合编写体量较大的网络设备清单。

9.2.2　配置文件

配置文件用于完成 Nornir 对象的初始化，也是 YAML 数据格式，其文件名一般为 config.yml 或者 nornir.yml。配置文件是由多个配置项组成的，每个配置项都相当于一个 Python 字典数据。配置项主要包含 inventory、runner、logging 这 3 种，它们也是配置数据的 key。Nornir 的配置文件如代码清单 9-6 所示，这是比较常用的配置文件示例，几乎可以满足绝大多数的使用场景。

代码清单 9-6　Nornir 的配置文件

```
---
inventory:
  plugin: SimpleInventory
  options:
```

```
        host_file: "inventory/hosts.yml"
        group_file: "inventory/groups.yml"
        defaults_file: "inventory/defaults.yml"

    runner:
      plugin: threaded
      options:
        num_workers: 50

    logging:
      enabled: True
      level: INFO
      log_file: nornir.log
```

在代码清单 9-6 中，inventory 用于指定加载网络设备清单的插件类（plugin 属性）及其参数（options 属性）。初学者可以先使用 Nornir 内置的 SimpleInventory 类。此类初始化的参数主要有 host_file、group_file 和 defaults_file，实际应用时按需配置对应 YAML 文件路径即可。

runner 用于指定 Nornir 的 task 函数运行机制的插件类（plugin 属性）及其参数（options 属性），为了提高效率，一般会使用 Nornir 内置的 threaded 插件类。此类基于多线程的并发机制可以运行 task 函数，并发量 num_workers 可以被设置为 50。

logging 用于指定 Nornir 的日志记录配置，enabled 是布尔类型。当 runbook 作为独立脚本运行时，可以将 enabled 的值设置为 True，代表开启，并设置日志的级别（level）和日志的路径（log_file）。如果 Nornir 是与第三方系统集成调用，为防止日志系统冲突，需要将日志记录功能关闭，也就是将 enabled 的值设置为 False。

9.2.3　Nornir 对象的创建

准备好网络设备清单和配置文件之后，就可以编写 runbook。在 runbook 中，首先要使用 Nornir 的 InitNornir 函数创建 Nornir 对象。InitNornir 函数的第一个参数 config_file 指定了配置文件的路径，用户只需要将准备好的配置文件路径赋值给 config_file，该函数就会返回一个 Nornir 对象。使用 InitNornir 函数加载配置文件，从而创建 Nornir 对象，如代码清单 9-7 所示。

代码清单 9-7　使用 InitNornir 函数加载配置文件，从而创建 Nornir 对象

```
from nornir import InitNornir

nr = InitNornir(config_file="config.yml")
```

除了使用配置文件加载 Nornir 对象，InitNornir 函数也支持通过 inventory、runner 和 logging 配置项参数来创建 Nornir 对象，用户仅需要将配置数据赋值给这 3 个参数即可。使用 InitNornir 函数赋值配置项参数，从而创建 Nornir 对象，如代码清单 9-8 所示。

代码清单 9-8　使用 InitNornir 函数赋值配置项参数，从而创建 Nornir 对象

```
from nornir import InitNornir
from nornir_utils.plugins.functions import print_result
from nornir_netmiko import netmiko_send_command

inventory = {'plugin': 'SimpleInventory',
             'options':
                 {'host_file': 'inventory/hosts.yml',
                  'group_file': 'inventory/groups.yml',
                  'defaults_file': 'inventory/defaults.yml'
                  }
             }
runner = {'plugin': 'threaded', 'options': {'num_workers': 50}}
logging = {'enabled': True, 'level': 'INFO', 'log_file': 'nornir.log'}

nr = InitNornir(inventory=inventory, runner=runner, logging=logging)
```

在代码清单 9-7 和代码清单 9-8 中，这两种创建 Nornir 对象的方式都可以加载 Nornir 对象，编写普通的 runbook 脚本时，使用第一种方式即可。第二种方式更适合和第三方框架或平台在进行代码级别的整合时使用。

9.2.4　使用过滤器筛选网络设备

Nornir 对象默认是对全部网络设备执行自动化任务。如果需要对部分网络设备执行自动化任务，例如只针对北京的网络设备进行某种配置，就需要用 Nornir 提供的过滤（filter）功能筛选出指定的网络设备，然后再执行相关任务。Nornir 提供了多种筛选网络设备的方法，本书给出两种方法：一种是基础过滤，另一种是自定义过滤。例如，通过 Nornir 对象过滤网络设备，hosts.yml 文件的文件内容如代码清单 9-9 所示。

代码清单 9-9　hosts.yml 文件的文件内容

```
---
netdevops01:
  hostname: 192.168.137.201
  username: netdevops
  password: Admin123~
  port: 22
  platform: huawei
  data:
    city: beijing
    series: CE6800

netdevops02:
```

```
    hostname: 192.168.137.202
    username: netdevops
    password: Admin123~
    port: 22
    platform: huawei
    data:
      city: beijing
      series: CE6800

netdevops03:
    hostname: 192.168.137.203
    username: netdevops
    password: Admin123~
    port: 22
    platform: cisco
    data:
      city: shanghai
      series: nexus9000
```

1. 基础过滤

基础过滤的操作思路是：用户直接调用 Nornir 对象的 filter 方法，传入若干过滤条件后得到一个新的 Nornir 对象，这个新的 Nornir 对象只管理过滤后的网络设备。过滤后返回的新 Nornir 对象，一般用一个新的变量名保存，原有的 Nornir 对象还是管理全量网络设备的 Nornir 对象。在 filter 方法中，可以对网络设备的任意字段添加条件进行过滤，例如，想要使用 filter 方法过滤 platform 字段值为 huawei 的网络设备，如代码清单 9-10 所示。

代码清单 9-10　使用 filter 方法过滤 platform 字段值为 huawei 的网络设备

```
from nornir import InitNornir

nr = InitNornir(config_file="nornir.yml")
huawei_devs = nr.filter(platform='huawei')
print(huawei_devs, nr,sep='\n')
```

输出结果为：

```
<nornir.core.nornir object at 0x000001F2E1A2A190>
<nornir.core.nornir object at 0x000001F2E1A2A2E0>
```

用户也可以直接将自定义数据 data 中的字段作为条件，传入 filter 方法中进行筛选。使用自定义数据 data 中的字段进行过滤，如代码清单 9-11 所示。

代码清单 9-11　使用自定义数据 data 中的字段进行过滤

```
from nornir import InitNornir

nr = InitNornir(config_file="nornir.yml")
```

```
shanghai_devs = nr.filter(city='shanghai')
print(shanghai_devs.inventory.hosts)
# 输出{'netdevops03': Host: netdevops03}
```

用户也可以用多个条件去筛选，多个条件之间是"且"的关系。使用多个条件组合筛选网络设备，如代码清单 9-12 所示。

代码清单 9-12   使用多个条件组合筛选网络设备

```
nr = InitNornir(config_file="nornir.yml")

cisco_shanghai_devs = nr.filter(platform='cisco', city='shanghai')
print(cisco_shanghai_devs.inventory.hosts)
# 输出{'netdevops03': Host: netdevops03}
```

即使根据用户给出的过滤条件筛选不出设备，返回的也仍是一个 Nornir 对象，但是它的 inventory 属性的 hosts 字段会是一个空列表。这是 Nornir 对象提供的最基础的过滤方法，该方法基本可以覆盖绝大多数应用场景。

2. 自定义过滤

如果用户面临更复杂的场景，那么可以使用自定义过滤函数的方式进行筛选，只需要将创建的自定义过滤函数赋值给 Nornir 对象的 filter 方法中的 filter_func 参数即可。自定义过滤函数的格式形如 my_filter_func(host)，它有且只有一个参数 host（类型为 Host 对象，代表一台具体的网络设备的信息），用户在自定义函数内部定义过滤逻辑，如果符合过滤条件，就返回 True；否则，返回 False。在过滤筛选时，Nornir 会自动把每个网络设备（Host 对象）作为参数传给自定义函数的 host 参数，并在函数内部进行判断。自定义过滤函数进行过滤，如代码清单 9-13 所示，该清单定义了 huawei_bj_filter 过滤函数，用于判断当前设备是否为北京的华为设备。

代码清单 9-13   自定义过滤函数进行过滤

```
from nornir import InitNornir

def huawei_bj_filter(host):
    # Host 对象的属性与 hosts.yml 中的字段一致，自定义属性可以通过字典的方式访问
    if host.platform == 'huawei' and host['city']=='beijing':
        return True
    return False


nr = InitNornir(config_file="nornir.yml")
huawei_beijing_devs = nr.filter(filter_func=huawei_bj_filter)
print(huawei_beijing_devs.inventory.hosts)
```

其运行结果为：

```
{'netdevops01': Host: netdevops01, 'netdevops02': Host: netdevops02}
```

9.2.5 task 函数的定义及其调用

通过调用 Nornir 对象的 run 方法，可以对指定的网络设备执行 task 函数，从而实现网络运维自动化。run 方法有以下 5 个固定参数和 1 个关键字参数。

- task：按照规范编写的 task 函数。
- raise_on_error：默认值为 None，Nornir 执行 task 函数时会捕获其中出现的异常，从而使整个 runbook 执行过程不会因为报错而中止。
- on_good 和 on_failed：这两个参数需要搭配使用，二者均为布尔类型，默认 on_good 为 True，on_failed 为 False，代表执行成功的设备会运行 task 函数并执行任务，执行失败的设备不运行 task 函数。在针对 Nornir 对象进行第一轮调用时，因为所有设备未在失败设备列表中，所以所有设备会被视为执行成功的设备，进而执行任务。在执行完第一轮任务后，Nornir 会标记执行任务失败的设备。此时再次调用 Nornir 对象 run 方法时，可以将 on_good 置为 False，将 on_failed 置为 True，这样任务执行失败的设备就会执行 task 函数的任务，成功的设备会跳过此任务。如果有对失败设备重新执行任务的需求，就需要关注这两个参数。
- name：本函数的显示名称，默认值为 None，打印结果时会显示为函数名。读者可以赋值为可读性比较好的描述性文字。
- **kwargs：关键字参数，用户传入的所有关键字参数（除了固定参数）都会被透传给 task 函数。例如在 run 方法中写入 a=1，则会将 task 函数中的 a 赋值为 1。用户传入的关键字参数必须是 task 函数中包含的参数。

task 函数是一段可以被循环使用的、用于执行一定逻辑的代码，主要负责网络设备自动化任务的执行。task 函数的书写要遵循一定的规范，第一个参数必须是 task 上下文参数，这个参数由 Nornir 框架进行自动赋值。Nornir 对象会将任务执行的上下文信息赋值给第一个参数，用户无须给这个参数赋值。第一个参数没有固定的名称，Nornir 官方将其定义为 task，但 Nornir 官方也将 task 函数称为 task，这两种称谓极易混淆。结合实践经验，建议初学者将 task 的上下文的变量名命名为 task_context，有效防止概念的混乱。task 上下文不仅记录了过去的执行结果、当前正在执行任务的网络设备 Host 对象，还可以发起一次子任务，执行另一个 task 函数。

task 函数必须返回 nornir.core.task.Result 对象，该对象是单台网络设备执行单个任务的结果对象。task 函数分为两种，一种是无参数的 task 函数，另一种是有参数的 task 函数。

1. 无参数的 task 函数定义及其调用

task 函数有无参数都是抛开 task_context 参数来说的。无参数的 task 函数定义及其调用如代码清单 9-14 所示。

代码清单 9-14　无参数的 task 函数定义及其调用

```
from nornir import InitNornir
from nornir.core.task import Result
from nornir_utils.plugins.functions import print_result

# 创建无参数的 task 函数，除了 task_context，无任何其他参数
def say_hello(task_context):
    """
    让每台设备都和大家打个招呼
    :param task_context:用于上下文相关信息的管理，例如设备信息、Nornir 的配置等
    :return:打招呼的字符串
"""
    words_templ = "Hello!I'm a network device. My name is{}"
    # 通过 task_context 的 host 属性获取设备 Host 对象，进而通过 name 属性获取网络设备的名称
    words = words_templ.format(task_context.host.name)
    # 构建 Result 对象，host 赋值为当前网络设备 Host 独享，result 赋值为要返回的载荷结果
    return Result(host=task_context.host, result=words)


if __name__ == '__main__':
    nr = InitNornir(config_file="config.yml")
    # 将 task 赋值为要执行的 task 函数 say_hello，并通过 name 命名此次任务为"打招呼"
    results = nr.run(task=say_hello, name='打招呼')
    print_result(results)
```

代码清单 9-14 中定义了 say_hello 的 task 函数，其内部逻辑是简单地定义一个字符串，输出网络设备的 name 属性。此函数的唯一一个参数是 task_context。task_context 中最常用的功能是获取其 host 属性，它代表的是当前运行此任务的网络设备 Host 对象。当 runbook 运行时，Nornir 会启用多线程的方式，从而让每台网络设备执行 say_hello 这个 task 函数，并把相关信息赋值给 task_context。task_context 的 host 属性会被赋值为执行当前 task 函数的网络设备 Host 对象。在代码清单 9-14 中，通过 task_context 的 host 属性获取设备 Host 对象，然后通过 Host 对象的 name 属性，就可以获取网络设备的名称了。

task 函数返回的必须是 nornir.core.task.Result 类的对象。初始化 Result 对象需要众多参数。对初学者而言，必须掌握的两个参数是 host 和 result，只需要简单了解的参数有 3 个，即 severity、changed、failed。构建 Result 对象的相关参数及其说明如下。

- host：当前执行任务的网络设备 Host 对象，这个必须进行显式赋值，从 task_context 中获取 host 属性，并将其赋值给 Result 对象初始化方法中的 host 参数。
- result：此次执行任务返回的实际结果内容，它可以是任意 Python 对象。
- severity：当前结果的日志级别，用于控制脚本执行结果的打印效果，默认值是 logging.INFO。
- changed：当前 task 函数执行后是否发生变化（这种变化多指网络配置是否发生变化，也

可以是文件的相关变化），其默认值是 False。例如用户修改了网络配置，可以将 changed 赋值为 True，在打印结果时，任务相关信息的首行会显示为黄色（未发生变化，若执行成功则显示为绿色）。

- failed：此次 task 函数的执行是否失败，默认值是 False。如果此值为 True，那么在打印结果时，相关信息的首行会显示为红色。

在代码清单 9-14 中，从 task_context 中获取 host 属性并赋值给 host 参数，并将拼接的字符串变量 words 赋值给 result 参数，构建完 Result 对象后将其返回给调用方。通过配置文件创建 Nornir 对象，在调用 Nornir 对象的 run 方法时，say_hello 函数赋值给 task，并将参数 name 赋值为更易读的别名（中英文均可）。在任务执行结束后，run 方法会将所有设备的执行情况返回给调用方，并通过 print_result 函数打印。task 函数 say_hello 的调用结果如图 9-3 所示。

```
打招呼***************************************************************
* netdevops01 ** changed : False ********************************
vvvv 打招呼 ** changed : False vvvvvvvvvvvvvvvvvvvvvvvvvvvvvvvvvvvvvvvv INFO
Hello!I'm a network device. My name isnetdevops01
^^^^ END 打招呼 ^^^^^^^^^^^^^^^^^^^^^^^^^^^^^^^^^^^^^^^^^^^^^^^^^
* netdevops02 ** changed : False ********************************
vvvv 打招呼 ** changed : False vvvvvvvvvvvvvvvvvvvvvvvvvvvvvvvvvvvvvvvv INFO
Hello!I'm a network device. My name isnetdevops02
^^^^ END 打招呼 ^^^^^^^^^^^^^^^^^^^^^^^^^^^^^^^^^^^^^^^^^^^^^^^^^
```

图 9-3 task 函数 say_hello 的调用结果

2．有参数的 task 函数定义及其调用

对于有参数的 task 函数定义，只需要在 task 函数的参数 task_context 后面定义其他参数，这些参数可以有默认值。有参数的 task 函数定义及其调用如代码清单 9-15 所示。

代码清单 9-15　有参数的 task 函数定义及其调用

```
from nornir import InitNornir
from nornir.core.task import Result
from nornir_utils.plugins.functions import import print_result

# 定义有参数的 task 函数，除了 task_context，还定义了参数 words
def say_with_words(task_context, words):
    """
    让每台设备和大家打个招呼
    :param task_context:用于上下文相关信息的管理，例如设备信息、Nornir 的配置等
    :param words:用户自定义的参数，无默认值
    :return:打招呼的字符串
    """
    words_templ = "This is {}.{}"
    words = words_templ.format(task_context.host.name, words)
    return Result(host=task_context.host, result=words)
```

```
if __name__ == '__main__':
    nr = InitNornir(config_file="nornir.yml")
    # 调用有参数的 task 函数 say_with_words
    # 在 run 方法中赋值 words, 会将 words 的赋值透传给 say_with_words 的 words 参数
    results = nr.run(task=say_with_words, words='Hello world!')
    print_result(results)
```

代码清单 9-15 定义了有参数的 task 函数 say_with_words。在调用此 task 函数时，使用的仍是 Nornir 对象的 run 方法。第一个参数 task 被赋值为 task 函数 say_with_words，第二个参数是 say_with_words 函数中的参数 words（必须写参数名）。代码的执行结果在这里不赘述。

3. task 函数的组合调用

对于自动化框架，功能模块的复用可以极大地提高开发效率。在 Nornir 中，用户可以将已有的 task 函数进行相互组合，通过在一个 task 函数内部调用若干个其他 task 函数，共同实现更为复杂的业务逻辑。Nornir 将此过程称为组合 task（grouping task）。

一个 task 函数调用另一个 task 函数，只需要在 task_context 中调用 run 方法即可。它与 Nornir 对象的 run 方法在使用上非常相似：第一个参数 task 是要执行的子 task 函数，后面的参数是调用的子 task 函数的参数。task 函数的组合调用如代码清单 9-16 所示。

代码清单 9-16　task 函数的组合调用

```
from nornir import InitNornir
from nornir.core.task import Result
from nornir_utils.plugins.functions import print_result

# task 函数, 用于组合函数的调用
def say_with_words(task_context, words):
    words_templ = "{}"
    words = words_templ.format(words)
    return Result(host=task_context.host, result=words)

# task 函数, 用于组合函数的调用
def say_dev_name(task_context):
    words_templ = "This is {}."
    words = words_templ.format(task_context.host)
    return Result(host=task_context.host, result=words)

# 组合 task 函数, 多次调用另外两个 task 函数
def grouping_say(task_context):
    # 第一次调用子 task 函数
    task_context.run(task=say_with_words, words='Hello!')
    # 第二次调用子 task 函数
    task_context.run(task=say_dev_name)
    # 第三次调用子 task 函数
```

```
        task_context.run(task=say_with_words, words='Bye!')
        result = 'Grouing task is done'
        return Result(host=task_context.host, result=result)

if__name__ == '__main__':
    nr = InitNornir(config_file="nornir.yml")
    results = nr.run(task=grouping_say)
    print_result(results)
```

代码清单 9-16 定义了 3 个 task 函数：grouping_say、say_dev_name 和 say_with_words。grouping_say 函数通过 task_context 的 run 方法多次调用其他两个 task 函数，从而实现了 task 函数的组合调用。组合 task 函数 grouping_say 的调用与普通 task 函数的调用完全一致。组合 task 函数的调用结果如图 9-4 所示。

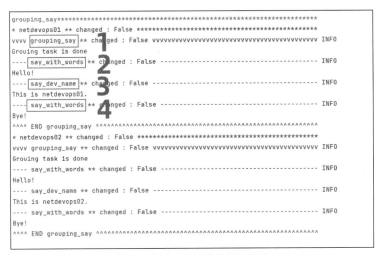

图 9-4　组合 task 函数的调用结果

在图 9-4 中，首先显示 runbook 中组合 task 任务的执行结果（图 9-4 中的标号 1），然后依次显示子 task 函数执行的结果（图 9-4 中的标号 2～4）。如果子 task 函数也是一个组合 task 函数，就会按照这个逻辑去递归并展开结果，最终呈现为树状结构的结果。

9.2.6　runbook 的执行结果

print_result 函数用于打印 runbook 的执行结果，它会将网络 Host 对象、执行的 task 函数名称、成功与否、变化与否、执行结果等信息展示出来。其中 task 任务的执行结果包含了 result 和 diff（执行任务前后变化）两个属性。在实际开发中，diff 使用得不多，可以近似地认为只展示 result 的信息。

print_result 只是通过格式化的样式输出了 runbook 的执行情况。当 Nornir 与第三方框架对接时，结果便不再是简单的打印输出，读者就需要深入了解执行结果对象，以便更好地编排业务逻辑。Nornir 自下向上有以下 4 种执行结果。

- 单台设备执行单次任务的真实结果载荷，它是 Result 对象中最重要的属性 result，其值可以为任意 Python 对象。
- 单台设备单次执行 task 函数后返回的结果对象，它是 Result 对象。result 是 Result 对象的一个属性。Result 对象包含了此次 task 函数执行结果的丰富信息，例如执行是否成功、配置是否发生变化等。
- 单台设备执行 task 函数的结果列表，它是 MultiResult 对象，可以被简单理解为 Result 对象的列表。如果执行的 task 函数是包含子任务的组合 task 函数，那么这个类列表对象中的成员是 task 函数返回的 Result 对象和所有子 task 函数返回的 Result 对象，成员排序与其执行顺序一致，越早被调用，排序就越靠前。如果执行的是普通单次 task 函数，那么此类列表成员只有一个，即调用的 task 函数返回的 Result 对象。MultiResult 对象的成员可以通过下标索引的方式访问，也可以通过 for 循环访问。
- Nornir 对象调用 run 方法返回的结果，包含了若干设备批量执行的 task 的结果，它们是 AggregatedResult 对象，类似字典结构，key 为网络设备 Host 对象，value 为 MultiResult 对象。

在实际使用中，用户对第一种和第二种"结果"感知明显，这是由用户亲自构建的"结果"；其余两种结果是 Nornir 框架内部产生的"结果"。获取 Nornir 的 4 种"结果"，如代码清单 9-17 所示，这段代码可以帮助读者更好地了解这 4 种"结果"。

代码清单 9-17　获取 Nornir 的 4 种"结果"

```python
from nornir import InitNornir
from nornir.core.task import Result


# task 函数，被另一个组合 task 函数调用
def get_dev_platform(task_context):
    # Result 对象，单台设备单次任务的执行结果，result 为结果载荷
    return Result(host=task_context.host, result=task_context.host.platform)


# 组合 task 函数
def get_dev_info(task_context):
    dev_info = {
        'name': task_context.host.name,
        'ip': task_context.host.hostname,
    }
    # task_context 调用 run 方法，返回 MultiResult 对象
    host_task_result_obj = task_context.run(get_dev_platform)
    # 由于 task 函数可以组合调用，最顶层的调用位于 MultiResult 对象的最前列
    # 用类似列表的索引方式访问索引 0，即可获取本次调用的 task 函数的执行结果
```

```
        platform = host_task_result_obj[0].result
        dev_info['platform'] = platform
        return Result(host=task_context.host, result=dev_info)


if __name__ == '__main__':

    nr = InitNornir(config_file="config.yml")
    nr_results = nr.run(task=get_dev_info)
    print(nr_results, type(nr_results))

    # AggregatedResult 对象类似字典，调用 items 方法可以获取其成员并对其循环
    for host, host_results in nr_results.items():
        print('host_results 是一个设备的所有 task 的执行结果，类型 MultiResult 对象')
        print(host_results)
        print(type(host_results))
        print('for 循环访问一个设备所有 task 任务的执行结果')
        # MultiResult 对象类似列表，可进行 for 循环访问
        # 也可以使用索引号直接访问其某次 task 执行的结果 Result 对象
        for host_task_result_obj in host_results:
            print('host_task_result_obj，单台设备单次 task 任务的执行结果 Result 对象')
            print(type(host_task_result_obj))
            print(host_task_result_obj)
            print('通过 result 属性访问单台设备执行单次任务的结果载荷 result')
            print(type(host_task_result_obj.result))
            print(host_task_result_obj.result)
```

在初学阶段，读者了解 Nornir 的 4 种"结果"即可，重点掌握通过 print_result 打印输出结果的方法。如果有与第三方框架对接的需求，可以进一步了解这 4 种"结果"，以便掌握 Nornir 执行结果的细节，进而更好地编排业务逻辑。

9.3 Nornir 的常用插件包

Nornir 支持用户根据规范开发插件，它也有众多优秀的开源插件。本书为读者推荐 3 款常用的 Nornir 插件。

9.3.1 nornir_netmiko 简介及其使用

nornir_netmiko 提供了 connection 连接类插件和 task 任务类插件，用户利用这些插件可以快速创建 Netmiko 连接对象并调用 Netmiko 对象的相关方法。本书推荐使用更加稳定的 Netmiko 3.4.0，nornir_netmiko 版本选择与之对应的 0.1.2 版本。使用 pip 执行命令"pip install nornir_netmiko==0.1.2"，

即可完成 nornir_netmiko 的安装。nornir_netmiko 的目录结构
如图 9-5 所示。

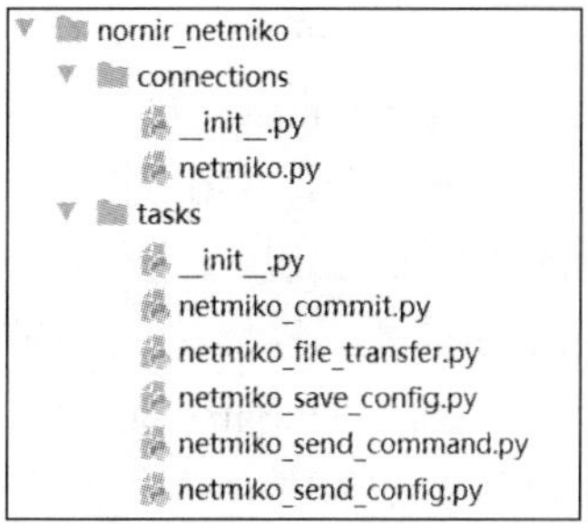

　　用户可以通过观察插件包的目录结构，了解 nornir_netmiko
的基本情况。处理设备连接的插件一般被放在 connections 包
中，封装的 task 函数一般被放在 tasks 包中，管理网络设备清
单的插件一般被放在 inventory 包中（nornir_netmiko 中不涉及，
读者了解即可）。在对应的模块中，基本都有详细的文档字符
串描述对应扩展插件的功能及其使用。

图 9-5　nornir_netmiko 的目录结构

1．快捷获取 Netmiko 连接对象

　　nornir_netmiko 提供了快速创建 Netmiko 连接对象的功能。通过 nornir_netmiko 获取网络设
备的连接，如代码清单 9-18 所示。

代码清单 9-18　通过 nornir_netmiko 获取网络设备的连接

```
from nornir import InitNornir
from nornir.core.task import Result
from nornir_utils.plugins.functions import print_result


def my_func_using_netmiko(task_context, show_cmds):
    # 列表，记录执行命令的回显内容
    outputs = []
    # 调用当前网络设备 Host 对象的 get_connection 方法创建 Netmiko 连接
    # get_connection 第一个参数是连接插件名称（此处为 Netmiko）
    # get_connection 第二个参数是 Nornir 配置对象，通过 task_context 一步步获取
    with task_context.host.get_connection(
                    'netmiko', task_context.nornir.config) as net_conn:
        # 执行命令，并将回显追加到 outputs
        for cmd in show_cmds:
            outputs.append(net_conn.send_command(cmd))

    return Result(host=task_context.host, result=outputs)


if __name__ == '__main__':
    # 待执行的命令
    show_cmds = ['display version', 'display interface']
    nr = InitNornir(config_file="config.yml")
    # 调用自定义函数，并传入要执行的命令 show_cmds
    results = nr.run(task=my_func_using_netmiko, show_cmds=show_cmds)
    print_result(results)
```

在代码清单 9-18 中，task 函数 my_func_using_netmiko 演示了获取 Netmiko 连接对象并调用其 send_command 方法的过程。用户可以调用通过 task_context 获取到的当前执行任务的网络设备 Host 对象，并调用其 get_connection 方法获取了 Netmiko 连接对象。get_connection 方法有两个参数在实际使用中比较固定：第一个参数会被赋值为 Netmiko 字符串，告知 Nornir 调用 nornir_netmiko 连接插件功能创建 Netmiko 连接对象；第二个参数是 Nornir 对象的配置，会被赋值为 task_context.nornir.config。通过此方法获取连接对象时，建议使用 with 上下文管理，保证连接对象可以被自动释放。在方法调用过程中，Nornir 通过配置文件获取当前设备 connections 配置中的 Netmiko 连接信息（通过 extras 访问其连接信息），并返回 Netmiko 连接对象。获取 Netmiko 连接对象之后，就可以利用之前所学的知识进行基于 CLI 的自动化功能开发。

2. 配置获取的 task 函数

task 函数 netmiko_send_command 用于向网络设备执行查询命令，是 Netmiko 核心 API 中 send_command 和 send_command_timing 的结合体。它有 3 个重要的参数。

- command_string：字符串类型，发送给网络设备的命令。
- use_timing：布尔类型，决定在 task 函数中调用 Netmiko 的是 send_command 方法还是 send_command_timing 方法；默认值为 False，即调用 send_command 方法。
- enable：布尔类型，决定是否调用 Netmiko 连接的 enable 方法，默认值为 False。

此外，netmiko_send_command 函数还支持透传 send_command 和 send_command_timing 的所有参数，例如 expect_string、use_textfsm 等。netmiko_send_command 函数执行完成后，会将 Netmiko 执行的结果封装到 Result 对象的 result 中。如果用户使用了 TextFSM 相关功能且解析出了数据，那么 Result 对象中的 result 属性是结构化数据（字典列表），否则 result 属性的值会是回显文本（字符串）。当调用 nornir_netmiko 的 task 函数时，会自动创建并获取 Netmiko 连接，同时执行相关命令。使用 netmiko_send_command 获取结构化数据，如代码清单 9-19 所示。

代码清单 9-19 使用 netmiko_send_command 获取结构化数据

```
from nornir import InitNornir
from nornir_utils.plugins.functions import print_result
from nornir_netmiko import netmiko_send_command

nr = InitNornir(config_file="nornir.yml")
results = nr.run(task=netmiko_send_command, # 调用 task 函数
            command_string='display version', # 传递给 task 函数发送的命令
            use_textfsm=True, # 使用 TextFSM 解析
            textfsm_template='huawei_display_version.textfsm') #解析模板
print_result(results)
nr.close_connections() # 主动关闭到设备的所有连接
```

用户在调用 task 函数 netmiko_send_command 时，如果传入参数 use_timing 并赋值为 True，那么 task 函数内部会调用 Netmiko 连接对象的 send_command_timing 方法，并采用时间延迟机

制去获取回显。读者了解这部分内容即可，此处不做演示。

如果用户不是通过 with 上下文管理器获取 Netmiko 连接对象，而是由 nornir_netmiko 的 task 函数自动创建，那么需要在 runbook 中调用 Nornir 对象的 close_connections 方法，主动关闭到设备的所有连接，以释放资源，参考代码清单 9-19 的最后一行。

3. 配置推送的 task 函数

在 nornir_netmiko 中，有两个可用于配置推送的 task 函数：netmiko_send_config 和 netmiko_save_config，前者用于推送配置，后者用于保存配置。读者需要关注 netmiko_send_config 函数的 3 个参数。

- config_commands：发送给网络设备的配置命令，列表类型。
- config_file：发送给网络设备的配置命令文本文件的路径。
- enable：是否开启 enable 模式，布尔类型，默认值为 False。

一般需要组合使用 netmiko_send_config 和 netmiko_save_config，因此可以写一个组合函数，组合 task 函数实现配置推送的代码如代码清单 9-20 所示；也可以用 Nornir 对象分两次调用这两个方法，Nornir 对象分别调用组合 task 函数实现配置推送，如代码清单 9-21 所示。配置内容可以固定到代码中，也可以读取指定的下发配置文件，这两种用法的示例在两个代码清单中均有呈现。

代码清单 9-20 组合 task 函数实现配置推送的代码

```
from nornir import InitNornir
from nornir.core.task import Result
from nornir_netmiko import netmiko_send_config, netmiko_save_config
from nornir_utils.plugins.functions import print_result



def push_config(task_context, configs):
    # outputs 记录每次任务执行的回显
    outputs = []
    # 执行配置推送
    mulit_result_obj = task_context.run(task=netmiko_send_config,
                                        config_commands=configs)

    # 读取执行结果，将回显追加到 outputs 中
    output = mulit_result_obj[0].result
    outputs.append(output)
    # 执行配置保存
    mulit_result_obj = task_context.run(task=netmiko_save_config)
    # 读取执行结果，将回显追加到 outputs 中
    output = mulit_result_obj[0].result
    outputs.append(output)
    return Result(host=task_context.host, result=outputs)
```

```
if __name__ == '__main__':
    configs = """interface GE1/0/0
description configed by nornir_netmiko
commit""".splitlines()

    nr = InitNornir(config_file="config.yml")
    results = nr.run(task=push_config, configs=configs)
    print_result(results)
    nr.close_connections()  # 主动关闭到设备的所有连接
```

代码清单 9-21　Nornir 对象分别调用两个 task 函数实现配置推送

```
from nornir import InitNornir
from nornir_utils.plugins.functions import print_result
from nornir_netmiko import netmiko_send_config, netmiko_save_config

nr = InitNornir(config_file="config.yml")
# 推送配置
config_results = nr.run(task=netmiko_send_config, config_file='config.txt')
print_result(config_results)
# 保存配置
save_results = nr.run(task=netmiko_save_config)
print_result(save_results)
nr.close_connections()  # 主动关闭到设备的所有连接
```

这两种推送的方法各有利弊。组合 task 函数可以在函数内部实现更复杂的逻辑，但代码比较长。多次调用 task 函数方法的代码更加简短、清晰，但是参数比较固定，缺少一定的灵活性。用户也可以获取 Netmiko 连接，通过 Netmiko 连接对象实现配置的相关操作，且可以充分利用之前章节中的代码。在实际生产中，本书多用 nornir_netmiko 获取连接类，在 task 函数内部实现较为复杂的逻辑，这样更加灵活。读者可根据自身需求合理选择。

9.3.2　nornir_table_inventory 简介及其使用

nornir_table_inventory 是 Nornir 的 Inventory 插件，它可以通过表格（CSV、Excel）文件来管理 Nornir 的网络设备清单。它甚至提供了一种隐藏的方法，可以将用户的数据库或者自动化系统作为 Nornir 的 inventory 数据源。

因为 nornir_table_inventory 采用了表格承载数据的方式，所以只支持扁平化的数据，暂不支持 groups 和 defaults。通过表格软件在表格中批量修改一些公共属性的操作，比在 YAML 文件中更加方便。执行命令 "pip install nornir-table-inventory==0.4.5"，即可完成该插件安装，本书使用的版本是 0.4.5。

nornir_table_inventory 提供如下 3 种 Inventory 插件类。

- CSVInventory：支持通过 CSV 文件进行网络设备清单管理。

- ExcelInventory：支持通过 Excel（xlsx）文件进行网络设备清单管理。
- FlatDataInventory：支持使用 Python 的字典列表进行网络设备清单管理。

1. 使用表格文件管理网络设备清单

CSVInventory 和 ExcelInventory 都是通过表格的方式来管理网络设备清单。nornir_table_inventory 网络设备清单的表格内容如表 9-1 所示。

表 9-1　nornir_table_inventory 网络设备清单的表格内容

name	hostname	platform	port	username	password	model	netmiko_timeout	netmiko_secret	netmiko_banner_timeout	netmiko_conn_timeout
netdevops01	192.168.137.201	cisco_ios	22	netdevops	admin123!	catalyst3750	60	admin1234!	30	20
netdevops02	192.168.137.202	cisco_ios	22	netdevops	admin123!	catalyst3750	60	admin1234!	30	20

name、hostname、platform、username 和 password 这些基础属性与 hosts.yml 文件中的完全一致。对于连接类插件，此插件只支持与 nornir_netmiko 相关的参数，且必须以 Netmiko 作为前缀，并用下画线连接后面的变量名。例如用户想传入超时时间，ConnectHandler 中对应的是 timeout 参数，那么需要在表格中定义一个 netmiko_timeout 参数。除了基础属性和 Netmiko 相关参数的任何参数，nornir_table_inventory 插件都会将其视为自定义字段，并放入 host 的 data 字段中，例如表 9-1 中的 model 信息会被放置到 data 自定义字段中。

CSVInventory 管理类的参数是 csv_file，ExcelInventory 管理类的参数是 excel_file，二者都指向一个承载网络设备清单的表格数据。使用 CSVInventory 管理类的 Nornir 配置文件，如代码清单 9-22 所示。使用 ExcelInventory 管理类的 Nornir 配置文件，如代码清单 9-23 所示，这两个表格文件中的数据内容如表 9-1 所示。

代码清单 9-22　使用 CSVInventory 管理类的 Nornir 配置文件

```
---
inventory:
    plugin: CSVInventory
    options:
        csv_file: "inventory.csv"

runner:
    plugin: threaded
    options:
        num_workers: 50
```

代码清单 9-23　使用 ExcelInventory 管理类的 Nornir 配置文件

```
---
inventory:
```

```
        plugin: ExcelInventory
        options:
            excel_file: "inventory.xlsx"

runner:
    plugin: threaded
    options:
        num_workers: 50
```

2. 对接第三方系统，使用任意数据源作为网络设备清单

CSVInventory 或者 ExcelInventory 这两个网络设备清单管理插件类实际使用了一个共同的插件——FlatDataInventory。FlatDataInventory 可以将包含网络设备信息数据的字典列表作为网络设备清单。用户通过 API 或者查询数据库获取原始数据后，按照表 9-1 中的字段规范将原始数据转换为如 data 格式所示的字典列表即可。使用 nornir_table_inventory 的 FlatDataInventory 对接第三方系统，如代码清单 9-24 所示。

代码清单 9-24　使用 nornir_table_inventory 的 FlatDataInventory 对接第三方系统

```
from nornir import InitNornir


def get_nornir_in_your_way(some_args=None, num_workers=100):
    """"使用任何方式（例如调用系统 API 或者查询数据库）获取数据，
    并转换为如 data 格式所示的字典列表
    """
    data = [{'name': 'netdevops01', 'hostname': '192.168.137.201',
             'platform': 'cisco_ios', 'port': 22, 'username': 'netdevops',
             'password': 'admin123!', 'city': 'bj', 'model': 'catalyst3750',
             'netmiko_timeout': 180, 'netmiko_secret': 'admin1234!',
             'netmiko_banner_timeout': '30', 'netmiko_conn_timeout': '20'},
            {'name': 'netdevops02', 'hostname': '192.168.137.202',
             'platform':'cisco_ios', 'port': 22,
             'username': 'netdevops', 'password': 'admin123!',
             'city': 'bj', 'model': 'catalyst3750', 'netmiko_timeout': 120,
             'netmiko_secret': 'admin1234!', 'netmiko_banner_timeout': 30,
             'netmiko_conn_timeout': 20}
            ]
    runner = {
        "plugin": "threaded",
        "options": {
            "num_workers": num_workers,
        },
    }
    inventory = {
        "plugin": "FlatDataInventory",
```

```
        "options": {
            "data": data,
        },
    }
    nr = InitNornir(runner=runner, inventory=inventory)
    return nr


if __name__ == '__main__':
    nr = get_nornir_in_your_way()
```

在代码清单 9-24 中，定义了一个函数 get_nornir_in_your_way，该函数可以对接数据库或者通过 API 对接系统平台，获取数据后按照规范进行转换。代码清单 9-24 中直接给出了一个符合标准的数据，省略了与第三方对接的代码。读者在使用中要结合实际情况重新编写此部分代码。通过 InitNornir 加载 Nornir 对象时，需要使用准备好的 runner 和 inventory 等配置数据，在 inventory 配置数据中指定 FlatDataInventory 插件，并将转换后的数据通过 options 赋值给插件的 data 参数。这种方式非常适合与网管平台对接使用，无须用户单独维护一张表格。

9.3.3 nornir_utils 简介及其使用

nornir_utils 是由官方维护的 Nornir 插件的合集，它提供了众多插件。使用"pip install nornir_utils"命令安装该插件即可，本书使用的版本是 0.2.0，不易与其他包冲突。读者安装最新版本即可。它内置的插件有 Inventory 网络设备清单管理类，与 Nornir 内置的 SimpleInventory 类几乎无差异，用户仅作了解即可。它提供的 print_result 函数用于打印 Nornir 的运行结果，在之前的代码中已经为读者进行了演示，不再赘述。本节主要分享 nornir_utils 的 task 函数 write_file。write_file 可以非常便捷地将文本内容写入文件，有如下 3 个核心参数。

- filename：写入文本内容的文件路径名。
- content：写入的文本内容。
- append：是否为追加模式，默认值是 False（如果源文件存在，那么每次会覆盖其内容）。

write_file 返回的结果 Result 对象中的 result 属性值为空，相关信息在 Result 对象的如下两个属性中。

- diff 属性：文本差异部分，是 Linux 系统的 diff 差异风格。
- changed 属性：本次写入内容与之前文件中的文本内容相比是否发生变化。

在读取设备配置之后，可以借助此函数将配置写入文本，同时进行一些输出，从而判断网络配置是否发生变化。在实际使用中，它一般作为组合 task 函数的子 task 函数被调用，单独使用的意义并不大。使用 nornir_utils 的 task 函数 write_file 生成文本文件并写入内容，如代码清单 9-25 所示。

代码清单 9-25 使用 nornir_utils 的 task 函数 write_file 生成文本文件并写入内容

```
from nornir import InitNornir
from nornir_utils.plugins.functions import print_result
from nornir_utils.plugins.tasks.files import write_file


def write_file_for_single_dev(task_context):
    file_name = '{}.txt'.format(task_context.host.hostname)
    content = 'Hello World'
    multi_results = task_context.run(write_file,filename=file_name,
                                     content=content)
    # 返回所有子任务中的第一个 Result 对象，即 write_file 函数的运行结果
    return multi_results[0]

nr = InitNornir(config_file="nornir.yml")
results = nr.run(task=write_file_for_single_dev)
print_result(results)
```

代码清单 9-25 中使用了组合 task 函数，为每台设备生成了一个以 hostname 命名的 txt 文件，然后写入内容。write_file 的 Result 结果中没有 result 载荷，只有 diff 和 changed，打印的时候会展示 diff。在实际使用中，它可以和配置备份的相关功能结合，通过 Netmiko 获取配置文本内容后，再调用子 task 函数 write_file 将其写入以设备 IP 命名的文本文件。

由于篇幅所限，本书只介绍了 3 款插件包，实际上 Nornir 有很多款优秀的插件包。读者可以登录 Nornir 的官方网站查看更多插件包。

9.4 基于 Nornir 的网络运维自动化实战

在了解了 Nornir 的使用和插件包之后，本节将从实际场景出发编写 3 个 runbook，实现网络运维自动化功能。这 3 个实际场景还是依照传统网络运维的思路，通过 CLI 的方式与网络设备交互，并基于第 6 章的脚本进行迭代，将多进程和 Netmiko 升级为 Nornir 和 nornir_netmiko。

9.4.1 网络设备的批量配置备份

代码清单 6-9 和代码清单 6-10 给出了网络批量配置备份的脚本，前者基于 for 循环，后者基于多进程。本节将基于 Nornir 框架去改造此场景的代码，因为 Nornir 帮助我们实现了并发任务管理，开发的重点在于实现单台网络设备配置备份的逻辑。本节重点给出 task 函数的代码部分，使用的网络设备清单参考了代码清单 9-2，使用的 Nornir 配置文件参考了代码清单 9-6，批量执行的任务会放在 runbook 的 main 分支中。

为了区分 task 函数和普通函数，本书在 task 函数的最后添加后缀 task，从而表明这是一个 task 函数。根据代码清单 6-10 的基本思路进行调整，首先通过 nornir_netmiko 获取 Netmiko 的连接，然后调用连接对象的 send_command 方法并执行配置查询命令，将回显写入指定的文本文件中。使用 Nornir 实现网络设备的批量配置备份，如代码清单 9-26 所示。

代码清单 9-26　使用 Nornir 实现网络设备的批量配置备份

```python
from nornir import InitNornir
from nornir.core.task import Result
from nornir_utils.plugins.functions import print_result

# 各 device_type 对应的配置备份命令
BACKUP_CMDS = {
    'huawei': 'display current-configuration',
    'cisco_ios': 'show running-configuration',
}


def network_device_backup_task(task_context):
    """
    登录设备执行配置备份的命令，并将设备回显的配置写入<设备 IP>.txt
    :param dev: 设备的基础信息，字典类型，key 与创建 Netmiko 所需的参数对应
    :return:  配置备份成功的消息
    """
    with task_context.host.get_connection('netmiko',
                                          task_context.nornir.config) as conn:
        # 获取设备的部分信息
        dev_type = task_context.host.platform
        dev_ip = task_context.host.hostname
        # 通过设备类型获取配置备份命令
        cmd = BACKUP_CMDS[dev_type]
        # 执行并写入指定文件
        output = conn.send_command(command_string=cmd)
        file_name = '{}.txt'.format(dev_ip)
        with open(file_name, mode='w', encoding='utf8') as f:
            f.write(output)
    return Result(host=task_context.host,
                  result='{}配置备份成功'.format(dev_ip))


if __name__ == '__main__':
    nr = InitNornir(config_file="config.yml")
    results = nr.run(task=network_device_backup_task)
    print_result(results)
    nr.close_connections()  # 主动关闭到设备的所有连接
```

代码清单 9-26 的主体是定义了名为 network_device_backup_task 的 task 函数，通过 get_connection 获取 Netmiko 的连接，执行命令并写入指定的文件。代码的并发部分完全交给了 Nornir 去处理，runbook 的主体非常清晰。代码开发也更加聚焦在单台设备的功能实现，而无须关注并发和结果的展示。读者也可以使用 nornir_netmiko 和 nornir_utils 的 task 函数去处理一些任务，但是现成的配置备份代码并不比插件中 task 函数的代码复杂，反而更加灵活，因此，本节没有使用组合 task 函数。

9.4.2   网络设备的批量信息巡检

网络设备的批量信息巡检可以参考代码清单 6-13，我们可以充分借鉴 network_device_info_collect 函数的逻辑，定义了一个核心 task 函数 network_device_info_collect_task，先准备好网络设备的部分基本信息，然后创建变量 result_items 记录成功的巡检项。获取 Netmiko 的连接后，按照代码清单 6-13 的思路执行对应的命令，并使用 TextFSM 解析成结构化数据，借助 pandas 将数据写入表格，汇总成功的巡检项拼接结果载荷 result。最后通过 Nornir 对象的 run 方法调用 task 函数，实现若干设备的批量信息巡检。使用 Nornir 实现网络设备的批量信息巡检，如代码清单 9-27 所示。

代码清单 9-27   使用 Nornir 实现网络设备的批量信息巡检

```python
from nornir import InitNornir
from nornir.core.task import Result
from nornir_utils.plugins.functions import print_result
import pandas as pd

# 各 device_type 对应的巡检项
INFO_COLLECT_INFOS = {
    'huawei': [{'name': 'version',
                'cmd': 'display version',
                'textfsm_file': 'huawei_version.textfsm'},
               {'name': 'interface_brief',
                'cmd': 'display interface brief',
                'textfsm_file': 'huawei_interface_brief.textfsm'}
               ],
    'cisco_ios': [{'name': 'version',
                   'cmd': 'show version',
                   'textfsm_file': 'ciso_ios_version.textfsm'}],
}


def network_device_info_collect_task(task_context):
    """
    登录设备执行命令并解析成为格式化数据写入指定表格
    :param dev: 设备的基础信息，字典类型，key 与创建 Netmiko 所需的参数对应
```

```
    :return: 返回巡检成功的信息
    """
    with task_context.host.get_connection('netmiko',
                                          task_context.nornir.config) as conn:
        # 创建巡检结果变量，列表格式，记录每个巡检项
        result_items = []
        dev_type = task_context.host.platform
        dev_ip = task_context.host.hostname
        # 通过设备的 device_type 匹配巡检项，包含要执行的名称、命令和解析模板
        collections = INFO_COLLECT_INFOS[dev_type]
        # 创建表格文件
        writer = pd.ExcelWriter('{}.xlsx'.format(dev_ip), engine='openpyxl')
        # 针对每个巡检项，执行命令并解析写入表格
        for collection in collections:
            cmd = collection['cmd']
            name = collection['name']
            textfsm_file = collection['textfsm_file']
            # 执行命令并解析
            data = conn.send_command(command_string=cmd,
                                     use_textfsm=True,
                                     textfsm_template=textfsm_file)
            # 通过返回的数据类型判断解析是否成功，成功则写入指定表格的指定页签
            if isinstance(data, list):
                df = pd.DataFrame(data)
                df.to_excel(writer, sheet_name=name, index=False)
                result_items.append(name)
            else:
                raise Exception(
                 '{}的{}巡检项内容为空，请确认执行的命令和对应解析模板无误'.format(
                  dev_ip, náme))

        # 调用 writer 的 close 方法关闭并保存表格文件
        writer.close()
    result = '{}的{}巡检项成功'.format(dev_ip, result_items)
    return Result(host=task_context.host, result=result)


if __name__ == '__main__':
    nr = InitNornir(config_file="config.yml")
    results = nr.run(task=network_device_info_collect_task)
    print_result(results)
    nr.close_connections()  # 主动关闭到设备的所有连接
```

9.4.3　网络设备的批量配置推送

网络设备的批量配置推送可以参考代码清单 6-14，首先创建 task 函数 network_device_config_task，

实现单台网络设备的配置推送，然后创建 runbook 实现网络设备批量配置推送功能。使用 Nornir 实现网络设备的批量配置推送，如代码清单 9-28 所示。

代码清单 9-28　使用 Nornir 实现网络设备的批量配置推送

```
from nornir import InitNornir
from nornir.core.task import Result
from nornir_utils.plugins.functions import print_result
import pandas as pd

# 各 device_type 对应设备是否进入 enable 模式
ENABLE_INFOS = {
    'huawei': False, 'cisco_ios': True, 'cisco_asa': False
}


def network_device_config_task(task_context):
    """
    将以网络设备 IP 为前缀的配置文件推送到网络设备并保存配置
    :return: 推送成功的消息
    """
    with task_context.host.get_connection('netmiko',
                                           task_context.nornir.config) as conn:
        # 获取设备的部分信息
        dev_type = task_context.host.platform
        dev_ip = task_context.host.hostname
        # 根据 device_type 判断是否进入 enable 模式
        enable = ENABLE_INFOS.get(dev_type, False)
        if enable:
            conn.enable()
        # 进入配置模式
        conn.config_mode()
        # 推送配置
        conn.send_config_from_file(config_file='{}.config'.format(dev_ip))
        # 保存生效
        conn.save_config()
        result = '{host}的配置推送结束'.format(host=dev_ip)

    return Result(host=task_context.host, result=result)


if __name__ == '__main__':
    nr = InitNornir(config_file="config.yml")
    results = nr.run(task=network_device_config_task)
    print_result(results)
    nr.close_connections()  # 主动关闭到设备的所有连接
```

代码清单 9-28 同样使用 Nornir 来实现与 Netmiko 的连接，但并未使用 nornir_netmiko 的 task 函数进行封装。这是由于使用 Netmiko 进行连接和配置推送的逻辑更为直观。读者要根据实际情况选择是自己编写函数还是使用已有的其他 task 函数。在本节给出的示例中，使用 Netmiko 连接进行相关操作，这样会更加简单。

本节将以往的脚本与 Nornir 框架进行了整合。读者在实际使用中可以参考这种思路定义自己的 task 函数，并充分利用以前的代码和知识，聚焦于数据和特定运维场景。

9.5 小结

读者利用本章所介绍的网络自动化运维开发框架 Nornir，可有效简化网络资产的清单管理，实现配置指令的高效并发执行。同时，该框架具备卓越的扩展性和灵活性，有助于提升开发效率，并贯彻 DRY（Don't Repeat Yourself）原则，帮助开发者避免代码冗余，优化开发工作。

第 *10* 章

开源网管工具 NetBox

本章将介绍一款基于 Python Django 开发的开源网络管理工具 NetBox。借助于 NetBox，网络工程师可以利用 Web 界面和自动化脚本，更好地管理网络设备和相关数据，从而提升工作效率。

10.1　NetBox 简介及安装

NetBox 是一款强大的开源网络管理工具，它针对网络工程师量身定制，拥有数据中心基础设备管理和 IP 地址管理（IPAM）等功能，旨在给用户提供理想的网络运维可信数据源（Source Of Truth，SOT）。同时它也拥有强大的自定义功能、开放的 RESTful API 体系，能够实现更多的扩展功能。

10.1.1　NetBox 的特点

在实际使用中，网络工程师可以将 NetBox 简单视为可扩展的网络配置管理数据库（Configuration Management Database，CMDB）。NetBox 具备以下 4 个特点。

1．针对网络量身定制
NetBox 精心设计了多个网络基础设施和 IP 地址管理的模型。这些模型覆盖了网络运维的众多方面，包含但不局限于以下模型。
- 灵活分层的区域、地点和位置。
- 设备、设备组件和机柜。
- IP 地址、IP 子网、VRF、VLAN、AS 号码等。
- 多租户。
- 虚拟机及集群。
- 设备连接线路及运营商线路。

2．可定制扩展

NetBox 还具备多样化的功能定制和扩展机制。例如，现有模型可以添加自定义字段，数据可自定义校验规则，平台提供 RESTful API、数据导出模板，并构建了强大的插件架构。这些特性降低了用户扩展应用程序的开发成本，满足了用户个性化的定制需求。

3．由 Python 开发，完全开源，富有生命力

NetBox 是遵循 Apache 许可证 2.0 的开源应用程序，用户可以在 GitHub 网站上访问 NetBox-community 组织的 NetBox 仓库，从而获取全部源代码。它是由社区驱动开发的，有众多的网络工程师和软件工程师参与其中，社区非常活跃。

4．文档完备

NetBox 的文档非常完备，从基础的概念说明、技术栈的组成及对应版本、安装步骤，到每个模型、每个字段以及扩展脚本的编写，这些都被详细记录在 NetBox 代码仓库的 docs 目录中，且会随着版本升级而更新。用户也可以在 NetBox 平台中在线查看这些文档。

10.1.2 基于 Docker 安装 NetBox

NetBox 是基于 Django 开发的，使用了 PostgreSQL 关系数据库、Redis 内存数据库等基础组件。其完整的安装过程可以参考 NetBox 代码仓库 docs\installation 目录内的文档，只需要逐个安装基础组件即可。对于网络工程师，建议使用 Docker 来安装 NetBox，那样会更加简单而快捷。

Docker 是一个开源的容器化平台。容器是一种轻量级的虚拟化技术，用于将应用程序及其依赖项封装在隔离的环境中，在不同平台和环境中实现应用程序的可移植性和运行一致性。容器技术与传统虚拟化技术的架构对比如图 10-1 所示。

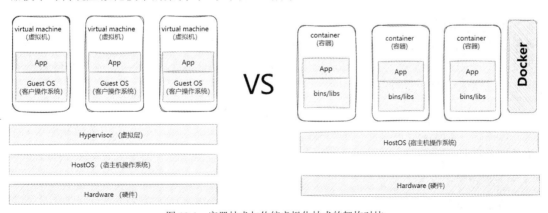

图 10-1 容器技术与传统虚拟化技术的架构对比

本书以在 CentOS 7.9 操作系统中安装 Docker 为例，演示其安装过程。为了实现一键安装，

执行以下命令下载 Docker 官方社区版的安装脚本：

```
curl -fsSL https://get.docker.com | bash -s docker --mirror Aliyun
```

建议读者在安装时查阅 Docker 文档或发行版的文档，确保操作系统的内核版本满足要求。安装完成后，通过执行命令"service docker start"启动 Docker 服务，执行"docker version"命令可以查看版本号，本书使用的 Docker 服务端社区版的版本号是 24.0.7。使用 Docker 部署安装应用，需要先下载对应的镜像（image），它是容器的最初始状态，相当于一个模板、程序的安装包。通过镜像可以快速拉起一个应用，这种动态地提供服务的应用，就是容器（container）。镜像是一个静态的概念，而容器是一个动态的概念。NetBox 涉及多个镜像，使用"docker compose"命令安装更加简单。Docker Compose 是一个用于定义和运行多个 Docker 容器的工具，它使用 YAML 文件来定义整个应用程序的服务、网络和配置。我们可以从 netbox-docker 的代码仓库（访问 GitHub 网站 netbox-community 组织的 netbox-docker 项目）中下载相关文件到本地，它包含了通过 Docker Compose 启动 NetBox 的所有文件。进入 netbox-docker 项目目录，创建配置文件 docker-compose.override.yml，并将容器内的 NetBox 的 Web 应用端口 8080 映射到宿主机的 8000 端口，然后获取各组件对应的镜像并拉起整个服务。使用 Docker 安装 NetBox 服务，如代码清单 10-1 所示。

代码清单 10-1　使用 Docker 安装 NetBox 服务

```
cd netbox-docker
tee docker-compose.override.yml <<EOF
version: '3.4'services:
  netbox:
ports:
    - 8000:8080
EOF
docker compose pull
docker compose up
```

完成上述操作并等待几分钟后，执行命令"docker ps"，查看 NetBox 应用、Redis、PostgreSQL 等各个容器的状态，当所有容器状态均为"healthy"时，这就代表服务成功启动。服务成功启动后，用户执行如下命令进入 NetBox 应用 netbox-docker-netbox-1（对应执行命令"docker ps"回显的 NAMES 字段）容器内部：

```
docker exec -it  netbox-docker-netbox-1  /bin/bash
```

在容器内部执行如下命令，创建超级管理员账户，按照指示依次输入用户名、邮箱、密码和密码。

```
python manage.py createsuperuser
```

创建完账户后，用户可以通过浏览器访问地址"http://<宿主机 IP>:8000"，单击"Log In"按钮，进入 NetBox 平台，NetBox 平台的首页如图 10-2 所示。

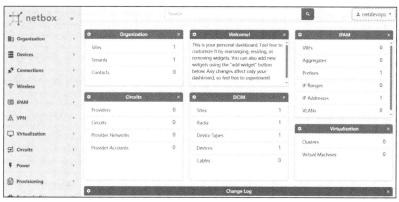

图 10-2　NetBox 平台的首页

10.2　NetBox 的核心功能

在 NetBox 平台的首页中，读者可以观察到其提供的基本功能模块，包括 Organization（组织结构管理）、Devices（网络设备管理）、Connections（网络设备连接）、Wireless（无线管理）、IPAM（IP 地址管理）、Virtualization（虚拟机管理）等。由于篇幅所限，本书将从数据中心基础设施管理（DCIM）和 IP 地址管理两方面，为读者简单介绍 NetBox 的核心功能，在这个过程中会涉及上述部分功能模块。

10.2.1　数据中心基础设施管理

数据中心基础设施管理模块是对数据中心基础设施的抽象化表达。NetBox 尝试用数据去描述网络运维的实际情况，因此，构建了众多模型，其中主要包含以下 9 个关键模型。

- Region：代表地理概念上的区域。NetBox 并未规定区域的颗粒度，用户可以根据自身情况灵活建模，一个大洲或者一个国家可以是一个区域，一个城市也可以是一个区域。区域之间可以进行嵌套，例如创建华北区和北京两个 Region，后者是属于前者的子区域。
- Site：代表站点，通常表示一个区域内的建筑物。每个站点都被分配一个运营状态（例如活跃或计划中），并且可以有一个明确的邮寄地址和 GPS 坐标与之关联。站点之间也是可以嵌套且关联的，在实际使用中，我们可以将一个数据中心设计为一个站点，并为其中的每个机房楼创建一个站点；如果我们只有一个机房楼，也可以将这个机房楼等同于一个数据中心，创建一个站点。
- Location：代表位置。位置是建筑物内的任意逻辑细分，位置之间也可以进行嵌套关联，以实现最大的灵活性。一个楼层、一个房间都可以是一个位置，一个房间隶属于一个楼层。
- Rack：代表机架。机架的尺寸、高度都可以进行自定义，默认高度是 42U。一个机架可以隶属于一个站点，也可以隶属于一个位置，这完全由用户的实际情况而决定。机架可以分配角色、运营状态等信息。

- Device：代表设备，是整个数据中心基础设施管理中最核心的模型。设备是网络中可以安装部署的任何物理硬件，例如交换机、路由器、防火墙、服务器等。设备可以隶属于一个站点，在实际使用中建议隶属于一个位置，隶属于一个机架。
- Interface：代表接口，一个接口隶属于一台设备。
- Cable：代表布线，连接两台设备的两个接口。
- Manufacturer：代表设备制造商。
- Device Type：代表设备类型，特定设备制造商的特定型号的硬件设备，它描述了这类设备的基本情况，例如它所属的厂商、包含的接口数量、电源数量等。所有的设备实例都隶属于一个设备类型。每个设备在创建时自动继承它所属设备类型的组件（接口、电源等）。

以创建一台网络设备为例，需要先创建对应的 Region、Site、Location、Rack 这些表示其物理位置的数据，其次要创建对应设备的设备类型的数据。在 NetBox 平台的首页中，依次单击左侧导航栏 Organization\Regions，接着单击"+"按钮进入 Region 的创建表单。Region 的创建表单如图 10-3 所示。

图 10-3　Region 的创建表单

在每个创建表单的右上方都有"Help"按钮，用户可以单击此按钮了解当前表单对应模型的详细说明。在 Region 表单中填写带星号的 Name（名称）和 Slug（唯一标识符），建议读者输入英文、数字和短横线的组合内容，按需填写其他字段，单击"Create"按钮，即可完成名为"北京"的区域创建。用户也可以根据实际情况去创建一个名为"海淀数据中心"的区域，然后将此区域实例通过 Parent 字段（下拉框）与北京区域关联。创建完区域后，依次创建站点的实例机房楼 001、Location 的实例房间 001、Rack 的实例机柜 0101。这些实例都是相互关联的，在创建过程中按表单指引即可，本书不再赘述。

当以上物理位置都准备好之后，就可以着手准备 Manufacturer 和 Device Type 的创建。首先通过左侧导航栏进入 Devices\Manufacturers 页面，单击"Add"按钮打开创建表单，创建名为"Huawei"的 Manufacturer 并保存。通过左侧导航栏进入 Devices\DEVICE TYPES 页面，单击"+"按钮打开创建表单。Device Type 的创建表单如图 10-4 所示。

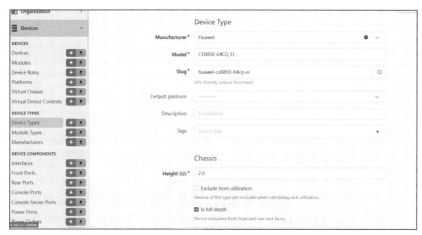

图 10-4　Device Type 的创建表单

在图 10-4 的表单中，通过下拉框选择"Huawei"作为 Manufacturer，为此设备类型创建型号（Model），同一设备制造厂商的型号是唯一的。可以针对设备的机箱设置机框的高度（U 位）、尺寸以及重量等。也可以在底部 Comments 字段为设备填写一些说明信息或者是官方使用手册的链接，甚至可以为设备类型关联正面和背面的图片。保存设置后，在 Device Types 列表页，就可以看到创建的新设备类型。Device Types 列表页如图 10-5 所示。

图 10-5　Device Types 列表页

接下来，可以继续添加 Interface，这样在选中有 Interface 的 Device Type 后，就会为创建的设备自动创建对应接口并关联。在列表页中单击对应的 Device Type 条目进入详情页，接着单击"Add Components"按钮，在弹出的下拉框中单击"Interfaces"选项，就可以继续添加 Interface，如图 10-6 所示。

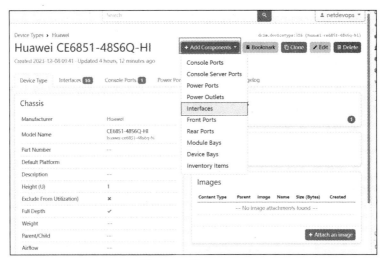

图 10-6　添加 Interface

　　单击"Interfaces"选项后，会弹出 Interface 的创建页面，根据此型号实际情况创建接口模板，在 Name 字段处输入"10GE1/0/{1-48}"，选择对应的 Type 为"SFP+(10GE)"，然后保存设置，NetBox 就会自动展开创建的 48 个接口。Device Type 添加 Interface 模板的操作如图 10-7 所示。

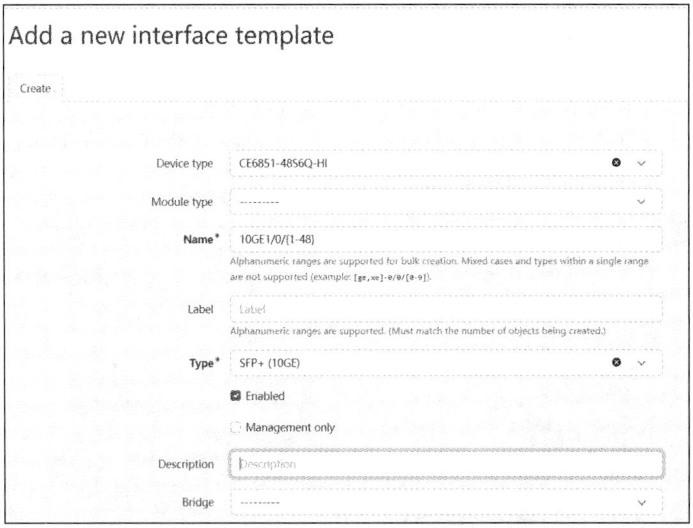

图 10-7　Device Type 添加 Interface 模板的操作

　　继续根据实际情况为此设备类型创建 MEth0/0/0、40GE1/0/{1-6}接口后，Device Type 实例就被成功创建。单击导航栏进入 Devices\Device Role 页面，创建设备角色接入交换机（读者可以根据实际情况创建 Spine、Leaf 等众多设备角色）。进入 Devices\Devices 设备列表页，单击"Add"按钮添加设备。通过 Name 字段为设备命名为"netdevops01"，Device role 处选择"接入交换机"，Device type 处选择刚才创建的设备类型，Site 处选择"机房楼 001"、Location 为"房间 001"、Rack

为"机柜 0101",单击"Save"按钮进行保存。U 位可以根据实际情况进行选择,只需要填写开始 U 位,NetBox 就会根据机框高度自动计算出其占用的机柜起止 U 位。设备创建表单如图 10-8 所示。

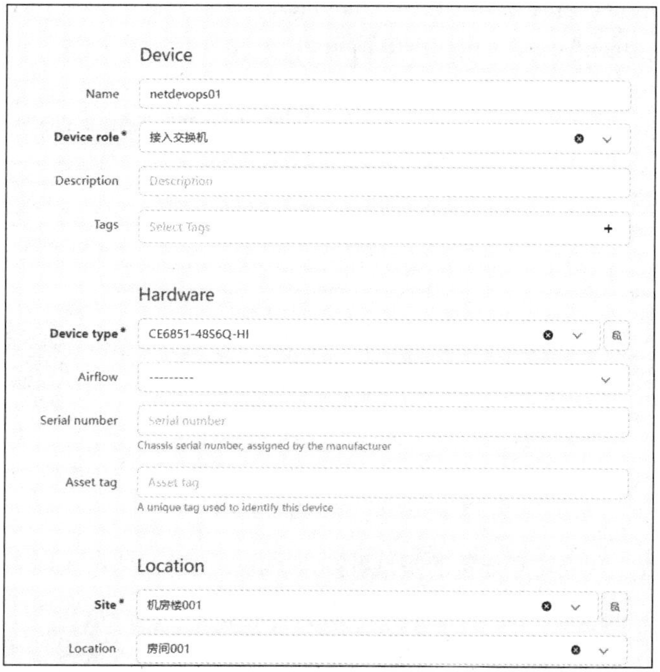

图 10-8　设备创建表单

单击"Save"按钮保存后,进入此设备的详情页。设备详情页如图 10-9 所示。

图 10-9　设备详情页

在设备列表页中可以观察到此设备，并可以通过搜索框搜索此设备。重复以上步骤，就可以创建多台网络设备。在实际使用中，多台设备之间会产生 Cable（布线）这种连接关系。布线的使用方法是进入一台设备详情页，选中"Interfaces"标签，选择指定的接口，单击右侧网口连线的标签，选择"Interface"，如图 10-10 所示。

图 10-10 布线的使用方法

单击"Interface"代表对端连接的是设备接口。在弹出的创建布线详情页，选择两端的设备及其对应接口，同时可以设置线的颜色、种类、长度等信息。创建布线详情页如图 10-11 所示。

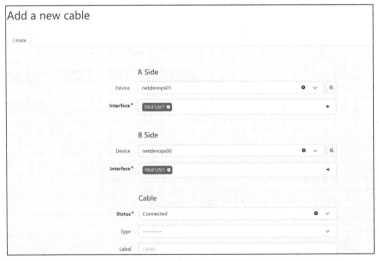

图 10-11 创建布线详情页

在创建表单中单击"Save"按钮保存后，在设备的关联接口列表页（见图 10-12）中，就可以观察到对应接口存在设备。

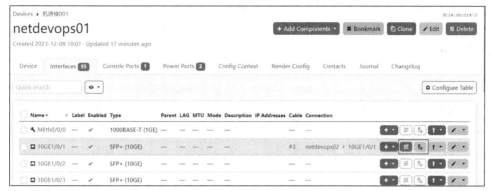

图 10-12 关联接口列表页

单击接口右侧的按钮，就可以对布线进行跟踪，如图 10-13 所示，查看整个连接关系。

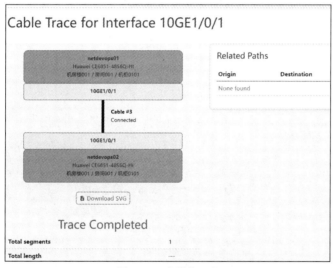

图 10-13 布线的跟踪

以上就是使用 NetBox 进行数据中心基础设施管理的基本操作。NetBox 实际提供了多种数据模型，例如设备的板卡、风扇等组件都有对应模型。本书只讲解了基础设施管理中最核心的一部分模型。关于更多模型及使用方法，用户可以在 NetBox 内置的官方手册中进行详细了解。

10.2.2 IP 地址管理

IP 地址管理（IP Address Management，IPAM）是网络地址管理工具，用于管理和控制 IP 地址的分配和使用。NetBox 的 IPAM 也是它的核心功能之一，该功能提供了一个中心化的界面，使网络管理员能够有效地管理和监控网络中的 IP 地址。它可以帮助管理员及时跟踪可用的 IP 地址，防止地址冲突，并简化 IP 地址的分配和配置过程。NetBox 的 IPAM 关键模型如下：

- IPAddress，代表一个单独的 IPv4 或者 IPv6 的地址（包含子网掩码，子网掩码长度应与实际配置一致）。
- Prefix，代表一个 IPv4 或者 IPv6 的网络，包含子网掩码长度。

除了这两个关键模型外，IPAM 还有 VLAN、ASN 等模型。限于篇幅，本书仅演示使用 IPAddress 和 Prefix 的模型来创建网络空间和地址分配。在 NetBox 平台首页中，通过左侧导航进入 IPAM\Prefixes 页，单击"Add"按钮添加 Prefix 实例（网络空间规划）。在表单中主要填写 Prefix 字段，并填入含有子网掩码的 IPv4 或者 IPv6 网络，本书所填为 192.168.0.0/16。按需选择状态（"Active"代表激活使用），勾选"Is a pool"代表可以分配使用。用户也可以将创建的网络空间与 Site 站点关联，为其添加 VLAN（需先创建 VALN 实例）。Prefix 创建表单界面如图 10-14 所示。

图 10-14　Prefix 创建表单界面

Prefix 网络空间实例创建完成后，可以再创建一个掩码长度为 24 的网络空间。创建完成后，就会在 Prefix 列表页中发现，地址空间从视觉上呈一个树状结构，其中的 192.168.137.0/24 自动关联到了 192.168.0.0/16 对象之下。Prefix 列表页呈现树状结构，如图 10-15 所示。

这种树状结构主要因为 NetBox 底层使用了 PostgreSQL 数据库，它有专门的字段类型支持 IP 地址存储，并提供了很多便利功能。用户也可以单击"Hide Depth Indicators"，关闭这种层级效果，单击"Max Depth"按钮，选择可以展示的网络空间最大深度，单击"Max Length"按钮，筛选指定掩码长度以内的网络空间。

图 10-15　Prefix 列表页呈现树状结构

创建完 Prefix 实例后，用户可以在 Prefix 实例对象详情页的 IP Address 选项卡中单击"Add IP Address"按钮，在此地址空间内分配 IP 地址；也可以通过左侧导航栏 IPAM\IP Address 进入 IP Address 的列表页，单击列表页的"Add"按钮分配 IP 地址。分配 IP 地址时，填入带有子网掩码的 IP 地址，如有需求也可以在 NAT IP（inside）栏的 IP Address 字段中，将两个地址进行 NAT 关联。创建 IP Address 的示例如图 10-16 所示。

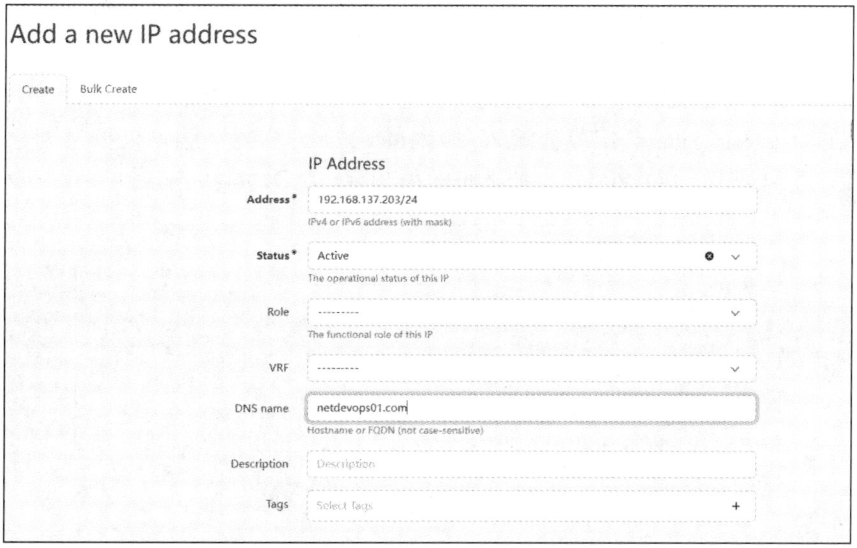

图 10-16　创建 IP Address 的示例

IP 地址可以与设备的接口对象绑定，并将其设置为此设备的 Primary IP。在 IP Address 创建页面中，在选择分配接口（Interface Assignment）时，可以单击右侧的查询按钮，先搜索设备并筛选出指定设备的所有接口，然后再选择对应接口。将 IP 地址绑定到网络设备接口并设置为设备的主 IP，如图 10-17 所示，筛选要绑定 IP 的接口，如图 10-18 所示。

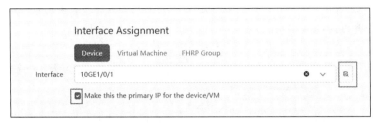

图 10-17　将 IP 地址绑定到网络设备接口并设置为设备的主 IP

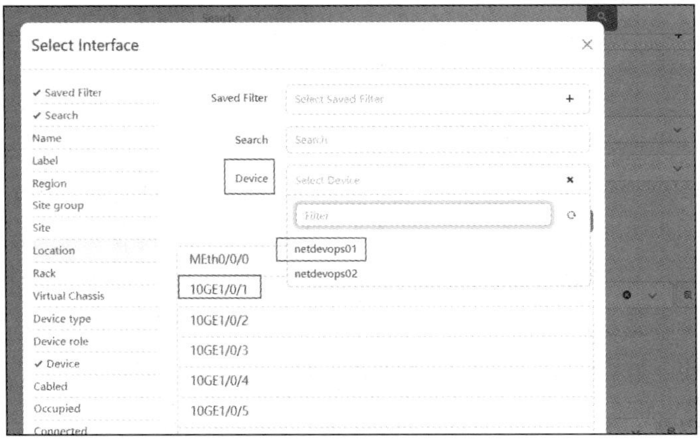

图 10-18　筛选要绑定 IP 的接口

　　NetBox 的 IPAM 也支持 IP 的批量创建。创建 IP Address 的创建表单，单击"Bulk Create"
选项卡，在 Address pattern 字段处填入 192.168.137.[2-50]/24，就可以批量创建 IP 地址
（192.168.137.2～192.168.137.50）了。批量创建 IP 地址，如图 10-19 所示。

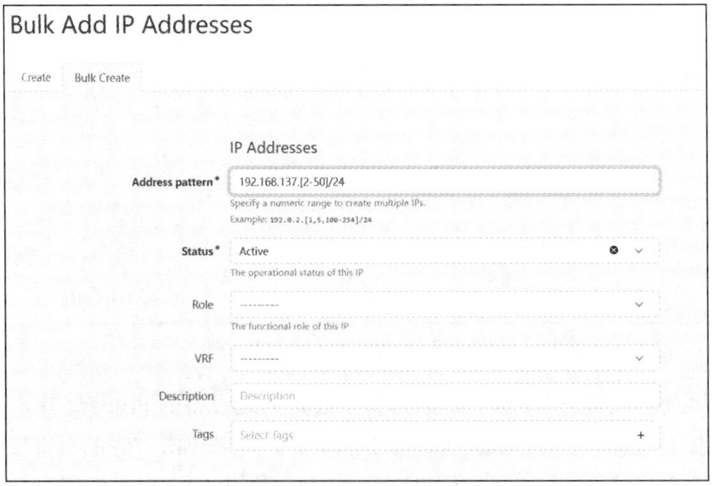

图 10-19　批量创建 IP 地址

以上就是 IPAM 对于网络空间规划和地址分配的基本使用。在 Web 界面上，分配的 IP 地址会和所属 Prefix 实例双向关联（此处并没有实际关联关系存储，而是通过计算所得），从 IP 地址可以跳转到所属 Prefix。Prefix 实例中也会展示已经分配的 IP 地址和空闲可用的网络空间，并自动计算使用率。读者可以在实际使用中去体会 NetBox IPAM 模块的强大功能。

10.3　NetBox 的功能扩展

为了打造网络运维的 SOT，NetBox 设计了众多精巧的模型，这些模型之间有着非常灵活的关系，可以准确描述真实环境中网络运维的实际情况。同时，NetBox 也提供了定制扩展的相关设计，满足了用户的定制化需求。本节将为读者提供利用和扩展 NetBox 功能的一种思路，涉及自定义字段、nornir_netbox 插件和开放的 RESTful API 体系。

10.3.1　自定义字段 custom_fields

NetBox 的管理员可以为内置的数据模型添加众多的自定义字段，以满足用户的定制需求。在数据库中，自定义字段以 JSON 数据格式直接存储在内置模型的数据对象中，这样可以减少在检索对象时进行复杂查询的需求。

自定义字段的入口是 NetBox 平台首页中左侧导航栏的 Customization\Custom Fields。在自定义字段的列表页，单击 "Add" 按钮就可以添加自定义字段。在 Content types 字段中选择自定义字段关联的数据模型，这里我们以 Device 模型为例，选择 "DCIM>Device"，为网络设备添加自定义字段。通过 Name 字段将自定义字段命名为 "version"；将 Label 字段赋值为自定义字段的页面展示名称；Type 为对应的字段类型，此处我们选择最简单的 "Text"（文本类型）；读者可以根据自己的情况勾选 Required（是否必填）复选框，填写 Description 描述此字段等。Device 模型创建自定义字段的界面如图 10-20 所示。

自定义字段的定义非常灵活，对于页面是否展示、编辑表单的大小等都可以进行控制，读者可以通过单击创建表单右上角的帮助按钮获取更多详细信息。自定义字段的类型有 Text，还有 Long text（长文本，支持 Markdown 语法）、Interger（整数）、Boolean（布尔）、JSON（JSON 数据）等，限于篇幅，本文不一一演示。自定义字段默认是模糊搜索，用户也可以在创建表单的 Filter logic 字段控制其搜索逻辑为精准匹配（Exact）或者取消搜索功能（Disabled）。当创建完自定义字段之后，在与其关联的数据模型的数据详情页中，就可以看到自定义字段。数据详情页的自定义字段如图 10-21 所示。

图 10-20　Device 模型创建自定义字段的界面

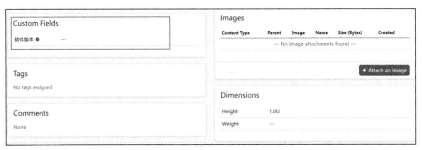

图 10-21　数据详情页的自定义字段

　　用户可以根据自身的运维需求定义相关字段，其中一部分可以由人工维护，另一部分可以通过自动化脚本进行更新（参考 10.3.3 节）。

10.3.2　nornir_netbox 插件对接 NetBox 系统

　　nornir_netbox 是用于集成 NetBox 和 Nornir 框架的 Nornir 资产管理插件，使用此插件可以动态获取 NetBox 的 Device 模型中的所有数据，并构建 Nornir 的网络设备资产清单。本书使用的 NetBox 版本号为 3.7，nornir_netbox 版本号为 0.3.0。执行命令"pip install nornir-netbox==0.3.0"，即可安装 nornir_netbox 插件。

　　nornir_netbox 使用 NetBox 开放的 RESTful API 获取设备列表清单，并将之转换为 Nornir 中的对象。在使用此插件前，需要先做两件事情：一是创建 API Token，用于请求的认证；二是创建 Platform 数据并与对应的 Device 数据绑定，以便后续在执行自动化任务时清楚该设备

Netmiko 对应的 device_type。

　　在 NetBox 平台首页中，通过左侧导航栏 Admin\API Tokens 进入列表页，单击"Add"按钮，就可以进入 API Token 的创建页。NetBox 会自动随机生成 Token，选取 API Token 绑定的系统用户，单击"Create"按钮，即可创建 API Token，如图 10-22 所示。

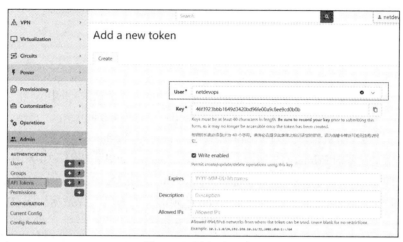

图 10-22　创建 API Token

　　创建完 Token 后，需要创建对应的 Platform 数据并与 Device 对象进行绑定。通过左侧导航栏 Devices\Platforms，进入 Platforms 的列表页，单击"Add"按钮进入 Platform 的创建表单，Name 赋值为"huawei"（对应 Netmiko 的 device_type），Manufacture 选择"Huawei"，单击"Create"按钮完成创建。然后通过 Devices\Devices 进入设备的列表页，单击设备名进入设备详情页，单击"Edit"按钮编辑设备信息，在 Platform 的下拉选项中选择刚创建的对象。

　　准备工作就绪后，就可以调用 nornir_netbox 的资产管理插件。它提供了 NBInventory 和 NetBoxInventory2 插件：前者主要对接早期的 NetBox；后者用于更高版本的 NetBox，它可以将 Device 对象的更多字段信息同步到 Nornir 中，本书选择后一个插件。本书将登录设备的用户名和密码写到 defaults.yml 文件中，参考如下内容：

```
---
username: netdevops
password: Admin123~
```

使用 nornir_netbox 加载 Nornir 对象，如代码清单 10-2 所示。

代码清单 10-2　使用 nornir_netbox 加载 Nornir 对象

```
from nornir import InitNornir


nr = InitNornir(
    inventory={
        # "plugin":"NBInventory",
```

```
            "plugin":"NetBoxInventory2",
            "options": {
                "nb_url": "http://192.168.137.130:8000",
                "nb_token": "950ea5025c1ef5874c400385ad6e29b74db7ac59",
                "defaults_file":"defaults.yml"
            }
        }
    )
    for hostname,host_obj in nr.inventory.hosts.items():
        print(host_obj)
```

使用 NetBoxInventory2 插件时，将其自定义参数 nb_url 设置为 NetBox 平台的地址，将 nb_token 设置为用户注册的 API Token，将 defaults_file 设置为 defaults.yml。nornir_netbox 会将 NetBox 平台中网络设备数据转换为 Nornir 体系中的 host 对象，host 对象的 hostname 会优先使用 NetBox 平台中设备的 Primary IP 地址，host 对象的 name 会使用 Device 数据的 Name 字段，host 对象的 platform 字段会使用 Device 数据的 platform 对象的名称，Device 数据的其他字段信息会转换到 host 对象的自定义字段 data 中。nornir_netbox 的 host 对象数据如图 10-23 所示。

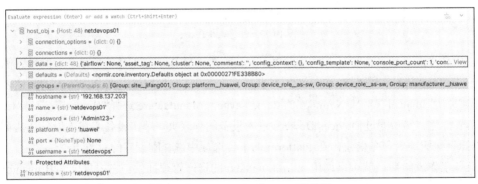

图 10-23　nornir_netbox 的 host 对象数据

本节仅演示 Nornir 对象的构建过程，不再赘述自动化场景的构建。读者可以参考 10.3.3 节的脚本示例，也可以充分利用第 9 章的相关 task 函数，以 NetBox 管理网络设备清单，实现众多自动化功能。

10.3.3　开放的 RESTful API 体系

NetBox 有一套完整、开放的 RESTful API（后文简称 REST API）体系，可以提供更高的灵活性和集成性以及自动化程度，使用户能够根据自己的需求扩展和定制 NetBox，并与其他系统和工具实现无缝集成。用户可以通过单击 NetBox 首页下方的 REST API 图标，跳转到 NetBox 的 API 清单根页面。NetBox 的 API 清单如图 10-24 所示。

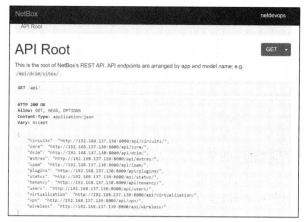

图 10-24　NetBox 的 API 清单

在 API 清单中给出的都是用户安装的 NetBox 平台的 API 地址，它们会按照模型的功能进行组织，单击链接可以查看此模块内的 API 清单。其中比较重要的是：dcim 模块，对应的基础设施管理模块，包含 Device 等数据模型；ipam 模块，包含 IP 地址管理相关模型。针对每个 REST API 的具体说明，读者可以在 NetBox 平台首页单击底部的"REST API document"图标查看，其中会给出所有 API 的参数。REST API 的说明文档如图 10-25 所示。

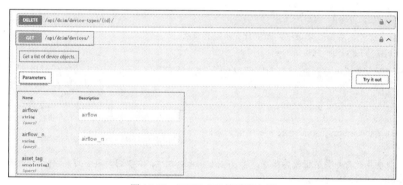

图 10-25　REST API 的说明文档

在 REST API 说明文档中，会有 API 的路径、访问方式、参数说明、API 说明、示例数据等主要信息。用户也可以单击"Try it out"按钮，在 Parameters 中编辑对应参数，调用 API 获取数据。在实际使用 Python 代码调用 API 时，需要在请求的头部添加 API Token（参考 10.3.2 节）。使用 Requests 调用 NetBox 的 REST API，如代码清单 10-3 所示。

代码清单 10-3　使用 Requests 调用 NetBox 的 REST API

```
import requests


headers = {
```

```
            'Authorization':'Token 950ea5025c1ef5874c400385ad6e29b74db7ac59',
            'Content-Type':'application/json'
}

dev_api = 'http://192.168.137.130:8000/api/dcim/devices/'
resp= requests.get(dev_api,headers=headers)
data = resp.json()
print(data)
```

用户可以基于 API 查询数据，也可以通过 API 向 NetBox 写入数据。通过这种方式写入的数据可以是已有模型的固定字段，也可以是用户的自定义字段，例如根据运维所需为 Device 模型创建自定义字段，并通过自动化手段获取设备的信息，借助 API 回写到 NetBox 中。在这个过程中还可以借助 nornir_netbox，整合 Nornir、Netmiko、TextFSM 等组件。按照这个思路，本节编写一个获取设备软件版本信息的 runbook。通过 REST API 更新自定义字段，如代码清单 10-4 所示。

代码清单 10-4　通过 REST API 更新自定义字段

```
import requests
from nornir import InitNornir
from nornir.core.task import Result
from nornir_utils.plugins.functions import print_result


# 各 device_type 对应的查询软件版本命令及解析模板
VERSION_CMD_TEXTFSM_INFOS = {
    'huawei': {'cmd': 'display version', 'textfsm': 'huawei_version.textfsm'}
}


def update_version_task(task_context):
    """
    登录设备执行命令并解析软件版本，通过 NetBox 的 API，数据回写到自定义字段 version 中。
    :param task_context:
    :return:执行结果
    """
    changed = False
    # 通过 task_context 获取 Nornir 对象，访问 nb_url，用于拼接 API
    nb_url = task_context.nornir.config.inventory.options.get('nb_url')
    # 获取网络设备的 id，用于拼接 API
    dev_id = task_context.host.data.get('id')
    # 拼接 API
    device_update_api = '{}/api/dcim/devices/{}/'.format(nb_url, dev_id)

    # 通过 Netmiko 的 device_type 获取执行的命令和解析模板
    dev_type = task_context.host.platform
    cmd_textfsm_info = VERSION_CMD_TEXTFSM_INFOS.get(dev_type)
```

```python
    if not cmd_textfsm_info:
        return Result(host=task_context.host,
                      result='此设备不支持 version 的采集解析',
                      changed=changed)

    cmd = cmd_textfsm_info.get('cmd')
    textfsm_file = cmd_textfsm_info.get('textfsm')

    # 登录设备执行命令并解析
    with task_context.host.get_connection('netmiko',
                                          task_context.nornir.config) as conn:
        data = conn.send_command(command_string=cmd,
                                 use_textfsm=True,
                                 textfsm_template=textfsm_file)
    # 确认解析出结构化数据
    if isinstance(data, list):
        version = data[0]['version']
        # 将自定义字段的 version 更新
        custom_fields = task_context.host.data['custom_fields']
        custom_fields['version'] = version

        # 查询 API 手册，组织数据发起调用
        update_data = {'custom_fields': custom_fields}
        headers = {'Authorization': 'Token {}'.format(API_TOKEN)}

        resp = requests.patch(device_update_api,
                              headers=headers, json=update_data)
        # 判断执行结果
        if resp.status_code == 200:
            result = '更新成功'
            changed = True
        else:
            result = '更新失败,状态码: {},消息: {}'.format(
                resp.status_code, resp.text)
    else:
        result = '解析失败'
    return Result(host=task_context.host, result=result, changed=changed)


if __name__ == '__main__':
    nb_url = 'http://192.168.137.130:8000'
    API_TOKEN = '950ea5025c1ef5874c400385ad6e29b74db7ac59'

    nr = InitNornir(
        inventory={
```

```
            "plugin": "NetBoxInventory2",
            "options": {
                "nb_url": nb_url,
                "nb_token": API_TOKEN,
                "defaults_file": "defaults.yml"
            }
        }
    )
    result = nr.run(task=update_version_task)
    print_result(result)
```

代码清单 10-4 使用 nornir_netbox 加载了 Nornir 对象，编写了针对单台网络设备、通过 NetBox API 更新 NetBox 自定义字段 version 的 task 函数（update_version_task 函数）。 update_version_task 函数的主要思路是：通过 task_context 上下文获取配置中的 NetBox 的 URL、 网络设备 Device 数据对象的 id、Netmiko 的 device_type，用于拼接 API 地址、获取查看软件版 本的命令和解析模板。借助 nornir_netmiko 登录网络设备，执行命令并解析。通过解析结果获 取设备的软件版本。Device 数据的 custom_fields 字段记录了自定义字段，通过 task_context 获 取 Device 对象数据的全部自定义字段后，更新其中的 version 字段，用于后续发起更新数据的 patch 请求。准备好请求后，借助 requests 向 NetBox 发起 patch 请求，用于更新指定数据条目的 部分数据字段。代码会根据请求的返回状态码来判断更新是否成功，如果成功，就在返回的 Result 对象中将 changed 赋值为 True；如果不成功，就打印状态码和服务器返回的原因。通过 调整这些细节，打印结果的效果会更佳。

10.4 小结

NetBox 是一款专为网络工程师打造的功能强大的工具，本章对其进行了介绍，然后讲解了 一种基于 Docker 的安装方法，最后展示了 NetBox 的核心功能及功能扩展。如果掌握了这些内 容，读者就可以打造一个网络运维系统，记录相关运维信息，并可以通过自动化手段为这个运 维系统补充更多准确的结构化数据。对于具备相应技术能力的读者，这些内容可以进一步帮助 他们探索和学习 Django 框架，并基于 NetBox 平台进行二次开发，构建出更符合自身需求、功 能更为丰富的网络运维自动化系统。

如果读者想对 NetBox 有进一步的了解，那么其源代码和官方手册无疑是最好的学习资料。 这些资料中内置的自定义脚本、自定义报告也有很高的灵活性和扩展性。另外，Plugin 插件机制 让用户可以安装符合 NetBox 开发规范的 API 插件，从而实现众多功能，例如 netbox-topology-views 实现拓扑可视化、netbox-plugin-dns 实现域名管理等。